高等院校21世纪课程教材
大学物理实验系列

大学物理实验

主　　编◎陶灵平
副 主 编◎朱守金　韦少南　孙　赟　苏守正
参编人员◎（按姓氏笔画排序）
　　　　　王雷妮　韦少南　孙　赟　朱守金
　　　　　苏守正　陶灵平　章　骏　程小燕

北京师范大学出版集团
BEIJING NORMAL UNIVERSITY PUBLISHING GROUP
安徽大学出版社

图书在版编目(CIP)数据

大学物理实验/陶灵平主编. —合肥:安徽大学出版社,2020.1 (2022.11重印)

ISBN 978-7-5664-1996-5

Ⅰ.①大… Ⅱ.①陶… Ⅲ.①物理学－实验－高等学校－教材 Ⅳ.①O4－33

中国版本图书馆 CIP 数据核字(2020)第 011486 号

大学物理实验

陶灵平 主编

出版发行:	北京师范大学出版集团 安 徽 大 学 出 版 社 (安徽省合肥市肥西路 3 号 邮编 230039) www.bnupg.com www.ahupress.com.cn
印　　刷:	合肥远东印务有限责任公司
经　　销:	全国新华书店
开　　本:	710 mm×1010 mm　1/16
印　　张:	24
字　　数:	490 千字
版　　次:	2020 年 1 月第 1 版
印　　次:	2022 年 11 月第 4 次印刷
定　　价:	59.00 元

ISBN 978-7-5664-1996-5

策划编辑:刘中飞　张明举　　装帧设计:李　军
责任编辑:张明举　屈满义　　美术编辑:李　军
责任印制:赵明炎

版权所有　侵权必究

反盗版、侵权举报电话:0551－65106311
外埠邮购电话:0551－65107716
本书如有印装质量问题,请与印制管理部联系调换。
印制管理部电话:0551－65106311

前 言

物理实验体现了大多数科学实验的共性,在实验思想、实验方法以及实验手段等方面是各学科科学实验的基础。该课程在培养学生基本实验技能、实践能力和创新能力方面,是其他课程所无法取代的。

本书是按照《理工科类大学物理实验课程教学基本要求》,结合大学物理实验教学改革和课程建设的经验,在总结多年大学物理实验教学实践的基础上编写而成的。全书共分5章,第1章为绪论,主要介绍物理实验的目的和作用;第2章为物理实验的基本理论,主要包括误差及测量不确定度理论、常用实验数据的处理方法;第3章为物理实验的基础知识,包括物理实验的基本测量方法、基本仪器与测量以及物理实验中的基本调整与操作技术等内容;第4章为基础性、综合性、应用性实验,分为力学、热学、电磁学、光学和近代物理等实验,通过这些实验的训练,可以使学生掌握基本物理量的测量、基本实验仪器的使用、基本实验技能和基本测量方法、误差与不确定度及数据处理的理论与方法等知识;第5章为设计性实验,学生可以根据自己的兴趣和爱好选择相应的实验项目,全过程可独立完成。通过这些项目的训练,使学生了解科学实验的全过程,逐步掌握科学思想和科学方法,培养学生独立实验的操作技能和运用所学知识解决给定问题的能力。此外,附录中列出了国际单位制、常用的物理参数等知识表,方便学生实验中随时扫码查阅。

本书由陶灵平组织编写及统稿,参加本次编写工作的老师有朱守金、韦少南、孙赟、苏守正、王雷妮、章骏、程小燕等。在本书编写过程中,得到了安徽三联学院和安徽文达信息工程学院有关领导的大力支持和帮助,同时参考了一些兄弟院校的实验教材和实验讲义,在此一并致谢。

由于编者水平有限,书中不妥之处在所难免,望读者批评指正,以便修订完善。

编 者

2019 年 11 月

目录 CONTENTS

第1章 绪论 ······ 1

1.1 物理实验的作用与地位 ······ 1
1.2 物理实验课程的任务与基本要求 ······ 4
1.3 实验教学的三个基本环节 ······ 5

第2章 物理实验的基础理论 ······ 8

2.1 测量与误差 ······ 8
2.2 测量不确定度的评定 ······ 17
2.3 数据处理的基本知识和方法 ······ 23

第3章 物理实验的基础知识 ······ 35

3.1 物理实验的基础测量方法 ······ 35
3.2 物理实验的基本仪器与测量 ······ 41
3.3 物理实验中的基本调整与操作技术 ······ 72

第4章 基础性、综合性、应用性实验 ······ 76

4.1 力学实验 ······ 76
 实验1 单摆实验 ······ 76
 实验2 物体密度的测定 ······ 79
 实验3 用拉伸法测量金属的杨氏模量 ······ 82
 实验4 刚体转动惯量的测定 ······ 87

实验 5　气垫导轨类实验 …………………………………………… 98
　　实验 6　弦振动的研究 ……………………………………………… 110
　　实验 7　声速的测定 ………………………………………………… 115
　　实验 8　测定液体的黏度系数 ……………………………………… 120
　　实验 9　表面张力系数的测定 ……………………………………… 127
4.2　热学实验 ……………………………………………………………… 131
　　实验 1　热效应实验 ………………………………………………… 131
　　实验 2　用稳态法测量不良导体的导热系数 ……………………… 136
　　实验 3　空气比热容比的测量 ……………………………………… 142
　　实验 4　冷却法测量金属的比热容 ………………………………… 148
4.3　电磁学实验 …………………………………………………………… 152
　　实验 1　制流和分压电路 …………………………………………… 152
　　实验 2　伏安法测电阻 ……………………………………………… 159
　　实验 3　电位差计的原理和使用 …………………………………… 162
　　实验 4　直流电桥测电阻 …………………………………………… 168
　　实验 5　电表改装与校准 …………………………………………… 176
　　实验 6　示波器的原理和使用 ……………………………………… 182
　　实验 7　RLC 电路 …………………………………………………… 190
　　实验 8　混沌原理实验 ……………………………………………… 197
　　实验 9　静电场描绘 ………………………………………………… 204
　　实验 10　霍尔效应 …………………………………………………… 209
　　实验 11　铁磁材料磁化曲线和磁滞回线测绘 …………………… 216
　　实验 12　电涡流传感器的位移特性实验 ………………………… 225
4.4　光学实验 ……………………………………………………………… 228
　　实验 1　分光计的调节与使用 ……………………………………… 228
　　实验 2　光栅衍射实验 ……………………………………………… 240
　　实验 3　薄透镜焦距的测定 ………………………………………… 245
　　实验 4　等厚干涉 …………………………………………………… 251
　　实验 5　迈克耳逊干涉仪的调整与使用 …………………………… 257
　　实验 6　偏振光的观察与应用 ……………………………………… 266

4.5 近代物理实验 ······ 277

实验 1　密立根油滴实验 ······ 277
实验 2　弗兰克-赫兹实验 ······ 286
实验 3　用光电效应测量普朗克常数 ······ 298
实验 4　用超声光栅测定液体中的声速 ······ 302
实验 5　全息照相 ······ 308
实验 6　波尔共振实验 ······ 320
实验 7　太阳能电池特性测量实验 ······ 327
实验 8　热敏电阻温度特性的测量 ······ 332
实验 9　集成电路温度传感器的特性测量及应用 ······ 334
实验 10　音频信号光纤通信原理 ······ 337

第 5 章　设计性实验 ······ 347

5.1 设计性实验基本知识 ······ 347
5.2 设计实验的一般程序 ······ 348
5.3 设计实验的方法与过程 ······ 349
5.4 设计性实验选题 ······ 354

实验 1　利用干涉法测定液体的折射率 ······ 354
实验 2　用劈尖干涉法测量细丝的直径 ······ 355
实验 3　望远镜与显微镜的组装 ······ 356
实验 4　可溶性不规则固体密度的测量 ······ 357
实验 5　简谐振动的研究 ······ 358
实验 6　自由落体运动的研究 ······ 358
实验 7　惯性秤振动的研究 ······ 359
实验 8　天平振动的研究 ······ 360
实验 9　液体比热容的测定 ······ 361
实验 10　用光的衍射法测量杨氏模量 ······ 361
实验 11　线性电阻伏安法测量 ······ 362
实验 12　空气磁导率的测定 ······ 363
实验 13　非线性电阻伏安特性的研究 ······ 363
实验 14　电位差计的应用 ······ 364

实验 15　电流表内阻的测定 ·················· 365
实验 16　电源特性的研究 ····················· 366
实验 17　酒精的折射率与其浓度关系的研究 ········· 366
实验 18　用凸透镜测狭缝宽度 ················· 367
实验 19　光栅特性的研究 ····················· 367
实验 20　万用表的设计与组装 ················· 369
实验 21　整流、滤波和直流电源设计 ············· 369
实验 22　温度表的设计与制作 ················· 370
实验 23　工件表面平整度的检测 ··············· 370
实验 24　迈克耳逊干涉仪测空气折射率 ··········· 371
实验 25　全息光栅的制作与检验 ··············· 371

附录 ·· 373

参考文献 ·· 375

第 1 章
绪　论

1.1　物理实验的作用与地位

科学实验是研究自然规律的"基本手段"。所谓实验就是根据现有的科学理论和一定的目的,通过相应仪器和设备,在人为条件下,控制、模拟或再现自然现象,检验某种科学思想并寻求相应规律的过程。科学实验可凭借实验室的优越条件,超越生产实践和自然条件的某些局限性,走到生产实践的前面,为生产技术的发展开辟出新的道路。实验与科学理论有着密切的联系,基础科学赖以生存和发展的基础。科学理论上诸多争论,最终靠实验作出判断;错误理论的修正,也是靠实验完成的;诸多重要理论都是在总结实验结果的基础上得出的;实验是检验科学理论的唯一手段,实验与科学理论相结合,便产生了种种不同类型的科学技术。

"科学是用理论和实验这两只脚前进的",罗伯特·安德鲁·密立根(Robert Andrews Milikan)在他的获奖演说中这样说,"有时这只脚先迈出一步,有时是另一只脚先迈出一步,但是前进要靠两只脚;先建立理论然后做实验,或者是先在实验中得出了新的关系,然后再迈出理论这只脚并推动实验前进,如此不断交替进行"。他用非常形象的比喻说明了理论和实验在科学发展中的作用。

在物理学史上,首先把科学的实验方法引入到物理学研究中来,从而使物理学真正走上科学道路的是 16 世纪的意大利物理学家伽利略·伽利雷(Galileo Galilei)。他所设计的斜面实验就蕴藏着极为丰富的科学实验的思想,具体如下:

(1)在斜面实验中,有意识地忽略了空气阻力等一系列的次要因素,形成了理想化的物理条件,抓住了问题的本质,从而获得了超越这一实验本身的特殊条件的认识,这恰是科学实验不同于自然观察之处。

(2)斜面使人们可方便地改变实验的测量条件,并观察相应的实验结果。这是科学实验区别于自然观察的又一特点。他选择斜面做实验,是为了延长物体在它上面下滑的时间,以适应当时的测量条件。这种实验构思极其巧妙,使原来在自由落体运动中难以测量的时间变得容易测量了。

(3)伽利略在实验研究的基础上还用推理、概括的方法得到了超越实验本身的更为普遍的规律,即物体在光滑水平平面上运动是等速直线运动,而过渡到铅直情况,则推论出各种物体的自由下落是做等加速直线运动。

(4)把数学与实验密切地结合了起来,把各个物理量之间的关系用数学表达式表示出来,揭示了各个物理量之间的内在联系,从而把实验结果上升到普遍的理论高度。

伽利略的这些卓越的实验思想和实验方法,至今对我们的实验教学仍有重要的启示。在科学技术的发展史上,科学实验的出现是一个重要的分水岭,在这以前,科技进步缓慢,在这以后,科技进步迅速。

科学实验与生产实践和自然现象有着本质的不同:实验能在一定条件下再现某一自然现象,让人们有时间、有机会去研究现象发生的原因和规律;实验能把复杂的自然现象分解为若干个简单的现象,以进行个别和综合的研究;实验还可以实现对研究对象的人为控制,以及对现象进行比较和分析。

物理实验是人们根据研究和学习的目的,利用物理仪器,人为地控制或模拟物理现象,排除各种偶然、次要因素的干扰,突出主要因素,在有利的条件下重复地研究物理现象及其规律。其特点是:

(1)物理实验能使研究对象以较为纯粹的状态出现。利用各种手段将研究对象从复杂的自然联系中分离出来,人为地排除各种偶然、次要因素的干扰,使一些现象发生,另一些现象不发生;使一些条件发生变化,另一些条件不变化。其结果使研究对象的运动变化以较为纯粹的状态出现。

(2) 物理实验可以强化观察对象的条件。通过实验手段创造出超高压、超真空、超磁场、超低温等自然状态下难以出现的特殊条件,从而进一步认识新的现象、新的特征。

(3) 物理实验可以使观察对象重复出现。自然现象受时空限制,有的周期过长或过短,给观察带来困难。利用实验手段可使观察对象在合适的观察时间内重复出现,增加观察的机会,以获得更多的感性认识。这是物理实验的突出特点。

物理实验教学具有很强的理论联系实际的特性,它既具有继承性,更具有创造性,物理实验课程是整个教学计划中重要的组成部分,它从实验课程的特有规律出发,强调了实验方法的训练和实验素质的培养,为科学研究和工程实践准备了必要的技术基础和相关素养。良好的实验素养主要体现在:①良好的观察习惯;②正确、规范地操作实验设备仪器;③正确地记录和处理实验数据;④对实验结果的分析与思考;⑤学会用实验的手段去解决实际问题。

物理实验遵循的基本原则是:①观察的客观性原则;②理论的引导作用;③整体性原则;④实验的可重复性原则。

前三个原则是观察和实验过程中都必须遵守的,因为任何实验都离不开观察;第四条是实验方法特有的。可重复性原则的具体内容是:能够在相同的实验条件下再现实验结果。这一原则在实验中非常重要,只有满足这一原则的实验,才能确保实验结果的客观性,这样的实验才能在科学中起到应有的作用。无数的科学事实表明,只有那些可重复进行的实验,才能在科学史上留下痕迹,其他则如过往烟云,转瞬即逝。因为科学认识不是去发现一些支离破碎的偶然现象,而是探索自然界必然的运动规律。自然界的规律绝不因研究者的不同而变化,而是自然界自身所固有的。所以,不论是什么时候,由谁来做实验,只要基本实验条件相同,就应该得到同样的结果。

事实上,历史上任何一项物理实验和它的结论都不是在短时间内就被承认的,对于一项新的实验发现的确认,往往要经过许多人几次甚至几十次、几百次的重复才能确定,不满足可重复性原则的实验充其量只能给人们一种启发,而不能登上科学的殿堂。

在物理实验的教学过程中,要充分认识到从事实验工作,动手能力的形成是以实验的基本知识、基本方法、基本技能的熟练掌握为基础的,因此要求学生主动地接受这些方面的训练与培养。

1.2 物理实验课程的任务与基本要求

科学实验本身有自己的一套理论、方法和技能,要掌握好这套实验知识,需要由浅入深,由简到繁地逐步学习、训练和提高,大学物理实验课程正是对学生进行科学实验基本训练的一门独立的、必修的实验基础课程,是系统地接受实验方法和实验技能训练的第一门实验课程,为学习后续课程的实验和进行工程实验打下必要的基础。同时,它对提高学生的科学实验素养,帮助学生树立辩证唯物主义世界观和方法论也起着积极的作用。

本课程的任务是:通过对实验现象的观察、分析和对物理量的测量,学习并掌握物理实验的基本知识、基本方法和基本技能;同时,通过物理实验的各个教学环节,培养科学系统的思维方式,一丝不苟的严谨态度,实事求是的工作作风和团结协作的精神。

本课程的教学基本要求侧重于如下两个方面:

1. 基本素质要求

(1)在整个实验教学过程中,应自觉遵守各项实验规则。

(2)必须完成规定的实验,以经历实验教学中各环节的基本训练。

(3)能撰写合格的实验报告。

(4)借助一定的计算工具,进行科学实验数据的处理。

(5)具有独立操作能力的同时,也应强调团结协作精神。

2. 基本实验技能及实验方法要求

(1)借助相关资料(实验指导书、仪器说明书等)能够调整常用仪器和实验装置,并掌握一系列操作的基本技术。

(2)了解一系列常用仪器和装置的性能,并学会使用方法。

(3)能够对常用物理量进行一般测量。

(4) 了解比较法、放大法、模拟法、干涉法、补偿法等常用的测量方法。

(5) 理解测量误差的基本知识,并具有处理实验数据的初步能力。

1.3 实验教学的三个基本环节

一般实验教学可分为实验预习、实验操作和数据记录、撰写实验报告三个环节。

1. 实验预习

实验预习是为实验操作做准备的,通过实验预习应明确三个问题:做什么? 怎么做? 为什么? 为此需要做到:

(1) 理论上的准备。认真阅读实验指导书、参考资料等,事先对实验内容作全面的了解。对于验证性实验应充分理解与验证规律有关的概念、理论以及物理过程;对于探索性实验更应充分熟悉与实验有关的知识要点以及要研究的物理过程和期望得到的带有规律性的物理现象,明确实验目的与要求。

(2) 实验仪器上的准备。弄清实验中使用的基本仪器的构造原理、操作规程、读数原理和方法及注意事项。特别对注意事项,不仅要仔细看,还要牢记,否则会造成仪器损坏,甚至人员事故。对真正弄不懂的部分,应作记录,在进入实验操作环节,再向实验指导教师请教。只有这样,才能在实验中克服盲目性,才能充分相信自己的测量结果和由这些测量结果得出的结论,从而达到实验目的。

(3) 预测与数据记录上的准备。预测实验中可能出现的问题。通过对问题的预测,一方面可使实验者进一步熟悉实验步骤与过程,另一方面可以减少实验中的失误,提高实验效率,做到集中注意力解决实验中的主要问题。拟定实验步骤、设计数据记录表格,记录表格既要便于记录,又要便于数据整理,并在实验操作前交实验指导教师审阅,经认可后再做实验。

(4) 提前模拟实操。若学校在校园网上提供了《大学物理实验》计算机辅助教学软件,可通过软件进行相关的模拟实验操作,由此建立起一定的感性认识。

2. 实验操作和数据记录

实验操作是整个实验教学中最重要的一个环节,动手能力、分析问题和解决问题等能力的培养,主要在具体实验操作阶段完成。在该环节中,学生在教师指导下进行仪器的正确安装和调整、各种物理现象的仔细观察、实验原始数据的完整记录。为此,要注意下述问题。

(1)掌握"三先三后"的原则,即先观察后测量、先练习后测量、先粗测后细测。

(2)注意"三基"(实验的基本知识、基本方法和基本技能),抓住重点。

(3)不要单纯追求实验数据,应学会分析实验问题。

(4)实验中要贯彻"三严"(严肃的态度、严格的要求、严密的观测),遵守各项规章制度,注意安全。

实验数据记录是计算与分析问题的依据,在实际工作中则是宝贵的资料,所以要注意下述问题。

(1)记录应记在专用的实验报告本上和相应的数据记录表格中。

(2)记录就是如实地记下各种观测数据、简单的过程以及观察到的现象,要简单、整洁、清楚,使自己和别人都能看懂记录的内容,数值一定要记录在表格中,还要注明单位等。

(3)记录的内容包括日期、时间、地点、合作者、室温、气压、仪器及其编号、简图、简单的过程、原始数据、有关的现象等。原始数据是指从仪器上直接读出的实验数值。

(4)实验原始数据在实验指导教师审核、签字后,方才有效,应认真对待实验原始数据,它将为以后的计算和问题分析提供宝贵的第一手资料。离开实验室前,自觉整理好仪器,并做好卫生清洁工作。

3. 撰写实验报告

写出合格的实验报告作为科学实验能力的组成部分,是物理实验课程所应担负的培养训练任务之一。实验报告是对实验工作的全面总结,既要全面又要简单明了,应做到用词确切、字迹整洁、数据完整、图表规范、结果明确。撰写实验报告的过程主要是对学生的综合思维能力和文字表达能力的训练过程,也为他们日后在科学研究、工程实践等实际工作中撰写实验报告、研究成果报告、科技论文等打下基础,并且这种能力将直接影响到在科学与工程实践中的工作能力和工作业绩。

一份完整的实验报告应包括以下内容:

(1)实验名称。

(2)实验目的。

(3)实验原理,包括基本关系式,必要的电路、光路等简图,数据表格。书写原理时,不应照抄实验指导书,应用自己理解的语言来概述。

(4)仪器设备,包括型号、规格、参数等。

(5)实验步骤,概括地写出实验进行的主要过程。

(6)实验数据图表。

(7)数据处理与误差分析。

(8)实验结果,要给出完整的量化表达式,在观察现象或验证定律时,要写出实验结论。

(9)问题讨论,包括对实验中现象的解释,对实验方法的改进与建议,作业题,实验体会等。

撰写实验报告中必须注意以下两个问题。

(1)不可把实验报告与实验指导书混为一谈。实验报告与实验指导书从语体到具体内容都是有区别的。实验指导书向学生提出实验的任务、目的和要求,阐明实验原理,提供进行实验的思路和方法,告诉学生应该怎么做;而实验报告是在完成实验过程之后写出的总结,具体回答如何做,获得了什么结果,意义价值何在。这些必须由实验者根据其实验再用自己的语言来归纳、总结。

(2)实验报告的核心特征就是实事求是。因此,在撰写的实验报告中,对实验过程中所对应记录的实验条件、实验现象、实验数据应严格如实地予以记录,对测量数据的有效位数不得随意增删。

第 2 章
物理实验的基础理论

18 世纪,俄国科学家门捷列夫阐述了测量的意义:"科学自测量开始,没有测量,便没有精密的科学"。由此可见,测量在科学研究中有着非常重要的地位和作用。

物理实验是以测量为基础,通过对相应研究对象进行测量来研究物理现象、了解物质特性、验证物理原理等,一切物理量都是通过测量而得到的。

本章主要介绍了物理量的测量与误差、测量不确定度评定、实验数据处理等方面的知识。这些知识不仅在每个物理实验都要用到,而且是今后从事科学实验工作必须了解和掌握的。由于这部分内容牵涉面较广,概念又多,深入地讨论它们,已超出了本课程的范围。因此,我们只介绍一些基本概念,引用一些结论和公式,以满足本课程的教学需要。由于同学们还不具备足够的基础知识,学习这一部分内容时会觉得有些困难,再加上内容又比较多,所以不可能通过一两次学习即可掌握。这一部分内容非常重要,要求同学们在认真阅读教材基础上,对提到的问题有一个初步的了解,以后结合每一个具体实验再细读有关的内容,通过运用加以掌握。

2.1 测量与误差

一、测量和单位

1. 物理量

一切描述物质状态与物质运动的量都是物理量。这些量都只有通过测量才能确定其量值。所谓测量,就是将确定的待测物理量直接或间接地与取作标准的单位同类物理量进行比较得到比值的过程,称为测量。这个比值就是待测物理量的数值,加上相应的单位就构成了一个完整的"物理量"。

在人类历史上的不同时期、不同国家,乃至不同地区,同一物理量有着许多不同的计量单位。如长度单位就分别有码、英尺、市尺和米等。为了便于国际贸易及科技文化的交流,单位制的统一成为众望所归。因此,国际计量大会于 1960 年确定了国际单位制(SI),它规定了七个基本单位:长度——米(m)、时间——秒(s)、质量——千克(kg)、电流——安培(A)、热力学温度——开尔文(K)、物质的量——摩尔(mol)和发光强度——坎德拉(cd),还规定了两个辅助单位:平面角——弧度(rad)和立体角——球面度(sr)。其他一切物理量(如力、能量、电压、磁感应强度等)均作为这些基本单位和辅助单位的导出单位。

2. 直接测量与间接测量

按照计量学定义:测量是以确定被测量对象某个给定属性上的量值为目的的全部操作过程。根据对测量结果获取方式、方法的不同,测量可以分为直接测量和间接测量。

"直接测量"是指直接将待测物理量与选定的同类物理量的标准单位相比较直接得到测量值大小的一种测量。它不必进行任何函数计算。例如,用钢直尺测量长度,用天平和砝码测量物体的质量,用电流表测量线路中的电流等都是直接测量。

"间接测量"是指经过测量与被测量有函数关系的其他量,再经运算得到测量值大小的一种测量。例如,通过测量长度确定矩形面积;通过用伏特表测量导体两端的电压,用电流表测量通过该导体的电流,由已知公式 $R=U/I$ 算出导体电阻的过程都属于间接测量。

从上面所举的测量导体电阻的例子可以看出,有的物理量既可以直接测量,也可以间接测量,取决于使用的仪器和测量方法。随着测量技术的发展,用于直接测量的仪器越来越多。但在物理实验中,有许多物理量仍需要间接测量。

测量结果应给出被测量的量值,它包括数值和单位两个部分(不标出单位的数值不能是量值),实际上仪器在测量中是单位的实物体现。

3. 等精度测量与不等精度测量

如果对某一物理量进行重复多次测量,而且每次测量的条件相同(如同一组仪器、同一种测量方法、同一个观察者及环境条件不变等),测得一组数据分别为 $x_1, x_2, \cdots, x_n$;尽管各次测得结果并不完全相同,但我们没有任何充足的理由来判断某一次测量更为精确,只能认为它们测量的精确程度是完全相同的。于是,将这种具有同样精确程度的测量称为等精度测量,这样的一组数列称为等精度测量列(简称测量列)。在所有的测量条件中,只要有一个条件发生变化,这时所进行的测量即为不等精度测量。

在物理实验中,凡是要求多次测量均指等精度测量,应尽可能保持等精度测量条件不变。严格地说,在实验过程中保持测量条件不变是很困难的,但当某一条件的变化对测量结果影响不大时,仍可视为等精度测量。在本章中,除了特别指明外,都作为等精度测量来讨论。

二、误差的定义和分类

1. 真值的定义

在一定条件下,任何一个物理量的大小都是客观存在的,都有一个不以人的意志为转移的客观量值,这个量值就是真值,以 a 表示。真值是一个理想的概念,一般是不可知的。为此,通常对真值进行约定。

(1)理论真值或定义真值,如三角形的三内角和等于 $180°$。

(2)计量学约定真值。由国际计量大会决议约定的值。如前面所介绍的基本物理量的单位标准,以及大会约定的基本物理常数等。需要指出的是,由于这些基本常数只能反映大会当时的测量水平,显然它们也是含有一定误差的;因为它们的误差比一般实验室测量结果的误差要小的多,所以将它们作为公认的约定真值。随着时间的推移,测量技术的不断提高,这些基本常数值将会日臻完善而更加接近它们的真值。

(3)标准器相对真值(或实际值)。通常情况下,进行测量时,不可能将所使用的测量仪器逐一去与国家或国际的标准相校对。所以比被校仪器高一级的标准器的量值作为标准器相对真值(亦称实际值)。例如,用 0.5 级电流表测得某电路的电流为 1.200 A,用 0.2 级电流表测得为 1.202 A,则后者可视为前者的实际值。

(4)算术平均值来替代真值。测量次数趋于无穷时,测量值的算术平均值趋于真值。

2. 误差的定义

由于测量仪器、测量方法、测量条件不够完善,测量人员的技术水平不可能无限提高,这就使得测量结果与客观真值存在一定的差异。

测量误差就是测量结果与被测量真值之间的差值,即

$$\varepsilon = x - a \tag{1}$$

测量误差的大小反映了测量结果偏离真值的大小,即反映了测量结果的准确程度,而且还反映了测量结果是比真值大还是比真值小,并且具有和被测量结果相同的单位。由于是与真值相比较,所以又有绝对误差之称,简称误差。

由测量所得的一切数据,都毫无例外地包含有一定数量的测量误差。没有误差的测量结果是不存在的。测量误差存在于一切测量之中,贯穿于测量过程的始终。随着科学技术的不断发展,测量误差可以被控制得越来越小,但是永远不会降低到零。

除了误差(绝对误差),相对误差也经常用来表示测量结果偏离真值的大小程度,其定义为

$$\varepsilon_r = \frac{x-a}{a} \times 100\% \tag{2}$$

3. 误差的分类

测量误差的产生有多方面的原因,根据测量误差的性质和产生的原因,可将其分为系统误差和随机误差两大类。

(1)系统误差。

在同一条件下多次测量同一量时,误差的大小和方向保持恒定,或在条件改变时,误差的大小和方向按一定规律变化,这种误差称为系统误差,其特点是它具有确定的规律性。系统误差来源于以下方面:①由于实验原理和实验方法不完善带来的误差。例如,用伏安法测电阻没有考虑电表内阻的影响,用单摆测量重力加速度时

取 $\sin\theta \approx \theta$ 带来的误差等。②由于仪器本身的缺陷或没有按规定条件使用仪器而造成的误差。例如,仪器刻度不准、零点位置不正确、仪器的水平或铅直未调整、天平不等臂等。③由于环境条件变化所引起的误差。例如,标准电池是以 20 ℃时电动势数值作为标称值的,若在 30 ℃条件下使用时,如不加以修正就引入了系统误差。④由于观测者生理或心理特点造成的误差等。例如,计时的滞后、习惯于斜视读数等。

系统误差的确定规律性反映在:测量条件一经确定,误差也随之确定;重复测量时误差的绝对值和符号均保持不变。因此,在相同实验条件下,多次重复测量不可能出现系统误差。

对观测者来说,可能知道系统误差的规律及其产生原因,也可能不知道。已被确切掌握其大小、规律和符号的系统误差,称为已定系统误差;对大小、规律和符号不能确切掌握的系统误差称为未定系统误差。一般情况下,前者可以在测量过程中采取措施予以消除或在测量结果中进行修正;而后者难以做出修正,只能估计出它的取值范围。

(2)随机误差。

在同一条件下多次测量同一个量时,每次出现的误差时大时小,时正时负,没有确定的规律,以不可预知的方式变化。这种误差称为随机误差。随机误差是实验中各种因素的微小变动引起的,主要有:①实验装置在各次调整操作时的变动性。如仪器精度不高,稳定性差,测量示值变动等。②观察者本人在判断和估计读数上的变动性。主要指观察者的生理分辨本领、感官灵敏程度、手的灵活程度及操作熟练程度等带来的误差。③实验条件和环境因素的变动性。如气流、温度、湿度等微小的、无规则的起伏变化,电压的波动以及杂散电磁场的不规则脉动等引起的误差。

这些因素的共同影响使测量结果围绕测量的平均值发生涨落变化,这一变化量就是各次测量的随机误差。随机误差的特点是单个具有随机性,而总体服从统计规律。随机误差的这种特点使我们能够在确定条件下,通过多次重复测量来发现它,而且可以从相应的统计分布规律来讨论它对测量结果的影响。

在整个测量过程中,除了上述两种性质的误差外,还可能发生读数、记录上的错误,仪器损坏、操作不当等造成的测量上的错误。错误不是误差,它是不允许存在的,这些错误数据在处理时应当剔除。

三、误差的处理

1. 系统误差的处理

根据可掌握程度,系统误差可以分为已定系差和未定系差。

(1)已定系差。

误差取值的变化规律及其符号和绝对值都能确切掌握的误差分量。

修正公式为:已修正结果＝测量值(或平均值)－已定系差。

(2)未定系差。

误差取值的变化规律及其符号和绝对值不能确切掌握的系差分量。一般只能估计其限值。例如,仪器出厂时的准确度指标是用符号 $\Delta_仪$ 表示的。它只给出该类仪器误差的极限范围。但实验者使用该仪器时并不知道该仪器的误差的确切大小和正负,只知道该仪器的准确程度不会超过 $\Delta_仪$ 的极限(例如上面所述对于标称值为 50 mg 的三等砝码其误差的极限范围为 ±2 mg)。所以这种系统误差通常只能定出它的极限范围,由于不能知道它的确切大小和正负,故对其无法进行修整。对于未定系统误差在物理实验中我们一般只考虑测量仪器的(最大)允许误差 $\Delta_仪$(简称仪器误差限)。

一般而言,对于系统误差可以在实验前对仪器进行校准,对实验方法进行改进等;在实验时采取一定的方法对系统误差进行补偿和消除;实验后对实验结果进行修正等方法。应预见和分析一切可能产生的系统误差的因素,并设法减小它们。一个实验结果的优劣,往往就在于系统误差是否已经被发现或尽可能消除。在以后的实验中,对于已定系统误差,要对测量结果进行修正;对于未定系统误差,则尽可能估算出误差限值,以掌握它对测量结果的影响。

2. 随机误差的处理

随机误差与系统误差的性质不同,处理的方法也不同。假设我们在实验中已经将系统误差消减到可以忽略的程度,通过等精度测量,由于各种因素的微小变动所引起测量值间微小的不可预测的差异,得到一系列的测量值为 $x_1, x_2, \cdots, x_n$,我们所关心的是最接近真值的值(称真值的最佳估计值,在计量学上称为测量列的测量结果期望估计值)是多少?又如何对测量列中的测量数据的质量作一个恰当的评价?

(1)随机误差的统计规律。

理论和实践证明,当测量次数足够多时,一组等精度测量数据其随机误差服从一定的统计规律,最常见的一种统计规律是正态分布(高斯分布)。若横坐标为误差 $\Delta x = x - x_0$(x_0 为被测量的真值),纵坐标为误差出现的概率密度 $f(\Delta x)$,则正态分布曲线如图 2-1-1 所示。其中,

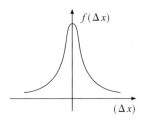

图 2-1-1　正态分布

$$f(\Delta x) = \frac{1}{\sigma \sqrt{2\pi}} e^{-\frac{\Delta x^2}{2\sigma^2}} \tag{3}$$

上式中的特征量 σ 为

$$\sigma = \lim_{n \to \infty} \sqrt{\frac{\sum (x - x_0)^2}{n}} \tag{4}$$

σ 称为单次测量的标准误差。

服从正态分布(亦称高斯分布)的随机误差,具有以下特征:

①单峰性。绝对值小的误差出现的概率比绝对值大的误差出现的概率要大。

②对称性。绝对值相等的正负误差出现的概率相同。

③有界性。在一定的测量条件下,绝对值很大的误差出现的概率趋近于零。

④抵偿性。随机误差的算术平均值随着测量次数的增加而减小,最后趋近于零。即

$$\lim_{n\to\infty}\frac{\sum \Delta x_i}{n}=0 \tag{5}$$

此外，正态分布还服从 3σ 准则（又称为拉依达准则），如图2-1-2所示，有：

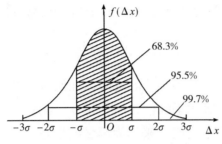

图 2-1-2　3σ 准则

①数值 Δx 出现在区间 $(x-\sigma, x+\sigma)$ 的概率为 68.3%。
②数值 Δx 出现在区间 $(x-2\sigma, x+2\sigma)$ 的概率为 95.4%。
③数值 Δx 出现在区间 $(x-3\sigma, x+3\sigma)$ 的概率为 99.7%。

(2) 实验值及平均值的标准偏差。

在实际测量中，由于真值是不可知的，且测量次数也不可能是无限的，通常用 n 次测量值的算术平均值 $\bar{x}$ 作为测量值的最佳估计值（在大学物理实验中，通常为 $5\leqslant n\leqslant 10$），即

$$\bar{x}=\frac{1}{n}\sum x_i \tag{6}$$

按数理统计理论，将测量列中各次测量值与算术平均值之差称为残差 $v_i=x_i-\bar{x}$，用残差来代替误差计算，则表征测量分散性的参数 $S(x)$ 用下面的贝塞尔（Bessel）公式计算，即

$$S(x)=\sqrt{\frac{\sum (x_i-\bar{x})^2}{n-1}} \tag{7}$$

$S(x)$ 称为单次测量列的标准偏差，即实验标准差。用以表征对同一被测量作 n 次测量时，其结果的分散程度。显然，当 $n\to\infty$ 时，$S(x)\to\sigma$。所以，$S(x)$ 值是对 σ 的一种评定。但应该注意的是 $S(x)$ 只是 $n\to\infty$ 时 σ 的一个估计值。目前各种函数计算器都具有统计误差的计算功能，可以直接得到所要求的数值，如测量列的算术平均值及标准偏差等。使用前应认真阅读计算器的说明书，熟练地应用

函数计算器,将会给物理实验的数据处理工作带来很大的方便。

实际工作中,人们关心的往往不是测量列的数据分散程度,而是测量结果即算术平均值的分散程度。在完全相同的条件下,多次进行测量,每次得到的算术平均值也不尽相同,这表明算术平均值也有分散性。经理论推导可得到平均值的实验标准偏差 $S(\bar{x})$ 为

$$S(\bar{x}) = \sqrt{\frac{\sum (x_i - \bar{x})^2}{n(n-1)}} \tag{8}$$

从上式可以看出,平均值的实验标准偏差 $S(\bar{x})$ 比任一实验标准偏差都要小,表明算术平均值 $\bar{x}$ 应比每一个测量值 x_i 都更接近于真值。因此,用算术平均值 $\bar{x}$ 来作为测量结果是更加合理的选择。

3. 测量的精密度、准确度和精确度

评价测量结果常用精密度、准确度和精确度这三个概念。

(测量)精密度:表示测量结果中随机误差大小的程度。即是指在规定的测量条件下对被测量进行多次测量时,所得结果之间的符合程度(测量值的离散程度)。

(测量)准确度:表示测量结果与被测量的"真值"之间的一致程度。它反映了测量结果中所有系统误差的综合大小。

(测量)精确度:表示测量结果中系统误差与随机误差的综合影响程度。

如图 2-1-3,以打靶为例来比较说明,图中靶心为射击目标。

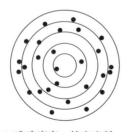 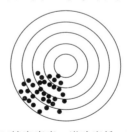 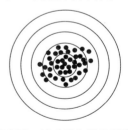

(a)准确度高、精密度低　　(b)精密度高、准确度低　　(c)精密度、准确度和精确度均高

图 2-1-3　精密度、准确度、精确度示意图

2.2 测量不确定度的评定

1. 不确定度的概念

由于严格完善的测量难以做到,真值一般不可能知道。因此,误差按其定义式精确求出。

现实可行的办法就只能根据测量数据和测量条件进行推算(包括统计推算和其他推算)去求得误差的估计值。误差的估计值或数值指标应采用另一个专门名称,这个名称就是不确定度。

不确定度通常用 u 表示,用来表征被测量的真值所处的量值散布范围内的评定,即表示由于测量误差的存在而对被测量值不能确定的程度。它所反映的是可能存在的误差分布范围,即随机误差分量和系统分量的联合分布范围。

某个被测量 x 的测量结果表达式为

$$x = \bar{x} \pm u(\bar{x}) \tag{9}$$

其中,$u(\bar{x})$ 表示被测量的真值出现在区间 $[x-u(\bar{x}), x+u(\bar{x})]$ 的概率为 68.3%,出现在区间 $[x-3u(\bar{x}), x+3u(\bar{x})]$ 的概率为 99.7%。

2. 不确定度的分类

根据国际计量化组织等 7 个国际组织联合发表的关于《测量不确定度表示指南 ISO1993(E)》文件的叙述,测量结果的不确定度一般包含有几个分量,各个不确定度分量的评定有两类方法:

① 多次重复测量用统计方法算出的 A 类分量 u_A。

② 用其他方法估计出的 B 类分量 u_B。

要科学、完整地给出不确定度,实际上不是很简单的事。为了既要具备基本的不确定度的概念,以便于与科学实验衔接,又不致过于复杂,难以操作,在教学实验中作必要的简化就显得非常必要。参考国际计量化组织等 7 个国际组织联合发表的关于《测量不确定度表示指南 ISO1993(E)》和我国计量技术规范 JJG1027-91 等的精神,结合大学物理实验的教学实际,我们在大学物理实验教学中采用一种简化的具有一定近似性的不确定度估计方法。

物理实验的测量结果表示中,总不确定度 u 由 A 类分量 u_A 和 B

类分量 u_B 用方和根的方法合成(下文中的不确定度及其分量一般都是指总不确定度及其分量):

$$u = \sqrt{(u_A)^2 + (u_B)^2} \tag{10}$$

(1)不确定度的 A 类分量。

不确定度 A 类分量是指可以采用统计方法计算的不确定度。在物理实验教学中我们约定 A 类不确定度取实验标准偏差,因此可以像计算标准偏差那样,用贝塞尔公式计算被测量的 A 类不确定度,即

$$u_A(\overline{x}) = S(\overline{x}) = \sqrt{\frac{\sum (x_i - \overline{x})^2}{n(n-1)}} \tag{11}$$

如果是单次测量,则 $u_A(\overline{x}) = 0$。

(2)不确定度的 B 类分量。

在大学物理实验中常遇到仪器的误差或误差限值,它是参照国家标准规定的计量仪表、器具的准确度等级或允许误差范围,由生产厂家给出或由实验室结合具体测量方法和条件简化的约定,用 $\Delta_仪$ 表示。仪器的误差 $\Delta_仪$ 在大学物理实验教学中是一种简化表示,通常取 $\Delta_仪$ 等于仪表、器具的示值误差限或基本误差限,实际上这是一种未定系差。许多计量仪表、器具的误差产生的原因及具体误差分量的计算分析,大多超出了本课程的要求范围。用物理实验室中的多数仪表、器具对同一被测量物在相同条件下作多次直接测量时,测量的随机误差分量一般比其基本误差限或示值误差限小很多;另一些仪表、器具在实际使用中很难保证在相同条件下或规定的正常条件下进行测量,其测量误差除基本误差或示值误差外还包含变差等其他分量。一般地,取 B 类分量 $u_B = \Delta_仪/k$。k 的取值由仪器的误差性质决定,如果仪器刻度是均匀分布的,取 $k = \sqrt{3}$。一般等刻度仪器、仪表均按均匀分布考虑。常用仪器的误差限见下表。

常用仪器的仪器误差限

仪器	$\Delta_{仪}$
米尺	最小刻度的一半
螺旋测微器	最小刻度的一半
游标卡尺	精度(尺上标明)
数字显示仪器	显示的最小单位
电表	量程 X_m × 级别 S%

3. 不确定度的计算

(1)直接测量不确定度的评定。

某个通过直接测量得到的被测量,其不确定度计算为

$$u(\overline{x}) = \sqrt{[u_A(\overline{x})]^2 + (u_B)^2} \qquad (12)$$

例 1 用螺旋测微计测量某一铜环的厚度 7 次,测量数据如下:

i	1	2	3	4	5	6	7
H_i(mm)	9.515	9.514	9.518	9.516	9.515	9.513	9.517

求 H 的算术平均值、标准偏差和不确定度,写出测量结果。

【解】:(1)求厚度 H 的算术平均值

$$\overline{H} = \frac{1}{7}\sum_{i=1}^{7} H_i = \frac{1}{7}(9.515 + 9.514 + \cdots + 9.517) \approx 9.5154 \text{(mm)}$$

(2)计算 B 类不确定度。

螺旋测微器的仪器误差为 $\Delta_{仪} = 0.004$(mm)

$$u_B(\overline{H}) = \frac{\Delta_{仪}}{\sqrt{3}} \approx 0.003 \text{ mm}$$

(3)计算 A 类不确定度。

$$u_A(\overline{H}) = S(\overline{H}) = \sqrt{\frac{1}{7(7-1)}\sum_{i=1}^{7}(H_i - \overline{H})}$$

$$= \sqrt{\frac{1}{7 \times 6}[(9.515-9.5154)^2 + (9.514-9.5154)^2 + \cdots + (9.517-9.5154)^2]}$$

$$\approx 0.00067 \text{ mm}$$

(4)合成不确定度。

$$U(\overline{H}) = u_A^2(\overline{H}) + u_B^2(\overline{H}) = \sqrt{0.00067^2 + 0.003^2} \approx 0.003 \text{ mm}$$

(5)测量结果为。

∴ $H = 9.515 \pm 0.003$ mm

计算结果表明,H 的真值落在区间[9.511,9.519]概率为 68.3%,落在区间[9.501,9.527]概率为 99.7%。

(2)间接测量不确定度的评定。

物理实验的结果一般都是通过间接测量获得的。间接测量是以直接测量为基础,再通过一定的函数关系式计算出来的。这样一来,直接测量结果的不确定度势必要影响间接测量结果,这种影响的大小可以用相应的数学公式计算出来。

设间接测量 y,有 m 个直接测量量 $(x_1, x_2, \cdots, x_m)$,它们之间的函数关系为:

$$y = f(x_1, x_2, \cdots, x_m) = f(x_i) \tag{13}$$

由于不确定度都是微小的量,相当于数学中的"增量",因此间接测量的不确定度的计算公式与数学中的全微分公式基本相同。不同之处是:①要用不确定度等替代微分等;②要考虑到不确定度合成的统计性质。利用全微分公式,可以简化计算得到间接测量的不确定度为

$$u(y) = \sqrt{\sum \left(\frac{\partial y}{\partial x_i}\right)^2 [u(x_i)]^2} \tag{14}$$

如果 $y = f(x_i)$ 中各量之间是积商关系,用相对不确定度合成会更方便。$y = f(x_i)$ 两边取自然对数,再代入式(14),可得

$$\frac{u(y)}{y} = \sqrt{\sum \left[\frac{u(x_i)}{x_i}\right]^2} \text{ 或 } u(y) = y\sqrt{\sum \left[\frac{u(x_i)}{x_i}\right]^2} \tag{15}$$

一般地,间接测量不确定度的计算分为以下几个步骤:①先求出各直接测量量的平均值和不确定度的 A、B 类分量,再计算出各直接测量量的不确定度 u_i。②根据函数 $y = f(x_i)$,写出 $y = f(x_i)$ 对各直接测量量的偏导数 $\frac{\partial y}{\partial x_i}$。③利用式(14),计算出间接测量量 y 的不确定度 $u(y)$。如果某一分量小于最大分量(或合成结果)的 1/5 到 1/6 可将这一分量看作是可忽略的微小分量而将其删除。

例 2 测圆柱体体积 V。

分别用螺旋测微器测高度 h 和游标卡尺测圆柱体直径 d，测量数据如下：

i	1	2	3	4	5	6
h_i(mm)	22.501	22.513	22.506	22.514	22.505	22.503
d_i(mm)	28.14	28.24	28.20	28.24	28.20	28.18

螺旋测微器的零点修正值为 $+0.023$ mm，螺旋测微器的误差限为 $\Delta_{螺旋}=0.005$ mm，游标卡尺的仪器误差限为 $\Delta_{卡尺}=0.02$ mm。

【解】：圆柱体的体积公式为 $V=\dfrac{1}{4}\pi d^2 h$

(1) 高度 h 的平均值及其不确定度。

高度 h 的平均值为 $\bar{h}=\dfrac{1}{6}\sum h_i=\dfrac{1}{6}\times 135.042=22.5070$ mm

高度 h 的修正值为 $\overline{h_{修}}=22.5070-$ 零点修正值 $=22.5070-0.023=22.484$ mm

高度 h 的 A 类不确定度为

$$u_A(\bar{h})=\sqrt{\dfrac{\sum(h_i-\bar{h})^2}{6(6-1)}}$$

$$=\sqrt{\dfrac{(0.006)^2+(0.006)^2+(0.001)^2+(0.007)^2+(0.002)^2+(0.004)^2}{6(6-1)}}$$

$$=\sqrt{\dfrac{36+36+1+4+49+4}{30}}\times 10^{-3}$$

$$=\sqrt{\dfrac{130}{30}}\times 10^{-3}$$

$$=\sqrt{4.33}\times 10^{-3}=2.08\times 10^{-3}\text{ mm}$$

高度 h 的 B 类不确定度为 $u_B(\bar{h})=\dfrac{\Delta_{螺旋}}{\sqrt{3}}=\dfrac{0.005}{\sqrt{3}}\approx 0.00289\approx 0.003$ mm $=3\times 10^{-3}$ mm

高度 h 的合成不确定度为

$$u(\bar{h})=\sqrt{[u_A(\bar{h})]^2+[u_B(\bar{h})]^2}$$

$$=\sqrt{(2.08\times 10^{-3})^2+(3\times 10^{-3})^2}$$

$$= \sqrt{2.08^2 + 3^2} \times 10^{-3}$$

$$= \sqrt{4.33 + 9}$$

$$= \sqrt{13} \times 10^{-3}$$

$$\approx 3.606 \times 10^{-3}$$

$$\approx 3.6 \times 10^{-3}$$

$$\approx 4 \times 10^{-3} \text{ mm}$$

高度 h 的测量结果为 $h = \bar{h} \pm u(\bar{h}) = 22.484 \pm 0.003$ mm

(2) 直径 d 的平均值及其不确定度。

直径 d 的平均值为

$$\bar{d} = \frac{1}{6} \sum d_i = \frac{1}{6} \times 169.20 = 28.200 \approx 28.20 \text{ mm}$$

直径 d 的 A 类不确定度为

$$u_A(\bar{d}) = \sqrt{\frac{\sum (d_i - \bar{d})^2}{6(6-1)}}$$

$$= \sqrt{\frac{6^2 + 4^2 + 0^2 + 4^2 + 0^2 + 2^2}{30}} \times 10^{-3}$$

$$= \sqrt{\frac{36 + 16 + 0 + 16 + 0 + 4}{30}} \times 10^{-3}$$

$$= \sqrt{\frac{72}{30}} \times 10^{-3}$$

$$= 1.5 \times 10^{-3} \text{ mm}$$

直径 d 的 B 类不确定度为

$$u_B(\bar{d}) = \frac{\Delta_{卡尺}}{\sqrt{3}} = \frac{0.02}{\sqrt{3}} \approx 0.0115 \approx 0.01 \text{ mm} = 1 \times 10^{-2} \text{ mm}$$

直径 d 的合成不确定度为

$$u(\bar{d}) = \sqrt{[u_A(\bar{d})]^2 + [u_B(d)]^2}$$

$$= \sqrt{(1.5 \times 10^{-3})^2 + (1 \times 10^{-2})^2}$$

$$= \sqrt{0.15^2 + 1^2} \times 10^{-2}$$

$$\approx 1 \times 10^{-2} \text{ mm}$$

直径 d 的测量结果为

$$d = \bar{d} \pm u(\bar{d}) = 28.20 \pm 0.01 \text{ mm}$$

（3）体积 V 的平均值及其不确定度。

体积 V 的平均值为

$$\bar{V} = \frac{1}{4}\pi \overline{d^2}\, \overline{h_{\text{修}}} = \frac{1}{4}\pi \times 22.484^2 \times 28.200$$

$$\approx 11196.599 \approx 11197 \text{ mm}^3$$

体积 V 分别对高度 h 和直径 d 求偏导，可得

$$\frac{\partial V}{\partial h} = \frac{1}{4}\pi d^2,\ \frac{\partial V}{\partial d} = \frac{1}{2}\pi dh$$

体积 V 的不确定度为

$$u(\bar{V}) = \sqrt{\left(\frac{\partial V}{\partial h}\right)^2 [u(\bar{h})]^2 + \left(\frac{\partial V}{\partial d}\right)^2 [u(\bar{d})]^2}$$

$$= \sqrt{\left(\frac{1}{4}\pi d^2\right)^2 [u(\bar{h})]^2 + \left(\frac{1}{2}\pi dh\right)^2 [u(\bar{d})]^2}$$

$$= \bar{V}\sqrt{\left[\frac{u(\bar{h})}{h_{\text{修}}}\right]^2 + \left[\frac{2u(\bar{d})}{d}\right]^2}$$

$$= \bar{V}\sqrt{\left(\frac{3.6 \times 10^{-3}}{22.484}\right)^2 + \left(\frac{1 \times 10^{-2}}{28.200}\right)^2}$$

$$= 11197\sqrt{0.00026 + 0.001} \times 10^{-2}$$

$$\approx 3.54$$

$$\approx 4 \text{ mm}^3$$

体积 V 的测量结果为　　$V = \bar{V} \pm u(\bar{V}) = 1197 \pm 4 \text{ mm}^3$

2.3　数据处理的基本知识和方法

科学实验的目的是为了找出事物的内在规律，或检验某种理论的正确性，并作为以后实际工作的一个依据，因而，对实验测量过程中收集到的大量数据资料必须经过正确的处理才能使之成为有用的结论。所谓数据处理是指从获得数据起到得出结论为止的整个加工过程，包括数据记录、整理、计算、作图分析等方面的方法。根据不同的需要，可以采取不同的数据处理方法。本节主要介绍有

效数字及其表示和数据处理中的列表法,图解法和最小二乘法线形拟合等。

1. 有效数字及其运算

(1)有效数字的概念。

在实验中我们所得到的测量值都是含有误差的。对这些数值不能任意地取舍,应反映出测量值的准确度。所以在记录数据、计算以及书写测量结果时,究竟应该写出几位数字,有严格的要求,要根据所使用的器具、测量误差或实验结果的不确定度来定。

一般地讲,仪器上显示的数字均读出(包括最后一位的估读)并记录。人们常把能读准的数字叫作可靠数字,而把估读的一位数字叫作可疑数字。数值量的误差往往取决于最后一位。例如,用钢直尺测量某物体的长度,正确的读数方法是除了确切地读出钢直尺上有刻线的毫米位数之外,还应该估读一位,即读到 0.1 mm。例如,读出某物体的长度是 16.2 mm,这表示 16 是可靠的数字,而最后的"2"是可疑的数字。

我们定义:有效数字是由若干位可靠数和一位可疑数构成的。这些数字的总位数称为有效位数。

有效数字有几个概念值得注意:①有效数字位数与小数点和单位无关,用以表示小数点位置的"0"不是有效数字。②当"0"不是表示小数点位置时,为有效数字。因此,数据最后的"0"不能随便加上,也不能随便减去。例如:0.02040 m 中,"2"前面的"0"不是有效数字,而中间和最后的"0"为有效数字。③第一位非零数字前的"0"在确定有效位数时无意义,而在第一位非零数字后的"0"在确定有效位数时应计入有效位数。

有效数字位数的多少,直接反映测量的准确度。对于同一物理量的测量,有效数字的位数越多,测量的准确度就越高。

有效数字的科学书写方式(浮点书写规则):将有效数字首位作个位,其余各位均位于小数点后,再乘以 10 的方幂。例如:250 cm=2.50×10^2 cm。

(2)有效数字的运算规则。

有效数字在运算的过程中,会出现很多位数,如果都给予保留,既繁琐又不合理,下面讨论如何合理地确定运算结果的有效数字的位数。首先要确定几个运算规则:①有效数字相互运算后仍为有效数字,即最后一位可疑其他位数均可靠。②可疑数与可疑数相互运算后仍为可疑数,但其进位数可视为可靠数。③可疑数与可靠数相互运算后仍为可疑数。④可靠数与可靠数相互运算后仍为可靠数。

从有效数字的运算规则出发,下面我们来讨论如何确定有效数字的运算法则。在运算中为了与可靠数字加以区别,可疑数字以粗体字表示。

①有效数字的加减法则。有效数字经过加减运算后,得数的最后一位数应该与参与运算的诸数中可疑位数最高的位数一致。

例如:10.1+1.551=?

$$\begin{array}{r} 10.1 \\ +\ 1.551 \\ \hline 11.651 \end{array}$$

数字 11.651 的末两位已无意义,根据舍入法则写为 11.7。同理,减法运算也遵守同样的法则。

②有效数字的乘除运算法则。有效数字经过乘除运算后,得数的有效数字的位数与参与运算的各数中有效数字位数最少的那个数的有效数字位数相同。

例如:12.385×1.1

$$\begin{array}{r} 12.385 \\ \times\ \ \ 1.1 \\ \hline 1.2385 \\ +\ 12.385\ \ \\ \hline 13.6235 \end{array}$$

保留一位可疑数,舍入后 13.6235 变为 14。

同理,除法运算也有相同的法则。

③乘方、开方的有效数字运算后的有效数字位数与底数的有效数字相同。

④三角函数、对数等函数的有效数字运算法则。一般可采用误

差分析方法，先决定误差位，再将测量结果误差位对齐。

例如：求 $\cos 7°27'$ 的数值。

由不确定度递公式，可得 $u(\cos 7°27') = \sin 7°27' \times \left(\dfrac{1}{60} \times \dfrac{\pi}{180}\right) \approx 0.00004$。

由此可知，$\cos 7°27'$ 的数值应该保留到小数点后 5 位数，即 $\cos 7°27' \approx 0.99156$。

也可以用另一种方法，分别计算得到，
$\cos 7°27' \approx 0.991558, \cos 7°28' \approx 0.991521$。

由上式可知，两者小数点后前 4 位一致，第 5 位开始不一致。因此，$\cos 7°27'$ 的数值应该保留到小数点后第 5 位，即 $\cos 7°27' \approx 0.99156$。

⑤特殊数的有效数字位数。

参与运算的准确数字或常数，比如 2, π, e 等的有效数字的位数可以认为有无限位。

⑥特殊数的有效数字位数。

(3) 有效数字截尾的取舍规则。

一般地，有效数字通常遵守大家熟悉的"四舍五入"规则。

需要注意的是，在结果表达式中，有效数字截尾的取舍规则比较特殊。如 $x = \bar{x} \pm u(\bar{x})$，其中，不确定度 $u(\bar{x})$ 采用"保险性进位法"，即"非零全入法"进行取舍。算数平均值 $\bar{x}$ 根据不确定度 $u(\bar{x})$ 来确定有效数字保留位数，其末位与 $u(\bar{x})$ 对齐；采用"统计性四舍五入法"，即"四舍余五入，整五凑偶入"。

相对不确定度 $u_r(\bar{x}) = \dfrac{u(\bar{x})}{\bar{x}} \times 100\%$，一般保留 2 位有效数字。

例如：由测量和计算得到，$\bar{x} = 135.341$ mm，$u(\bar{x}) = 0.22$ mm。
根据结果表达式中有效数字截尾的取舍规则，有

首先，$u(\bar{x}) \approx 0.3$ mm，其次，$\bar{x} \approx 135.3$ mm，$u_r(\bar{x}) = \dfrac{0.3}{135.3} \times 100\% \approx 2.2\%$。

最后结果表达式为：$\bar{x} = (135.3 \pm 0.3)$ mm。

若 $\bar{x} = 135.351$ mm，则取 $\bar{x} = (135.4 \pm 0.3)$ mm。

若 $\bar{x}=135.350$ mm,则取 $\bar{x}=(135.4\pm0.3)$ mm。

若 $\bar{x}=135.250$ mm,则取 $\bar{x}=(135.2\pm0.3)$ mm。

2. 数据处理的一般方法

(1)列表法。

在记录和处理数据时,将数据排列成表格形式,既有条不紊,又简明醒目;既有助于表示出物理量之间的对应关系(如递增或递减等),也有助于检验和发现实验中的问题。列表记录并处理数据是一种良好的科学工作习惯,设计一个简明醒目、合理美观的数据表格,是每一个同学都要掌握的基本技能。

数据在列表处理时,应该遵循下列原则:

①各栏目(纵或横)均应标明名称及单位,若名称用自定的符号,则需加以说明。②列入表中的数据主要应是原始测量数据,处理过程中的一些重要中间计算结果也应列入表中。③栏目的顺序应充分注意数据间的联系和计算的顺序,力求简明、齐全、有条理。④若是函数测量关系的数据表,则应按自变量由小到大或由大到小的顺序排列,以便于判断和处理。

例如:绘制电阻的伏安特性曲线,记录数据与运算结果如下表。

测量次数 n	1	2	3	4	5
电压 U(V)	1.00	2.00	3.00	4.00	5.00
电流 I(mA)	2.00	4.01	6.05	7.85	9.70
电阻 $R=U/I$(W)	500	499	496	500	515

(2)图解法。

物理规律既可以用函数关系表示,也可以借助图线表示。工程师和科学家一般对定量的图线最感兴趣,因为定量图线能形象直观地表明两个变量之间的关系。特别是对那些尚未找到适当函数表达式的实验结果,可以从图示法所画出的图线中去寻找相应的经验公式。

①作图。由于图线中直线最易绘制,也便于使用,所以在已知函数关系的情况下,作两变量之间的关系图线时,最好通过变量代换将某种原来不是线性函数关系的曲线改为线性函数的直线,这种

方法称为曲线改直。下面为几种常用的变换方法。

1) $xy=c$ (c 为常数)。令 $z=\dfrac{1}{x}$,则 $y=cz$,即 y 与 z 为线性关系。

2) $x=c\sqrt{y}$ (c 为常数)。令 $z=x^2$,则 $y=\dfrac{1}{c^2}z$,即 y 与 z 为线性关系。

3) $y=ax^b$ (a 和 b 为常数)。等式两边取对数得,$\lg y=\lg a+b\lg x$。于是,$\lg y$ 与 $\lg x$ 为线性关系,b 为斜率,$\lg a$ 为截距。

4) $y=ae^{bx}$ (a 和 b 为常数)。等式两边取自然对数得,$\ln y=\ln a+bx$。于是,$\ln y$ 与 x 呈线性关系,b 为斜率,$\ln a$ 为截距。

作图一定要用坐标纸,根据函数关系按需要可以选用直角坐标纸(毫米方格纸)、对数坐标纸或极坐标纸等,一般物理实验最常用直角坐标纸。作图时要注意以下几点:

1) 选取坐标分度值。坐标分度值的选取应根据测量数据的有效位数和所有测量值的分布范围来确定。原则是数据中的可靠数字在图中也应为准确的,数据中的可疑数字在图中应是估计的。由于在测量数据中准确数字的最低位对应的是测量仪器的最小分度值,所以一般以坐标纸上 1~2 mm 对应仪器的最小分度值。常用的比例为"1∶1""1∶2""1∶5"(包括"1∶0.1""1∶10"…),即每厘米代表"1、2、5"倍率单位的物理量。切勿采用复杂的比例关系,如"1∶3""1∶7""1∶9"等。这样不但不易绘图,而且读数困难。另外,除特殊需要外,分度值的起点不必从零开始,x 轴、y 轴可以采用不同的比例,应使图线充分占有图纸空间,不要缩在一边或一角。

2) 标明坐标轴。以自变量为横坐标,以因变量为纵坐标,用粗实线在坐标纸上描出坐标轴,标明方向,在轴上注明物理量名称、符号、单位(加括号),并按顺序标出坐标轴整分格上的量值。

3) 标点(又称实验数据点)。实验点可用"＋""×""○"等符号标出,同一坐标系下不同曲线用不同符号。同时应在不同的曲线旁加有文字标注,以便识别。还可用不同颜色对不同的曲线加以区分。

4) 连成图线。用直尺、曲线板等把点连成直线、光滑曲线。因为每一个实验点的误差情况不一定相同,不应强求曲线通过每一个实验点,而应当按实验点的总趋势连成光滑的曲线,而且尽量使图线两侧的实验点与图线的距离最为接近且分布大小均匀。曲线正穿过实验点时,可以在点处断开。对那些严重偏离曲线或直线的个别点,应检查一下标点是否有误,若没有错误,在连线时可舍去不考虑,其他不在图线上的点,应使它们均匀地分布在图线的两侧。对于仪器仪表的校准曲线和定标曲线,连接时应将相邻的两点连成直线,整个曲线呈折线形状。

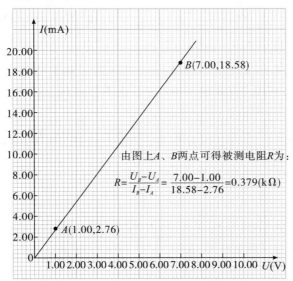

图 2-3-1　电阻伏安特性曲线

5)写明曲线特征。利用图上的空白位置注明实验条件和从图线上得出的某些参数,如截距、斜率等,还要标明被选计数点的坐标。

6)写图名。在图纸下方或空白位置写出图线的名称以及某些必要的说明,要使图线尽可能全面反映实验的情况,最后写上实验者姓名、实验日期,将图纸与实验报告订在一起。

例如:绘制某待测电阻的伏安特性曲线,并求该电阻阻值。测量原始数据如下表所示。

$U(V)$	0.76	1.52	2.33	3.08	3.66	4.49	5.24	5.98	6.76	7.50
$I(mA)$	2.00	4.01	6.22	8.20	9.75	12.00	13.99	15.92	18.00	20.01

②图解。利用已作好的图线,定量地求得待测量或得出经验方程,称为图解法。尤其当图线为直线时,采用此法更为方便。直线的图解法一般是求出相应的斜率和截距,进而得出完整的线性方程,其步骤为:

1)选点——两点法。为求直线的斜率,通常用两点法。在直线的两端任取两点 $A(x_1,y_1),A(x_2,y_2)$。一般不用原有的实验点,而是在所画的直线上另外选取,并用与实验点不同的记号表示,在记号旁注明其坐标值。这两点应尽量分开些。如果两点太靠近,计算斜率时会使结果的有效数字减少;但也不能取超出实验数据范围以外的,因为选这样的点无实验依据。

2)求斜率。因为直线方程为:$y=a+bx$,将两点坐标值代入,可得直线斜率为

$$b = \frac{y_2 - y_1}{x_2 - x_1} \tag{16}$$

3)求截距。若图纸坐标起点为零,则可将直线用虚线延长,得到与纵坐标轴的交点,即可求得截距。若起点不为零,则可由计算得到

$$a = \frac{x_2 y_1 - x_1 y_2}{x_2 - x_1} = y_1 - bx_1 \tag{17}$$

(3)逐差法。

逐差法是物理实验中常用的数据处理方法之一。它在处理一系列依次等间距变化的测量数据 $x_1,x_2,\cdots,x_n$ 时,对研究它们之间的变化规律或研究它们与因变量之间的函数关系时有其独特的优点。

对于等间隔线性变换测量中的数据,顺次求平均值会使中间测量值彼此抵消,多次测量失去意义。为了发挥多次测量的优越性,把原始测量数据依顺序分成两组,取两组中对应序号测量值之差,然后求平均,它充分利用了所有测量数据,又具有对数据取平均和

减少相对误差的效果。这就是逐差法处理数据的特点。逐差法可以充分地利用测量数据,更好地计算最佳估计值。

例如测弹簧的倔强系数,游标尺初读数为 x_0,每加 10 g 砝码,游标尺读数分别为 x_1、x_2、$\cdots$、x_7,共加 7 个砝码,若用算术平均,则每加 10 g 砝码弹簧的平均伸长量

$$\overline{\Delta x} = \frac{\Delta x_1 + \Delta x_2 + \cdots + \Delta x_7}{7}$$

$$= \frac{(x_1 - x_0) + (x_2 - x_1) + \cdots + (x_7 - x_6)}{7}$$

$$= \frac{x_7 - x_0}{7}$$

由上可知中间各 x_i 全部抵消,只剩下 $\frac{x_7 - x_0}{7}$,用这样的方法处理数据,只有始末二次测量值起作用,中间各次测量结果均未起作用,与一次增加 70 g 砝码的伸长量等价。

逐差法:把前后数据分成两组,(x_0, x_1, x_2, x_3) 为一组,(x_4, x_5, x_6, x_7) 为另一组,将两组中相应的数据相减可得加 40 g 砝码伸长量为 $\Delta x_1 = x_4 - x_0$,$\Delta x_2 = x_5 - x_1$,$\Delta x_3 = x_6 - x_2$,$\Delta x_4 = x_7 - x_3$,从而有每加 10 g 砝码弹簧的平均伸长量为

$$\overline{\Delta x} = \frac{1}{4}\left(\frac{\Delta x_1 + \Delta x_2 + \Delta x_3 + \Delta x_4}{4}\right)$$

此时,测得的各个数据都用上了,可以减小测量的随机误差及测量仪器带来的误差。

(4)最小二乘法。

一组实验数据拟合出一条最佳直线,从而准确地求出两个物理量之间的线性函数关系,常用的方法是最小二乘法。设物理量 y 和 x 之间满足线性关系,则函数形式为

$$y = a + bx$$

最小二乘法就是要用实验数据来确定方程中的待定常数 a 和 b,即直线的斜率和截距。

我们讨论最简单的情况,即每个测量值都是等精度的,且假定 x 和 y 值中只有 y 有明显的测量随机误差。如果 x 和 y 均有误差,只

要把误差相对较小的变量作为 x 即可。由实验测量得到一组数据为$(x_i, y_i; i=1,2,\cdots)$，其中 $x=x_i$ 时对应的 $y=y_i$。由于测量总是有误差的，我们将这些误差归结为 y_i 的测量偏差，并记为 $\varepsilon_1, \varepsilon_2, \cdots, \varepsilon_n$，见图 2-3-2。这样，将实验数据 (x_i, y_i) 代入方程 $y=a+bx$ 后，得到

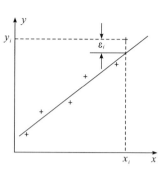

图 2-3-2　y_i 的测量偏差

$$\left.\begin{array}{c} y_1-(a+bx_1)=\varepsilon_1 \\ y_2-(a+bx_2)=\varepsilon_2 \\ \vdots \\ y_n-(a+bx_n)=\varepsilon_n \end{array}\right\}$$

我们要利用上述的方程组来确定 a 和 b，那么 a 和 b 要满足什么要求呢？显然，比较合理的 a 和 b 是使 $\varepsilon_1, \varepsilon_2, \cdots, \varepsilon_n$ 数值上都比较小。但是，每次测量的误差不会相同，反映在 $\varepsilon_1, \varepsilon_2, \cdots, \varepsilon_n$ 大小不一，而且符号也不尽相同。所以只能要求总的偏差最小，即

$$\sum_{i=1}^{n} \varepsilon_i^2 \to \min$$

令 $S = \sum_{i=1}^{n} \varepsilon_i^2 = \sum_{i=1}^{n} [y_i-(a+bx_i)]^2$

若使 S 为最小，根据极值条件，可得 $\frac{\partial S}{\partial a}=0, \frac{\partial S}{\partial b}=0, \frac{\partial^2 S}{\partial a^2}>0, \frac{\partial^2 S}{\partial b^2}>0$。由此，对其求解，可容易得到

$$\sum y_i - na - b\sum x_i = 0 \Rightarrow \overline{y} - a - b\overline{x} = 0 \tag{18}$$

$$\sum x_i y_i - a\sum x_i - b\sum x_i^2 = 0 \Rightarrow \overline{xy} - a\overline{x} - b\overline{x^2} = 0 \tag{19}$$

由式(14)、(15)，可得

$$a = \frac{\overline{xy} \cdot \overline{x} - \overline{y} \cdot \overline{x^2}}{\overline{x}^2 - \overline{x^2}} = \overline{y} - b\overline{x} \tag{20}$$

$$b = \frac{\overline{x} \cdot \overline{y} - \overline{xy}}{\overline{x}^2 - \overline{x^2}} \tag{21}$$

如果实验是在已知 y 和 x 满足线性关系下进行的，那么用上述最小二乘法线性拟合(又称一元线性回归)可解得斜率 a 和截距 b，

从而得出回归方程 $y=a+bx$。如果实验是要通过对 y 和 x 的测量来寻找经验公式,则还应判断由上述一元线性拟合所确定的线性回归方程是否恰当。这可用下列相关系数 r 来判别

$$r = \frac{\overline{xy} - \overline{x} \cdot \overline{y}}{\sqrt{(\overline{x^2} - \overline{x}^2)(\overline{y^2} - \overline{y}^2)}} \tag{22}$$

可以证明,$|r|$ 值总是在 0 和 1 之间。$|r|$ 值越接近 1,说明实验数据点密集地分布在所拟合的直线近旁,用线性函数进行回归是合适的。$|r|=1$ 表示变量 y 和 x 完全线性相关,拟合直线通过全部实验数据点。$|r|$ 值越小线性越差,一般 $|r| \geqslant 0.9$ 时,可认为两个物理量之间存在较密切的线性关系,此时用最小二乘法直线拟合才有实际意义,见图 2-3-3。

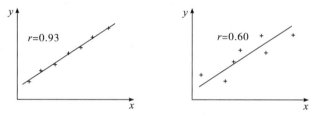

图 2-3-3 相关系数与线性关系

例:下面是测量电阻丝的阻值随温度变化的实验数据,试用最小二乘数法作直线拟合,按公式 $R=R_0(1+\alpha t)$,求 0 ℃时的电阻 R_0 和温度系数 α。

I	x_i	x_i^2	y_i	y_i^2	$x_i y_i$
1	15.5	240.2	28.09	789.0	435.4
2	21.2	449.4	28.68	822.5	608.0
3	27.0	729.0	29.25	855.6	789.8
4	31.1	967.2	29.68	880.9	923.0
5	35.0	1225	30.05	903.0	1.52
6	40.3	1624	30.60	936.4	1233
7	45.0	2025	31.08	966.0	1399
8	49.7	2470	31.55	995.4	1568
求和	264.8	9730	239.0	7149	8008
平均值	33.10	1216	29.87	893.6	1001

由式(20)和(21)求得

$$R_0 a = b = \frac{\overline{x} \cdot \overline{y} - \overline{xy}}{\overline{x}^2 - \overline{x^2}} = \frac{1001 - 33.10 \times 29.87}{1216 - 33.10^2} = 0.1022(\Omega)$$

$$R_0 = a = \overline{y} - b\overline{x} = 29.87 - 0.1022 \times 33.10 = 26.5(\Omega)$$

$$\alpha = \frac{b}{R_0} = \frac{0.1022}{26.48} = 3.860 \times 10^{-3}(1/℃)$$

由式(21)可得

$$r = \frac{\overline{xy} - \overline{x} \cdot \overline{y}}{\sqrt{(\overline{x}^2 - \overline{x^2})(\overline{y}^2 - \overline{y^2})}}$$

$$= \frac{1001 - 33.10 \times 29.87}{\sqrt{(1216 - 33.10^2)(893.6 - 29.87^2)}}$$

由以上结果可以看出，与有着密切的线形关系。其结果为

$$R = 26.5(1 + 3.860 \times 10^{-3} t)\ \Omega$$

第 3 章

物理实验的基础知识

物理实验方法是以一定的物理现象、物理规律和物理原理为依据,确立合适的物理模型,研究各物理量之间关系的科学实验方法。而测量方法是指测量某一物理量时,根据测量要求,在给定条件下尽可能地消除或减少系统误差以及随机误差,使获得的测量值更为精确的方法。由于现代实验技术离不开定量测量,所以实验方法和测量方法相辅相成,互相依存,甚至无法严格区分。

本章将对物理实验中最基本的测量仪器、方法和技术作概括介绍,这些方法在其他学科和专业中也有着广泛的应用,有利于学生加深对物理实验的基本思想和方法的理解。

3.1 物理实验的基本测量方法

任何物理实验都离不开对物理量的测量。正是对各种物理现象的观察,对各种物理量的测量,对测量数据的分析、处理、归纳、抽象才上升成物理理论,在实验物理学中,对各种物理量的研究和测量已经形成了自身的理论和卓有成效的测量方法。它们不但对物理学的发展起到了巨大的推动作用,而且这些理论和方法还有其基本性和通用性,对其他有实验的学科的研究无疑也是极具价值的。物理量的测量方法门类繁多,究其共性可以概括出一些基本测量方法,如比较法、放大法、模拟法、补偿法、干涉法、转换测量法及其他方法等。

本节仅对物理实验中常用的几种基本测量方法作简要介绍。实际上,在物理实验中各种方法往往是相互联系、综合使用的,所以在进行物理实验时,应认真考虑所进行的实验应使用哪些测量方法,有意识地使自己受到物理实验的基本思想、基本方法和科学实验的基础训练。

1. 比较法

比较法是物理量测量中最普遍、最基本的测量方法,它是将被测量与标准量进行比较而得到测量值的。比较法可分为直接比较和间接比较两类。

(1)直接比较法。

直接比较法是将待测量与同类物理量的标准量具或标准仪器直接进行比较,测出其量值。例如用钢直尺测量物体的长度就是直接比较测量。

直接比较法所用的测量量具常称为直读式量具,例如用钢直尺、游标卡尺和千分尺测量长度,用秒表和数字毫秒计量度时间,用安培表测电流,用伏特表测电压等。

(2)间接比较法。

有些物理量难于直接比较,需要通过某种关系将待测量与某种标准量进行间接比较,求出其大小。例如用李萨如(Lissajous)图形测电信号频率就是先将信号输入示波器转换为图形后,再由标准信号求出被测信号的频率。

实际上,所有测量都是将待测量与标准量进行比较的过程,只不过比较的形式不是那么明显而已。

2. 放大法

实验中经常需要测量一些微小物理量,由于待测量过分小,以至无法被实验者或仪表直接感觉和反映,此时可以设计相应的装置或采用某种方法将被测量放大,然后再进行测量。放大被测量所用的原理和方法称为放大法,放大法有:螺旋放大法、光学放大法、电子学放大法等。

(1)螺旋放大法。

螺旋测微器和读数显微镜都是利用螺旋放大法进行精密测量的。将与被测物关联的测量尺面与螺杆连在一起,螺杆尾端加上一个圆盘,称为轮盘,如图 3-1-1 所示。设其边缘等分刻成 50 格,轮盘每转一圈,恰使测量尺面移动 $h=0.5\ \text{mm}$,那么轮盘转动一小格,尺面移动了 $0.01\ \text{mm}$。若使盘子尺寸制得大些,比如轮盘外径 $D=16\ \text{mm}$,则周长 $L=\pi D=50\ \text{mm}$,每一格的弧长相当于 $1\ \text{mm}$ 的长度,也就是说当测量尺面移

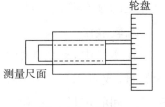

图 3-1-1 轮盘

动 $0.01\ \text{mm}$ 时,在轮盘上变化了 $1\ \text{mm}$,于是微小位移被放大了。放大倍数:使用这种装置测量精度提高了 100。

(2) 光学放大法。

光学放大法分为视角放大和微小变化量(微小长度,微小角度)放大两种,放大镜、显微镜和望远镜等都属于放大视角的仪器。这类仪器只是在观察中放大视角,并不是实际尺寸的变化,所以并不增

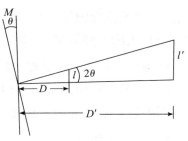

图 3-1-2 光学放大法示意图

加误差,因而许多精密仪器都是在最后的读数装置上加一个视角放大装置以提高测量精度。而测量微小长度变化的光杠杆镜尺法以及常用的复射式光点检流计等则是通过测量放大的物理量来获得变化较小的物理量。如图 3-1-2 所示,平面镜与待测系统联结在一起,当它们一起转动了 θ 角时,来自某处的入射光线被镜面反射后,偏离了 2θ 角。于是物体转动角度被放大了 2 倍。而且还可以将角度的测量转换为长度的测量。由三角函数关系得:

$$\tan\theta=\frac{l}{D}$$

角度 θ 的测量变成了 l 和 D 的测量。若放大为测量 D' 与 l',则在使用同样量具的情况下,相对误差大为减小,D' 越长,测量精度越高。

电学实验中,往往要对微弱电信号(电流、电压或功率)放大后再进行有效地观察测量的例子很多(可以参考有关电子线路教材),在此从略。

总之,放大法提高了实验的可观察度和测量精度,是物理实验

中常见的基本测量方法。

3. 转换法

在实验中,有很多物理量由于其属性关系,很难用仪器仪表直接测量,或者因条件所限,无法提高测量的准确度,此时可以根据物理量之间的定量关系和各种效应把不易测量的待测物理量转换为容易测量的物理量,然后进行测量,之后再反求待测物理量,这种方法就叫转换测量法(简称转换法)。

由于物理量之间存在多种关系和效应,因此将会有多种不同的换测法,这恰恰反映了物理实验中最有启发性和开创性的一面。随着科学技术的不断发展,这种方法已渗透到各个学科领域。科学实验不断地向高精度、宽量程、快速测量、遥感测量和自动化测量发展,这一切都与转换测量紧密相关。

转换法一般可分为参量换测法和能量换测法两大类。

(1)参量转换法。

利用物理量之间的某种变换关系,实现各参量之间的变换,以达到测量某一物理量的目的。这种方法几乎贯穿于整个物理实验中。例如,实验测定钢丝的杨氏模量 Y 是以应变与应力成线性变化的规律,将 Y 的测量转换为应变量 $\Delta L/L$ 与应力量 F/S 的测量后得到:

$$Y=\frac{F/S}{\Delta L/L}$$

又如在单摆实验中,利用单摆测定重力加速时以周期随摆长 L 变化的规律,将 g 的测量转换为 L、T 的测量得到的。

(2)能量转换法。

利用物理学中的能量守恒定律以及能量具体形式上的相互转换规律进行转换测量的方法。能量换测法的关键是传感器——把一种形式的能量转换成另一种形式的能量的器件,具体地说,能实现以下作用的能量转换装置称为传感器:①能接收由测量对象的物理状态及其变化所发出的激励(敏感部分);②将此激励信号转化为适宜测量的信号(转换部分)。

由于电磁学测量方便、迅速、容易实现,所以最常见的换能法是将物理量的测量转换为电学量的测量(亦称电测法)。下面着重介绍几种典型的能量换测法。

①热电换测——将热学量通过热电传感器转换成电学量测量,热电传感器的种类很多,它们虽然依据的物理效应不同,但都是利用了材料的温度特性。例如,利用材料的温差电动势原理,将温度测量转换成热电偶的温差电动势的测量。

②压电转换——这是一种压力和电势间的变换,这种变换通常是通过某些材料的压电效应制造的器件来实现。例如,将被极化的铁酸锁制成柱状器件,如图 3-1-3 所示,其极化方向为轴向。在极化方向上受压力而缩短时,轴向就会产生与极化方向相反的电场,

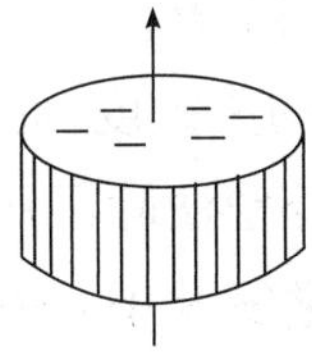

图 3-1-3　轴向极化方向

据此,可使压力变化变换成为相应的电压变化。话筒和扬声器就是人们所熟悉的一种压电换能器。

③光电换测——将光信号转换为电信号再进行测量的方法。利用光电效应制造的光电管、光电倍增管、光电池、光敏二极管、光敏三极管等器件可以实现光电转换,测定相对光强。光电传感器有如下三种类型:1)光电导传感器;2)光电发射管;3)光电池。

④磁电换测——利用半导体霍尔效应进行磁学量与电学量的转换测量。

4. 补偿法

若某测量系统受某种作用产生 A 效应,受另一种同类作用产生 B 效应,如果 B 效应的存在而使 A 效应显示不出来,就叫作 B 对 A 进行了补偿。若 A 效应难于测量,可通过人为的方法制造出一个易于测量或已知的 B 效应与 A 补偿,用测量 B 效应的方法求出 A 效应的量值,这种测量方法叫作补偿法。

如图 3-1-4 所示的惠斯通电桥属电压补偿。图中 R_0、R_1、R_2 是标准电阻,与被测电阻 R_x 组成电桥。当桥中有足够大的电流 I 时,调节 R_0 使检流计 G 指零,这时 C、D 两点电位相等,桥臂上电压互相补偿,即电桥达到平衡。有:

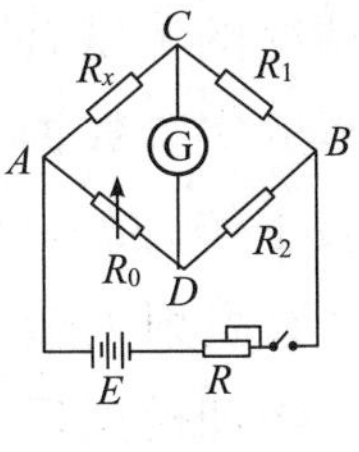

图 3-1-4　惠斯通电桥

$$\frac{R_x}{R_0} = \frac{R_1}{R_2} \qquad R_x = \frac{R_1}{R_2} R_0$$

当 R_0、R_1、R_2 已知时便可求出待测电阻 R_x。

可以看出，完整的补偿测量系统由待测装置、测量装置和指零装置组成，指零装置可显示出待测量与补偿量比较的结果。比较的方法可分为零示法和差示法两种，零示法称为完全补偿，差示法称为不完全补偿。上述采用零示法，其优点是判别平衡与否，仅取决于 G 的灵敏度，而与 G 的精度无关。

补偿法除了用于补偿测量外，还常常被用来校正系统误差。如在光学实验中，为防止由于光学器件的引入而影响光程差，在光程中，常人为地配置光学补偿器件来抵消这种影响。例如：在迈克尔逊干涉仪上，用加装补偿板的方法来补偿分束器引入的光程差。

5. 模拟法

在探求物质的运动规律和自然奥秘或解决工程技术问题时，经常会碰到一些特殊的情况，比如受研究对象过分庞大、或者危险、或者变化缓慢等限制，以致难于对研究对象进行直接测量。于是，人们依据相似理论，人为地制造一个类同于研究对象的物理现象或过程的模型，用模型的测试代替对实际对象的测试，这种方法称为模拟法。模拟法分为物理模拟和数学模拟。

(1) 物理模拟法。

人为制造的"模型"和实际"原型"有相似的物理过程和相似的几何形状，以此为基础的模拟方法即为物理模拟。例如，为了研究高速飞行的飞机上各部位所受的力，以便于飞机的设计。人们首先制造一个与原飞机几何形状相似的模型，将模型放入风洞，创造一个与实际飞机在空中飞行完全相似的物理过程，通过对模型飞机受力情况的测试，便可以在较短的时间、方便的空间、较小的代价获得可靠的实验数据。又例如，在空间技术科学发展的过程中，有许多实验工作，都是首先在实验室中进行模拟实验，取得初步结果之后，再通过发射人造卫星完成进一步的实验。

物理模拟具有生动形象的直观性，并可使观察的现象反复出现，因此具有广泛地应用价值，尤其对那些难以用数学方程式来准确描述的研究对象常被采用。

(2)数学模拟法。

模型和原型遵循相同的数学规律,而在物理实质上确毫无共同之处,这种模拟方法称为数学模拟,又称类比。例如模拟静电场的实验,就是根据电流场与静电场具有相同的数学方程式,用稳恒电流场来模拟静电场。

随着计算机的不断发展和广泛的应用,人们可以通过计算机模拟实验过程,预测可能的实验结果。这是一种新的模拟方法——人工智能模拟,它属于计算物理的研究范畴,我们不在这里讨论。

模拟法虽然具有上述的许多优点,但也有很大的局限性,因为它仅能够解决可测性问题,并不能提高实验的精度。

以上分别介绍了几种典型的实验方法,在具体的科学实验中,往往是把各种方法综合起来使用。因此,实验者只有对各种实验方法有深刻的了解,才能在未来的实际工作中得心应手地综合应用。

3.2　物理实验的基本仪器与测量

物理实验仪器的种类很多,涉及力学、热学、电磁学及光学等各种类型,这里只介绍一些最基本的常用仪器和测量,其他仪器将结合具体实验进行介绍。

1. 力学实验基本仪器与测量

最基本的力学量是长度、质量和时间。常用的仪器有游标卡尺、螺旋测微计、读数显微镜、天平、秒表和数字毫秒计等。

(1)基本的长度测量仪器。

长度是最基本的物理量之一。测量长度的仪器不仅在生产过程和科学实验中被广泛使用,而且许多物理量的测量(如温度计、压力表以及各种电表的示值)最终都是转化为长度(刻度)而进行读数的。因此,有关长度的测量方法、原理和技术在物理量的测量中具有普遍的意义。

测量长度时仪器的选取一般取决于测量的范围及测量精度。就测量范围来说,小尺度的测量仪器有读数显微镜、千分尺、卡尺等,它们测量长度的范围和准确度是不同的,需视测量对象和条件适当选用。当长度在 10^{-3} cm 以下时,则需用更精密的测量仪器(如比长仪)或者采用其他方法(如光的干涉和衍射)来测定。稍大尺度的有板尺、卷尺;更大的尺度时主要有工程上使用的远红外测距、卫星定位等。

物理实验中常用的长度测量仪器有米尺、游标卡尺、螺旋测微计(千分尺)、读数显微镜等。通常用量程和分度值表示这些仪器的规格,一般测长仪器上都有指示不同量值的刻度线,相邻两刻度线所代表的量值之差称为分度值。把仪器的最大测量范围称为量程。选用仪器时应注意仪器的量程和分度值。使用仪器时,首先要校准仪器,以避免系统误差。测量时,除正确读出分度值的整数倍以外,还应注意在一个分度内进行估读。应该强调的是除游标卡尺外,米尺、千分尺、读数显微镜等必须估读到最小分度值的下一位。

①游标卡尺。游标卡尺是一种比米尺精密的测长仪器,可用来测量物长、外径、内径和孔深等量。

a. 游标卡尺的构造及使用。

游标卡尺的外形如图 3-2-1 所示,它由主尺、游标、尾尺、卡口、紧固螺钉等构成。游标紧贴着主尺滑动;卡口 AB 用来测量物体的长度、外径;卡口 $A'B'$ 用来测量物体的内径,尾尺 C 用来测量物体的槽深或孔深;紧固螺钉 F 在测量物体时用来固定游标,便于读数。

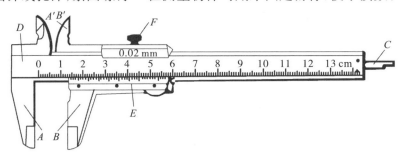

AB、$A'B'$. 测量钳口;C. 深度尺;D. 主尺;E. 副尺;F. 锁紧螺钉

图 3-2-1　游标卡尺结构图

使用游标卡尺时,应左手拿被测物体,右手持尺,用游标卡尺将物体轻轻卡住,然后用紧固螺钉紧固。

b. 游标原理。

游标是附在主尺上的一个副尺,是为了帮助实验者比较准确地对主尺最小刻度后面的读数进行估计而设计的。以游标来提高测量精度的方法,不仅用在游标卡尺上,而且还广泛地用于其他仪器。尽管游标的长度不同,分度格数不一样,但基本原理与读数方法相同。

如图 3-2-2 所示,游标上 n 个分度格的长度与主尺上 $(n-1)$ 个分度格的长度相等,若游标上最小分度值为 b,主尺上最小分度值为 a,则 $nb=(n-1)a$,主尺上每一格与游标上一格之差为游标的精度值或游标卡尺的最小分度值。由上式可求出最小分度值为 $a-b=\dfrac{1}{n}a$。

例如,在图 3-2-2 中,游标卡尺的最小分度值为 $a-b=\dfrac{1}{n}a=\dfrac{1}{10}$ mm,测量某物体的长度时,游标零线指示出在主尺上得到被测量为 l,再根据游标上第 k 条线与主尺分度的某条线对齐而求得其小数部分 Δl,即 $\Delta l=k\dfrac{a}{n}$。

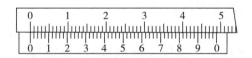

图 3-2-2　游标卡尺读数示意图

c. 游标卡尺读数方法。

用游标卡尺测量长度读数时,可分两步进行:

1)先读主尺,读出游标上"0"线左边主尺的整数值 l,单位 mm,然后读副尺即游标尺,找到游标尺上与主尺某条刻度线对齐的刻度线,例如游标上第 k 条刻度线和主尺上某条刻度线对齐(有时游标上的所有刻线,可能都不与主尺上的某条刻度线严格对齐,此时就取与主尺刻线最接近对齐的那条刻度线作为游标读数值),然后将 k 与最小分度值相乘,$k\times\dfrac{a}{n}$ 即小数部分 Δl。

2)根据 $L=l+\Delta l=l+k\dfrac{a}{n}$,得出测量结果。

如图 3-2-3 是使用 10 分度游标卡尺测量的示意图。设待测物体的长度为 L，该物体的实际长度为 $L=l+\Delta l=l+k\dfrac{a}{n}=9+0.8=9.8$ mm。

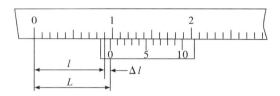

图 3-2-3　游标卡尺读数示意图

d. 注意事项。

1）测量前应合拢卡口，检查游标零线与主尺的零线是否重合，若不重合，则应记下零线读数，对测量结果需进行修正。

2）应特别注意保护卡口不被磨损，不允许用游标卡尺测量粗糙的物体，更不允许被卡紧的物体在卡口内挪动。

3）使用完毕应使卡口之间留有一间隙，且固定螺丝一定要松开，以免因受热膨胀而损坏。

②螺旋测微计（千分尺）。螺旋测微计是比游标卡尺更为精密的长度测量仪器，也称为千分尺，它是根据螺旋测微原理制成的。

a. 构造及其测微原理。

如图 3-2-4 所示，螺旋测微计由一根装在固定套管螺母内的螺距为 Δ 的测微螺杆与套筒固定联结，固定套管与尺架固结，当套筒旋转（测微螺管也随之旋转）一周时，测微螺杆沿轴线方向移动一个螺距 Δ，在套筒边缘上一周刻着 n 个等分格线，所以套筒转过 1 分

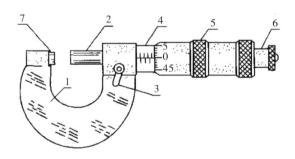

1.弓架；2.测微螺杆；3.制动开关；4.主尺；5.套筒；6.棘轮；7.测砧

图 3-2-4　螺旋测微计结构图

格，螺杆在轴线方向运动 Δ/n。常用的螺旋测微计，螺杆的螺距有 0.5 mm 和 1 mm 两种，相应的套筒圆周上刻着 50 个和 100 个等分格线，它转过 1 分格，螺杆在轴线方向均移动 0.01 mm。

b. 使用方法。

用螺旋测微计测量物体的长度时，应先打开制动器，用左手握住弓架，用右手倒转棘轮，将待测物放入测砧与测微杆之间，然后再转动棘轮，当听到"喀喀……"的响声时，说明物体与测砧及测微螺杆已接触良好，即停止转动。读数时，先从固定标尺上读出整毫米读数，若漏出半毫米刻度线，应增加 0.5 mm，剩余尾数由套筒边缘上的刻度读出，一般在微分筒上估读到 0.1 格，如图 3-2-5(a)和(b)所示，其读数分别是 3.210 mm 和 3.710 mm。

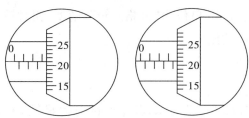

(a) 3.210mm　　(b) 3.210mm(错误)、3.710mm

图 3-2-5　螺旋测微计读数举例

测量以前，先记录零差。测量结果＝读数值－零差。图 3-2-6 为两个零差的例子，要注意它们的符号不同。

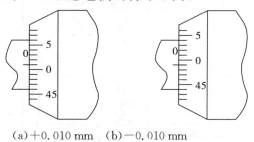

(a) ＋0.010 mm　　(b) －0.010 mm

图 3-2-6　螺旋测微计零差示意图

c. 注意事项。

1) 测量时须使用棘轮作为保护装置。当测微螺杆即将接触到物体时应旋转棘轮，当测微螺杆接触到被测物体时会发出喀喀声，此时应停止旋转；

2)螺旋测微计使用完后应使制动开关松开,且测微螺杆与测砧之间留有一定的间隙,以免受热膨胀时损坏测微螺杆上的螺纹。

(2)基本的质量测量仪器。

质量是基本物理量之一,常用的质量测量仪器为天平。天平是一种等臂杠杆,按其称衡的精确程度分等级,物理天平准确度较低,分析天平准确度较高,不同准确度的天平配置不同等级的砝码,各种等级的天平和砝码允许误差都有规定。天平的规格除了等级以外还有最大称量和感量。称量(最大载荷):是指天平允许称衡的最大质量;感量:是在天平平衡时,为使天平指针从标度尺上的平衡位置偏转一个分度,在一个盘中所添加的最小质量。感量用符号 k 表示,其单位为"mg/分格";灵敏度:感量 k 的倒数称为灵敏度,用符号 S 表示,即 $S=1/k$,其单位为"分格/mg";精度(相对精度):是指天平的分度值与称量的比值。

①物理天平。

a.构造。

物理天平如图 3-2-7 所示,其主要部分是横梁,横梁上有三个钢

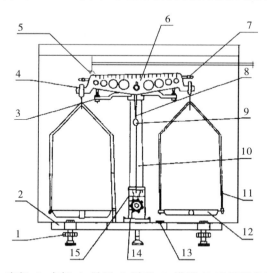

1.水平螺钉;2.底板;3.支架;4.吊耳;5.游码;6.横梁;7.平衡调节螺母;8.读数指针;9.感量调节器;10.中柱;11.盘梁;12.秤盘;13.水准器;14.制动旋钮;15.读数标尺

图 3-2-7　物理天平结构图

制的刀口,中间刀口向下,可置于支柱的玛瑙垫上,作为横梁的支点。两侧刀口上挂有吊耳,每个吊耳内有一个玛瑙垫,吊耳下边悬挂秤盘,三个刀口在同一水平面上,且间距相等,即横梁是等臂杠杆;在支柱下方,有一个制动旋钮,用以升降制动架,当顺时针旋转制动旋钮时,制动架下降,横梁中间的刀口落在支柱的玛瑙垫上,横梁即可灵活地摆动,进行称衡;当逆时针转动制动旋钮,制动架上升,横梁由制动架托住,中间刀口和刀承分离,两侧刀口也由于秤盘吊耳被制动架托起而减去负荷,保护刀口不受损伤。横梁下有一根读数指针,支柱的下端有读数标尺,用来观察和确定横梁的平衡状态,当横梁平衡时,指针应在标尺的中央刻线上;天平底板下有两个水平调节螺钉,用于使天平的底座水平。

每架天平配有一套砝码,在砝码上标出了它们的质量,横梁上有游码标尺,用以放置游码。

b.砝码的精度等级及使用方法。

砝码具有确定的质量和一定的形状,一般与天平结合起来测量其他物质的质量。砝码上标明的质量,称为砝码的标称值,又叫砝码的名义值。为了使用方便,砝码都配套成组,结合的原则是在满足使用要求的前提下,用最少量的砝码能够组成所需要的任何质量。使用最广泛的组合方式是按 5、2、2、1 组合,如一组砝码为,500 g、200 g、100 g、50 g、20 g、20 g、10 g、5 g、2 g、2 g、1 g。

c.调节步骤。

1)水平调节:转动水平螺钉,使水准器中的气泡处于正中心。2)零点调节:在天平空载的情况下(注意横梁上的游码应移到零位处),转动制动旋钮,启动天平,使横梁自由摆动,观察天平是否平衡,当指针摆动相对于标尺中线左右幅度相等时天平平衡;若不平衡,旋转制动旋钮使天平制动,调节横梁两端的平衡螺丝。再启动天平观察天平是否平衡,若仍未平衡,则重复前法,直至天平空载时平衡。3)称衡:天平制动的情况下,把待测物体轻轻放在左盘中央,右盘中央放入一定质量的砝码,启动天平,同时观察天平倾斜情况,制动天平,酌情在右盘中增减砝码,重复此步骤,直到天平指针基本上能对称的左右摆动,然后再轻轻调节游码,使天平最后达到平衡。

4)称衡完毕:制动天平,托盘摘离刀口。

d. 注意事项。

1)天平的载荷不能超过称量,以免损坏刀口或压弯横梁。2)在进行天平调整和增减砝码、调节游码等动作时,都必须先将天平制动,只是在判断天平是否平衡时才将天平启动。启动、制动天平时,动作要轻,而且制动天平时最好在天平指针接近中间位置时进行。3)取、放砝码时只准用镊子,不允许用手直接(触摸)取放砝码。测量结束后,砝码应立即放回砝码盒,不得丢失砝码、镊子。4)天平的各部分都要防锈、防腐蚀,高温物体、液体及带腐蚀性化学药品,不得直接放入秤盘中称衡。

②分析天平。

分析天平的构造原理与物理天平相同,所不同的是它具有更高的灵敏度,被安放在玻璃柜中。为了适应分析天平的高灵敏度要求,它的各部分都加工得比较精细,特别是它的刀口和刀承都是用玛瑙或红玉石精密磨制的,刀口耐磨性高,能保持比较锐利的刀刃,但比较脆,受到冲击时容易产生裂纹或缺损,因此,使用时更应注意操作规程。分析天平放在一个能让大量光线通过的玻璃柜中,可使天平避免灰尘、空气流动和偶然冲击的影响。使用本实验室备有的分析天平称衡时,10 mg 以下的小砝码可用游码代替,游码用细金属丝做成弯钩状,跨经在游码标尺上,游码标尺的中间刻度为零,两端各有 10 个刻度,每个刻度表示 1 mg。例如,将游码放置在游码标尺右边"5"处,相当于在右盘上加 5 mg 砝码,游码的安放和取下是利用游码滑杆一端的小钩,不必打开柜门。

(3)仪器示值误差。

因使用的卡尺分度值通常只有 0.02 mm、0.05 mm、0.1 mm 三种,现将国家计量局规定的各种量程列于下表:

表 3-2-1 游标卡尺的示值误差

测量范围	分度值(mm)	
(mm)	0.02	0.05
0~300	±0.02	±0.05
300~500	±0.04	±0.05

国家标准规定螺旋测微计分零级和一级两类,通常使用的是一级,其示值误差也根据测量范围的不同而不同,如下表:

表 3-2-2 螺旋测微计的示值误差

测量范围(mm)	~100	100~150	150~200	200~300	300~400	400~500
示值误差(mm)	±0.004	±0.005	±0.006	±0.007	±0.008	±0.010

2. 热学实验基本仪器

热学实验中常用的测温仪器有水银温度计和热电偶等。

表示物体热状态程度的物理量称为温度,摄氏温度 $t(℃)$ 与热力学温度 $T(k)$ 的关系为

$$T = 273.15 + t$$

测量温度的仪器有许多种,如液体温度计、气体温度计、电阻温度计、热电偶、光测温度计等,物理实验室常用的测温仪器主要为玻璃水银温度计和热电偶。

(1)水银温度计。

以水银、酒精或其他有机液体作测温工作物质的玻璃柱状温度计,统称为玻璃液体温度计,这种温度计是利用测温物质的热胀冷缩性质来测量温度的。测温液体封装在玻璃柱的一端成球泡形,上接一个内径均匀的毛细玻璃管。液体受热后,毛细管中的液柱升高,从管壁的标度可读出相应的温度值。

由于水银具有不润湿玻璃、随温度上升均匀膨胀以及 1 个标准大气压下(101 kPa)可在 -38.87(水银凝固点)~ 356.58 ℃(水银沸点)较广的温度范围内保持液态等诸多优点,因此,较精密的玻璃液体温度计均为水银温度计。

水银温度计的规格有标准水银温度计、实验玻璃水银温度计和普通玻璃水银温度计三种。标准水银温度计主要用于校正各类温度计,其又分为一等和二等标准水银温度计。前者总测温范围为 $-30\sim300$ ℃,其分度值为 0.05 ℃,仪器误差为 0.01 ℃,每套由 9 支或 13 支测温范围不同的温度计组成,用于校正二等标准水银温度计;后者总的测温范围也为 $-30\sim300$ ℃,分度值为 0.1 ℃ 或 0.2 ℃,

用于校正各种常用玻璃液体温度计。实验玻璃温度计主要用于实验室和工业中的温度测量,总测量范围为 $-30 \sim 250\ ℃$,由 6 支不同测温范围的温度计组成,分度值为 $0.1\ ℃$ 或 $0.2\ ℃$,仪器误差为 $0.05\ ℃$。普通玻璃水银温度计的测温范围分为 $0 \sim 60\ ℃$、$0 \sim 100\ ℃$、$0 \sim 150\ ℃$、$0 \sim 300\ ℃$ 等几种,分度值为 $1\ ℃$ 或 $2\ ℃$。

(2)热电偶。

①热电偶的测温原理。

热电偶亦称温差电偶,它由两种不同成分的金属丝 A、B 构成,其端点紧密接触,如图 3-2-8 所示。当两个接点处于不同的温度 t 和 t_0 时,在回路中会产生温差电动势。温差电动势的大小只与组成热电偶的两根金

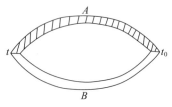

图 3-2-8　热电偶示意图

属丝的材料、热端温度 t 和冷端 t_0 三个因素有关,而与热电偶的大小、长短及金属丝的直径等无关。当组成热电偶的材料确定后,温差电动势只决定于温差 $t-t_0$。一般而言,温差电动势 ε 与温差 $t-t_0$ 的关系为:

$$\varepsilon = c(t-t_0) + d(t-t_0)^2 + e(t-t_0)^3 + \cdots \tag{1}$$

其第一级近似为

$$\varepsilon = c(t-t_0) \tag{2}$$

式中 c 称温差系数(或热电偶常量),其物理意义为单位温差时的电动势,其大小由组成热电偶的材料决定。

可以证明,在 A、B 两种金属之间插入第三种金属 C 时,若它与 A、B 的两个连接点处于同一温度 t_0(如图 3-2-9 所示),则该闭合回路的温差电动势与前述只有 A、B 两种金属组成回路时的数值完全相同。所以,把 A、B 两根不同材料的金属丝(如一个为铂,另一个为铂-铑合金)的一端焊接在一起,构成热电偶的热端(工作端),将另两端各与铜引线(即第三种金属 C)焊接在一起,构成两个同温度 t_0 的冷端(自由端),铜引线又与测量电动势的仪器(如电位差计)相接,这样就组成了一个热电偶温度计(如图 3-2-10 所示)。测温时使热电偶的冷端温度 t_0 保持恒定(如冰点),将热端置于待测温度处即

可测出相应的温差电动势。再根据事先校正好的曲线或数据表格可求出温度 t。这种热电偶的优点是热容量小、测温范围广、灵敏度高,还能直接把非电学量温度转换成电学量。若配以精密的电位差计则测量准确度更高。因此,在自动测温、自动控温等系统中热电偶得到广泛应用。

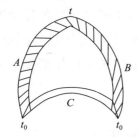 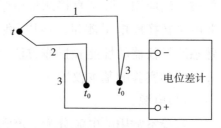

图 3-2-9　三种金属构成的热电偶　　图 3-2-10　热电偶温度计(Ⅰ)

对于铜-康铜、铜-考铜一类的热电偶,由于其中的一根金属丝和引线一样也是铜,因此,在整个电路中实际上只有两个接点,如图 3-2-11 所示。

在使用热电偶测温时若要求不高,为方便起见也可采用如图 3-2-12 所示的接线法,t_0 取室温。此种方法比较简单,但由于室温并不十分稳定,而且连接电位差计的两接头处的温度也可能有微小差别,所以准确度相对较差。

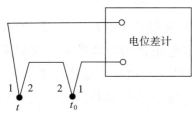

图 3-2-11　热电偶温度计(Ⅱ)　　图 3-2-12　热电偶温度计(Ⅲ)

②热电偶的校准。

在实际测温中,式(2)所表示的电动势与温差的关系较为粗糙。较为准确的方法是先用实验确定出 ε 与 $t-t_0$ 关系曲线,然后根据热电偶与未知温度接触时产生的 ε 值,从曲线上查出相应的未知温度。对于标准的热电偶,其校准曲线(或校准数据)在手册上可以查出,不必自己校准。如果使用的热电偶并非标准热电偶,则校准工作必不可少。校准的方法有两种,一种是固定法,即利用适当的纯物质,在一定的气压下把它们的熔点或沸点作为已知温度,测出 ε 与 $t-t_0$ 的关系曲线;另一种是比较法,即利用一个标准热电偶与未知热电偶测量同一温度,由标准热电偶的数据校准未知热电偶。

3. 电磁学实验基本仪器与测量

电学测量的实验方法和实验技术在现代科技和国民经济各部门被广泛应用。除了直接测量电学量外,还可以通过各种换能器把非电量转换成电量测量。所以,我们需要学习电学量的测量方法,熟悉测量仪器的性能和操作方法,掌握电学实验操作规程。下面先介绍电学实验的基本仪器。

(1)电源。

实验室常用的电源分为交流和直流两种。

①直流电源。a.蓄电池:实验室常用的蓄电池的电势为 2 V,额定电流为 2 A,多个并联可获得较大电流。蓄电池电压比较稳定,使用一段时间经充电后可继续使用,但它需要经常充电,比较麻烦。b.直流稳压电源:现在实验室多使用晶体管直流稳压电源,其电压稳定性好,内阻小,使用方便。输出电压有固定的,有连续可调的。c.标准电池:标准电池不能作电源使用。它电动势稳定,故常以它的电动势为标准电压来测量其他电源的电动势和电压。直流用"DC"表示。

②交流电源。通常交流电由市电供应(电压 220 V、频率 50 Hz),根据需要,可通过调压器调节电压达到需要的值。实验室也常用交流稳压电源获得较市电稳定的交流电压。选择电源时,注意电源的最大输出电压和最大输出电流应满足实验需要。实验中注意不能超过电源的最大输出电流,并防止短路。实验室用的 SS1794C 直流稳压电源,有过载和短路保护装置,作稳压电源使用时,先将"电流"旋钮顺时针转到头,以保证电路的额定电流。再根据所需要电压值调节"电压"旋钮得到所需要的输出电压值。交流用"AC"或"~"表示。

(2)直流电表。

电学仪表种类很多,如磁电系仪表、电磁系仪表和电工系仪表,等等,其用途各不相同,物理实验室常用的绝大多数为磁电式仪表。

磁电式仪表都是以电流计(又称检流计或表头)为基础,附加上电阻可测电流和电压,加上整流器可测交变电学量,加上换能器还可测非电量。

①电流计。

a.结构。

磁电式仪表是用永久磁铁的磁场和载流线圈相互作用的原理制成的,结构如图3-2-13所示。1.永久磁铁;2.接在永久磁铁两端的半圆筒形的极掌;3.圆柱形铁芯:它与两极掌间形成一个间隙,这个间隙内的磁场成均匀辐射状,如图3-2-14所示。以上三部分组成固定磁场系统。4.可动线圈:在一个铝框上用很细的漆包线绕成,铝框固定在半轴上;5.游丝:一端固定在支架上,另一端固定在半轴上,并兼做引线;6.指针:固定在半轴上;7.调零器:一端与游丝相连,如果使用前表头指针不指零位,可以用小螺丝刀轻轻调节露在表壳外的调节螺丝,使指针指向零点,线圈中通以电流后不再调节此螺丝。8.半轴:一端固定在铝框上,另一端固定在宝石轴承里,它随着铝框转动而转动。而指针又固定在半轴上,所以指针也随着铝框转动,且转过的角度相同。

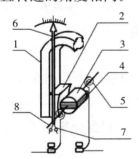

图3-2-13　磁电式表头

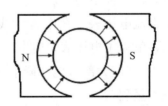

图3-2-14　圆柱形铁芯

b.工作原理。根据电磁学原理,当线圈(4)中通以电流时,线圈受到磁力矩的作用而偏转。同时,固连在半轴上的游丝因线圈偏转而发生形变,产生一个反作用力矩,反作用力矩随着线圈偏转角度的增加而增加,当反作用力矩增加到和线圈所受的磁力矩相等时,线圈便停止转动,指针指示出线圈偏转的角度。在标尺上,指针的各偏转角度处,标出的不是角度值,而是指针在该角度处线圈中通以的电流的电流强度,故电流计指针直接指示的是线圈中通以电流的电流强度。

由理论计算知:$\alpha = CI$。

其中,α 为线圈的偏转角度;I 为线圈中通以电流的电流强度;C 为磁电系测量机构的灵敏度,是常量。线圈的偏转角度与线圈中通过的电流成正比,所以磁电系仪表的标度尺刻度是均匀的。

电流计可用于检测电路中有无电流通过,所以又称检流计。通常它可测量在几十微安到几十毫安之间的电流。欲测量较大电流和电压,必须加分流器或分压器。电流计一般有两个用途:检流计和表头。

②直流电流表。在电流计线圈两端并联一个阻值很小的分流电阻 R(分流器)就成了电流表,如图 3-2-15 所示。根据分流电阻 R 的阻值确定电流表能度量的最大电流值,即确定电流表量程。

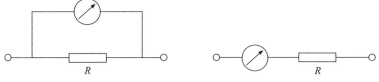

图 3-2-15　电压表电路示意图　　图 3-2-16　电流表电路示意图

使用时,电流表串联在电路中,电流从表的正极流入,负极流出。注意正负极不能接反。

③直流电压表。在电流计线圈上串联一个高阻值的分压电阻(分压器)就成了电压表,如图 3-2-16 所示。R 起限制通过表头的电流的作用,又使大部分电压降落在 R 上。根据分压电阻 R 的阻值确定电压表量程。

使用时电压表并联在待测电压的两端,正极接高电势一端,负极接低电势一端。

④直流电表的主要技术规格。直流电表的主要技术规格指量程、准确度等级和内阻等。量程指电表能测量的最大电流或最大电压值,通常标在仪表面板上。使用时被测量值不能超过量程,以免损坏电表。准确度等级是指电表在规定的工作条件下,电表指示任意一测量值时,电表本身可能出现的最大绝对误差与电表量程的比

值,即:

$$K = \frac{\Delta_{INS}}{A_m} \tag{1}$$

式中 K 为电表的准确度等级,Δ_{INS} 为电表的基本误差限,A_m 为量程。根据《GB776-76 电气测量仪表通过技术条件》的规定,电表的准确度等级 K 为 0.1、0.2、0.5、1.0、1.5、2.5 和 5.0 七个等级。

内阻指电表的内部元件的总电阻值,由电表说明书给出。设计线路时要考虑电表内阻,以免增加误差。

⑤读数方法。除电表本身结构和质量缺陷产生的误差限值外,对于指针式仪表,操作者读取数据时,可能产生一定的读数误差。为尽量减少这一附加误差,读数时使眼睛、指针及指针在镜中的像成一直线。一般估读到仪表最小分度的 $1/2 \sim 1/10$,就可使读数的有效位数符合电表的准确度等级的要求。

⑥量程选择。如果有几种不同准确度等级,不同量程的电表可供选择,应根据下式选择:

$$u_r = \frac{A_m \times K\%}{A_x} \tag{2}$$

式中,u_r 为相对不确定度,A_m 为量程,A_x 为被测量值。选择 u_r 最小的电表,这样可使测量结果误差减小。

如果不知被测量值的大小时,为安全应选大量程,在测出被测量值范围后,为减小误差,再转换成被测量值相适应的量程,被测量值最好在量程的 2/3 以上。

3. 电阻

电阻是电路的基本元件之一,分为固定电阻和可变电阻两大类。固定电阻接于电路中比较简单,可变电阻接法各不相同,其功用也不一样。下面介绍两种可变电阻——滑动变阻器和旋转式电阻箱的结构及使用方法。

(1)滑动变阻器。

滑动变阻器的外形和结构如图 3-2-17 所示。把电阻丝绕在瓷筒上,然后将电阻丝两端分别和接线柱 A、B 相接,A、B 间电阻值即为总电阻值。滑动触头 C 可在金属棒上滑动,它的下端始终与电阻丝接触。金属棒的两端（或一端）有接线柱 C_1、C_2，用来代替滑动触头以便于连接导线。

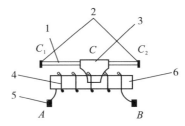

1.金属棒；2.滑端接线柱；3.滑动端；4.线圈；5.固定端；6.瓷筒

图 3-2-17　滑动变阻器的结构图

改变滑动触头 C 的位置，就可以改变 AC 之间和 BC 之间的电阻值。滑动变阻器在电路中有两种接法：1）分压接法；2）限流接法。电路图见图 3-2-18 和图 3-2-19。调节滑动端的位置可以改变电路中的电压或电流。

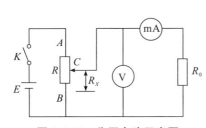

图 3-2-18　分压电路示意图　　**图 3-2-19　限流电路示意图**

（2）旋转式电阻箱。

电阻箱是能提供可变电阻的仪器。面板如图 3-2-20。它由若干个绕线精密电阻串联而成，并与面板上的六个旋钮连接，通过旋钮可以改变电阻值。ZX21a 型旋转式电阻箱，能提供的最大电阻为 111111 Ω，最小电阻为 0.1 Ω。电阻读数方法

图 3-2-20　电阻箱面板示意图

为：对准面板上倍率处凸起标志的旋钮边缘的数字乘以该倍率即为该旋钮提供的电阻值，各旋钮提供的电阻值之和，为电阻箱给出的总电阻值。如图 3-2-20 所示各个旋钮的位置，电阻箱给出的电阻值为 2588 Ω。面板上有四个接线柱，分别标有 0、1 Ω、11 Ω、111111 Ω

字样,0 为公共端,连接 0 和 111111 Ω 的两个接线柱,电阻可在 0.1~111111 Ω 调整。为避免接触电阻和导线电阻造成的误差,当需要 0.1~1 Ω 或 0.1 Ω 与 11 Ω 低电阻时,应接 0 与 1 Ω 两接线柱或 0~11 Ω 两接线柱。

注意:每挡电阻允许的电流值不同,该电阻箱的基本误差和容许的负载电流列于下表中。

表 3-2-3 ZX21a 型电阻箱的基本误差和额定电流

旋转倍率	×0.1	×1	×10	×100	×1000	×10000
基本误差限	5%	2%	0.5%	0.2%	0.1%	0.1%
额定电流(A)	1.0	0.3	0.10	0.13	0.01	0.003

电阻的主要技术规格有两项:电阻值和额定电流。额定电流是电阻上允许通过的最大电流值,有时电阻箱或是电阻器上只表明额定功率 P,则额定电流为 $I=(P/R)^{1/2}$。使用时要注意,电阻上通过的电流值不能超过其额定电流值,否则会烧坏电阻器件。

4. 电键

电键在电学实验中是用来接通或断开电路的器件。分为单刀单向、单刀双向、双刀双向及双刀换向开关等。

5. 万用表简介

(1)概述。

万用表又称繁用表和多用表,它用处广、量程多、操作简单、携带方便、价格低廉。普通万用表可以用于测量直交流电压、直交流电流和电阻等,有的还可以用来测量电感、电容及晶体管放大倍数等。

万用表新品种繁多,但从结构上可分为两大类:一类是模拟指示式万用表,它是电流表和电压表及电阻测量线路等组合表,用指针指示测量值;另一类是数字万用表,现已广泛应用与电工、电子测量等领域。

本实验室用数字万用表,型号为 UT58E。它是一种功能齐全、结构新颖、安全可靠、高精度的手持式手动切换量程数字万用表。仪表具有 28 个测量挡位,整机电路设计以大规模集成电路,双积分 A/D 转换器为核心,可用于测量交直流电压和电流、电阻、电容、频率、温度、三极管的放大倍数 hFE、二极管正向压降及电路通断,具有数据保持功能。其特大屏幕、全功能符号显示及输入端连接提示,全量程过载保护和独特的外观设计,使之成为性能更为优越的电工仪表。

UT58E 型数字万用表的外观结构如图 3-2-21 所示。当黄色"power"键被按下时,仪表电源即被接通,当其处于弹起状态时,仪表电源被关闭。仪表工作 15 min 左右,电源将自动切断,进入休眠状态,此时仪表约消耗 10 μA 的电流。当仪表自动关机后,若要继续测量,需要再次开机。按下蓝色"HOLD"键,仪表 LCD 上保持显示当前测量值,再按一次该键则退出数据保持显示功能。

图 3-2-21　UT58E 型数字万用表

(2)使用方法。

①直流电压测量。将红表笔插入"VΩ"插孔,黑表笔插入"COM"插孔,将功能开关置于直流电压挡,选择合适的量程,并将测试表笔并联到待测电源或负载上,待显示器的数字稳定时读出就是测量结果。测量时注意:红表笔接高电势,黑表笔接低电势。

②交流电压测量。操作说明及注意事项类同直流电压测量。

③直流电流测量。当红表笔插入"mA"或"20 A"插孔(当测量 200 mA 以下的电流时,插入"mA"插孔;当测量 200 mA 以上的电流时,插入"20 A"插孔),黑表笔插入"COM"插孔。将功能开关置于直流电流挡,选择合适的量程开关,将测试表笔串联接入到待测负载回路中,待显示器的读数稳定时读出就是测量结果。

④交流电流测量。操作说明及注意事项类同直流电流测量。

⑤电阻的测量。将红表笔插入"VΩ"插孔,黑表笔插入"COM"插孔,将功能开关置于电阻挡,选择合适的量程,并将测试表笔并联到待测电阻上,待显示器的数字稳定时读出就是测量结果。

⑥二极管和蜂鸣通断测量。将红表笔插入"VΩ"插孔,黑表笔插入"COM"插孔,将功能开关置于二极管和蜂鸣通断测量挡,如将

红表笔连接到待测二极管的正极,黑表笔连接到待测二极管的负极,则待显示器的读数就是二极管正向压降的近似值。如将表笔连接到待测线路的两端,若被测量线路两端之间的电阻值在 70 Ω 以下时,仪表内置蜂鸣器发声,同时,显示器上显示被测线路两端的电阻值。注意若被测二极管开路或极性接反,则显示器显示"1"。

⑦频率测量。将红表笔插入"VΩ"插孔,黑表笔插入"COM"插孔,将功能开关置于 Hz 量程,将测试表笔并接到待测电路上,待显示器稳定时读出数据即为测量结果。

⑧温度测量。将热电偶传感器冷端的"＋""－"极分别插入"VΩ"插孔和"COM"插孔,将功能开关置于℃量程,热电偶的工作端(测温端)置于待测物体上面或内部,待显示器稳定时读出数据即为测量结果。

⑨电容测量。将功能开关置于 Fcx 量程。如果被测电容大小未知,应从最大量程再逐步减少,根据被测电容,选择多用转接插头座或带夹短测试线插入"VΩ"插孔,或"mA"插孔,并应接触可靠,待显示器稳定时读出数据即为测量结果。

⑩晶体管参数测量。将功能/量程开关置于"hFE"。多用转接插头座按正确的方向插入"mA"端子和"V/Ω"端子,并应接触可靠。决定待测晶体管是 PNP 还是 NPN 型,正确将基极(B)、发射极(E)、集电极(C)对应插入,显示器上即显示出被测晶体管的 hFE 参数。

(3)使用注意事项。

①使用前应检查仪表及表笔,谨防任何损坏或不正常现象。如发现任何异常情况,如表笔裸露、机壳破裂或者你认为仪表已无法正常工作,请勿再使用仪表。

②数字万用表在刚刚测量时,显示器上的数值会有跳数现象,这是正常的。应当在显示数值稳定后才能读数,切勿用最初跳数变化中的某一数值当作测量值读取。另外,被测元件的引脚因日久氧化或有锈污,造成被测元件和表笔接触不良,显示器会出现长时间的跳数现象,无法读取正确测量值,这时应先清除锈污,使表笔接触良好后再测量。

③测量时,如果显示器上只有最高位的"1"时,则表示被测数值

超出所在量程范围,称为溢出。这说明量程选得太小,可换高一挡量程再测量。

④数字万用表的量程多,量程挡位也多。这样相邻两个挡位之间的距离便很小。因此转换量程开关时动作要慢,用力不要过猛。开关转换到位以后,再轻轻地左右拨动一下,看是否真的到位,以确保量程开关接触良好。

⑤严禁在测量的同时旋动量程开关,特别是在测量高电压、大电流的情况下,以防产生电弧烧坏量程开关。

⑥测量完毕,则应当关闭电源。将量程开关置于交流电压最高挡。以防止下次测量时,忘记看转换开关的位置就利用万用表去测量电压,将万用表烧毁。如果长时间不用,应取出电池,以免因电池变质损坏仪表。

6. 电学实验操作规程

(1)准备。

实验前必须预习,明确本次实验的目的、原理、需要哪些仪器和仪表、采用什么线路图,列出数据记录表。并计算出实验中应用的电阻器件的额定电流及相应的电源电压值。

(2)电路连接。

①把仪表和仪器按电路图大致摆好,将要读数和经常调节的仪器放在离操作者较近的位置,使用不同电压的电源时,把高压电源放在离操作者较远处。②连接电路时,从电源正极开始(或此头先空着不接),通过开关按电流流向连接其他仪表和仪器,最后回到电源的负极。若为复杂电路,可把电路分成几个回路,先连接一个与电源最近的回路,再由近及远依次连接其他回路,这被称为回路法。连线时应充分利用等势点,但也应注意在一个接线柱上不超过三个接线片,注意走线美观整齐。③检查线路时也用回路法,接好线路后自己先检查一遍,并把滑动变阻器的滑动端放置在安全位置。然后请指导教师复查后方可通电。

(3)实验。

首先,用开关瞬时接通电源做瞬时实验,电源电压取 $0.5\sim1$ V,观察各仪表指示值是否正常,有无反向,有无焦糊味等,若有异常现象马上切断电源,并应立即检查电路。如情况正常,先用小电流或小电压观察实验现象,然后正式开始实验。

若实验内容有几项,完成一项后需改换电路时,应把各仪器仪表调至安全位置,然后断开电源,再改接线路。改接后仍需教师检查后方可通电实验。

(4)拆线。

先断开电路,再拆导线。最后将仪器放回远处,导线扎齐。

电学实验的电气原理图,用不同的图形符号表示各元件,用线条表示元件之间的关系。

4. 光学实验基本仪器与测量

经典的光学理论和实验方法在促进科学技术进步方面发挥了重要作用;新的研究成果和新的实验技术,不但促进光学学科自身的进展,也为其他许多科技领域的发展,如天文、化学、生物、医学等提供了重要的实验手段。光学实验技术在现代科技中发挥着越来越重要的作用。在基础物理实验中,学生通过研究一些最基本的光学现象,同时接触一些新的概念和实验技术,学习和掌握光学实验的基本知识和基本方法,培养基本的光学实验技能。在光学实验中使用的仪器比较精密,光学仪器的调节也比较复杂,只有在了解了仪器结构性能基础上,才能选择有效而准确的调节方法,判断仪器是否处于正常的工作状态。在光学实验中,理论联系实际的科学作风显得特别重要,如果没有很好地掌握光学理论,要做好光学实验几乎是不可能的。在光学实验过程中,仪器的调节和检验,实验现象的观察、分析等都离不开理论的指导。为了做好光学实验,要在实验前充分做好预习,实验时多动手、多思考,实验后认真总结,只有这样才能提高科学实验的素养、培养实验技能、养成理论联系实际的科学作风。

光学仪器可以改善和扩展视觉观察,以弥补视觉的局限性。现代光学仪器的种类很多,但就光学系统而言,可粗略分为助视仪器、投影仪器和分光仪器。下面简要介绍一些常用助视仪器和光学实验中常用光源。

(1)常用光源。

①白炽灯。白炽灯是以热辐射形式发射光能的电光源。它以高熔点的钨丝为发光体,通电后温度约 2500K 达到白炽发光。玻璃泡内抽成真空,充进惰性气体,以减少钨的蒸发。白炽灯的光谱是连续光谱。白炽灯可做白光光源和一般照明用。使用低压灯泡特别注意是否与电源电压相适应,避免误接电压较高的电插座造成损坏事故。

②汞灯。汞灯是一种气体放电光源。常用的低压汞灯,其玻璃管胆内的汞蒸气压很低(约几十到几百帕之间),发光效率不高,是小强度的弧光放电光源,可用它产生汞元素的特征光谱线。GP20 型低压汞灯的电源电压为 220 V,工作电压 20 V,工作电流 1.3 A。高压汞灯也是常用光源,它的管胆内汞蒸气压较高(有几个大气压),发光效率也较高,是中高强度的弧光放电灯。该灯用于需要较强光源的实验,加上适当的滤光片可以得到一定波长的(例如 546.1 nm)单色光。GGQ50 型仪器高压汞灯额定电压 220 V,功率 50 W,工作电压(95±15) V,工作电流 0.62 A,稳定时间 10 min。

汞灯的各光谱线波长分别为 579.07 nm、576.96 nm、546.07 nm、491.60 nm、435.83 nm、407.78 nm、404.66 nm。汞灯工作时必须串接适当的镇流器,否则会烧断灯丝。为了保护眼睛,不要直接注视强光源。正常工作的灯泡如遇临时断电或电压有较大波动而熄灭,须等待灯泡逐步冷却,汞蒸气降到适当压强之后才可以重新发光。

③钠灯。钠光谱在可见光范围内有 589.0 nm 和 589.6 nm 两条波长很接近的特强光谱线,实验室通常取其平均值,以 589.3 nm 的波长直接当近似单色光使用。此时其他的弱谱线实际上被忽略。低压钠灯与低压汞灯的工作原理相类似。充有金属钠和辅助气体氖的玻璃泡是用抗钠玻璃吹制的,通电后先是氖放电呈现红光,待钠滴受热蒸发产生低压蒸气,很快取代氖气放电,经过几分钟以后发光稳定,射出强烈黄光。GP20Na 低压钠灯与 GP20Hg 低压汞灯使用同一规格的镇流器。

④氦氖激光器。氦氖激光器是 20 世纪 60 年代发展起来的一种新型光源。工作物质为氦、氖混合气体。在气体放电时,氖能级出

现粒子数反转，氖原子因受激发而产生激光。它具有单色性强、发光强度大、干涉性好、方向性强（在实验室内可视为平行光）等优点。它输出波长为 632.8 nm 的单色光。实验室常用长度为 200～400 mm 的激光管。工作电压高达 1.5 kV；工作电流 4～6 mA；启辉电压 5 kV。使用时要注意高压，不能触及电极；避免光束直接射入眼睛以损伤视力。

⑤光谱管（辉光放电管）。这是一种主要用于光谱实验的光源，大多在两个装有金属电极的玻璃泡之间连接一段细玻璃管，内充极纯的气体。两极间加高电压，管内气体因辉光放电发出具有该种气体特征光谱成分的光辐射。它发光稳定，谱线宽度小，可用于光谱分析实验作波长标准参考。使用时，把霓虹灯变压器的输出端接在放电管的两个电极上。由于各元素光谱管起辉电压不同，所以在霓虹灯变压器的输入端接一个调压器，调节电压到管子稳定发光为止。光谱管只能配接霓虹灯变压器或专用的漏磁变压器，不可接普通变压器，否则会被烧毁。

⑥滤光片。滤光片是能够从白光或其他复色光分选出一定的波长范围或某一准单色辐射成分（光谱线）的光学元件。各种滤光片可以按所利用的不同物理现象分类，其中以选择吸收和多光束干涉两种类型最为常见。

a. 吸收滤光片。这是利用化合物基体本身对辐射具有的选择吸收作用制成的滤光片。常用的材料是无机盐做成的有色玻璃或者有机物质做成的明胶和塑料。滤光片的一个重要参数是透射率。若 Φ_0 是入射光通量，Φ 是经过滤光片的透射光通量，则透射率

$$T = \Phi/\Phi_0$$

有色玻璃滤光片使用广泛，优点是稳定、均匀、有良好的光学质量，但其通带较宽（很少低于 30 nm）。有机物质滤光片制作容易，便于切割，但机械强度和热稳定性较差。

选用两片（或 3 片）不同型号的有色玻璃组合起来，可以获得较窄的通带。

b. 干涉滤光片。干涉滤光片的显著优点是既有窄通带，同时又有较高透射率。常见的透射干涉滤光片利用多光束干涉原理制成。

例如,一种最简单的结构是:在一块平面玻璃板上先镀一层反射率较高的金属膜,然后镀一层介质膜,在这层膜上再镀一层金属反射膜,最后盖封一块平面玻璃板。使光束垂直通过滤光片,则直接透过的光束与经金属膜两次反射后再透过的光束之间的光程差

$$\delta = 2nd$$

其中:n 为介质膜的折射率;d 为膜的厚度。如果选择光程 nd,对某一波长为 λ 的光束来说

$$\delta = m\lambda (m=1,2,3,\cdots)$$

则

$$\lambda = 2nd/m$$

因此,该波长的透射光均为干涉加强的,其他接近此波长的透射光急剧减弱。例如,当忽略折射率随波长的变化时,设 $nd=5.46\times10^{-5}$ cm,则在可见光范围的透射光峰值波长为 546 nm。这就是能够滤出汞光谱绿线的干涉滤光片。如果以多层介质膜取代上述金属膜,即可获得高透射率的窄带滤光片。选择普通吸收滤光片做干涉滤光片的基板(保护板)还可以控制透射光的截止区域。

干涉滤光片的主要光学性能由中心波长 λ_0、通带半宽度 $\Delta\lambda$ 和峰值透射。

(2) 助视仪器。

① 观测望远镜。望远镜一般用来观察远距离物体或者用作测量和对准的工具(如经纬仪、测角器等)。它是由长焦距的物镜和短焦距的目镜组成,其物镜像方焦点 F_1 与目镜的物方焦点 F_2 重合在一起,并且在它们的共同焦平面 A_1B_1 上安装叉丝或分划板,以供观察或读数时当基准用,其光路如图 3-2-22。望远镜的筒长约为物镜和目镜焦距之和。物镜的作用在于使远处的物体在其焦平面外侧形成一个缩小而倒立的实像 A_1B_1,眼睛通过目镜去观察这个由物镜形成的像应是一个放大而倒立的虚像 A_2B_2。望远镜的放大倍数 M 为

$$M = \frac{f_\text{物}}{f_\text{目}}$$

实验室调整望远镜一般应按如下步骤进行:a. 使望远镜光轴对

准被观测的物体,被测物体上应适当照明;b. 望远镜目镜对叉丝调焦,即改变目镜与叉丝之间距离,使在目镜视场中能清晰地看到叉丝;c. 望远镜对物体调焦,即改变目镜与物镜之间的距离,使在目镜视场中能看清被观测物体,且与叉丝无视差。

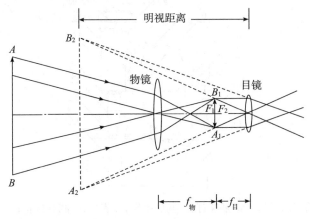

图 3-2-22　望远镜光路图

②测量显微镜(读数显微镜)。与望远镜相反,显微镜是用来观察近而细微的物体,也是由物镜和目镜组成。如图 3-2-23。将微小物体 AB 放在物镜焦平面 F_1 之外很近的距离处,这样可使物镜所成的实像 A_1B_1 尽量的大。该实像落在目镜焦平面 F_2 内靠近焦平面处,经目镜放大后在明视距离处形成一放大的虚像 A_2B_2。显微镜的放大倍数 M 为

$$M=\frac{Sd}{f_物 f_目}$$

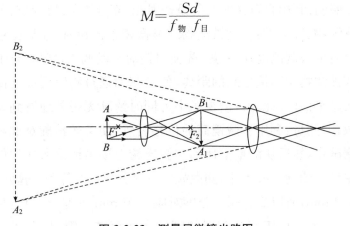

图 3-2-23　测量显微镜光路图

式中，$S=25$ cm 为正常眼睛的明视距离，d 是物镜后焦点 F_1 到目镜前焦点 F_2 的距离。

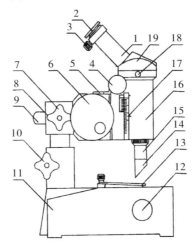

1. 目镜接筒；2. 目镜；3. 锁紧螺钉；4. 调焦手轮；5. 表尺；6. 测微鼓轮；7. 锁紧手轮；
8. 接头轴；9. 方轴；10. 锁紧手轮Ⅱ；11. 底座；12. 反光镜旋轮；13. 压片；
14. 半反镜组；15. 物镜组；16. 镜筒；17. 刻尺；18. 锁螺钉；19. 棱镜室

图 3-2-24 测量显微镜

实验室中经常使用 JCD 型读数显微镜测量微小长度，其构造示意图如图 3-2-24 所示。转动测微鼓轮，显微镜筒可在水平方向左右移动，其位置从标尺及鼓轮上读出。目镜中装有一个十字叉丝，作为读数时对准被测物体的标线。测量步骤如下：

a. 照明：利用直射光或反射镜透射光，充分均匀地照亮台面玻璃上的待测物；b. 对准：移动被测物或显微镜轴的位置，使显微镜的光轴大致对准被观测物；c. 调焦：先使目镜对叉丝调焦，然后，自下而上地改变被测物与物镜之间的距离，使被测物通过物镜所成的像恰好位于叉丝平面内，此时目镜视场中可同时清晰无视差地看到叉丝和物体像；d. 测量：利用显微镜筒的位移装置，使叉丝精确对准被测物上的测试点，然后从测量主尺和测微鼓轮上读出镜筒所在的位置示数。主尺只读到 mm 为止，测微鼓轮一周分成 100 等分，每转一圈主尺变化 1 mm，所以鼓轮每一分度对应 0.01 mm，再估计一位，最后读到 0.001 mm。由于测微装置的螺纹之间存在空隙，故在移动镜筒时，必须始终沿同一方向转动测微鼓轮，不得反复进退。

(3) 光学元件和光学仪器的维护及注意事项。

光学仪器一般都比较精密,光学元件(如棱镜、透镜、反射镜等)都是用多项技术对光学玻璃加工而成,其光学表面加工尤其精细,有的还镀有膜层,因此使用时要特别小心。如使用和维护不当很容易降低它们的光学性能,甚至损坏报废。造成损坏的现象有:摔坏、污损、发霉和腐蚀等。

使用和维护光学仪器时应注意以下方面:①在使用仪器前必须认真阅读仪器使用说明书,详细了解仪器的结构、工作原理,调节光学仪器时要耐心细致,切忌盲目动手。使用和搬动光学仪器时,应轻拿轻放,避免受震磕碰。光学元件使用完毕,应当放回光学元件盒内。②保护好光学元件的光学表面,不能用手触及光学表面,以免印上汗渍和指纹。如必须用手拿光学元件时,只能接触其磨砂面,如透镜、棱镜的边缘,光栅的边框、棱镜的上下底面。③对于光学表面上附着的灰尘可用脱脂棉球或专用软毛刷等清除。如发现汗渍、指纹污损可用实验室准备的擦镜纸擦拭干净,但不可加压擦拭,更不准用手帕、普通纸片、衣服等擦拭。如果表面有较严重的污痕或指纹时,应由实验室人员用丙酮或酒精清洗,学生不要自行处理。④所有镀膜的光学元件均不能触摸和擦拭,对于镀膜光学表面的污迹和光学表面起雾等现象及时送实验室专门处理。⑤光学仪器的机械部分应及时添加润滑剂,以保持各转动部件转动自如、防止生锈。仪器长期不使用时,应将仪器放入带有干燥剂的木箱内。⑥调节光学仪器时,要耐心细致,一边观察一边调节,动作要轻、慢,严禁盲目及粗鲁操作。⑦使用激光光源时切不可直视激光束,以免灼伤眼睛。

(4) 光学实验的观测方法。

①眼睛直接观察。在光学实验中常通过眼睛直接对光学实验现象进行观察。用眼睛直接进行观测具有简单灵敏,同时观察到的图像具有立体感和色彩等特点。这种用眼睛直接观察的方法,常称为主观观察方法。

人的眼睛可以说是一个相当完善的天然光学仪器,从结构上说它类似于一架照相机。人眼能感觉的亮度范围很宽,随着亮度的改变,眼睛中瞳孔大小可以自动调节。人眼分辨物体细节的能力称为人眼的分辨力。在正常照度下,人眼黄斑区的最小分辨角约为 $1'$。人眼的视觉对于不同波长的光的灵敏度是不同的,它对绿光的感觉灵敏度最高。人眼还是一个变焦距系统,它通过改变水晶体两曲面的曲率半径来改变焦距,约有 20% 的变化范围。

②采用光电探测器进行客观测量。除了用人眼直接观察外,还常用光电探测器来进行客观测量,对超出可见光范围的光学现象或对光强测量需要较高精度时,就必须采用光电探测器进行测量,以弥补人眼的局限性。

常用的光探测器有光电管、光敏电阻和光电池等。

光电管是利用光电效应原理制成的光电发射二极管。它有一个阴极和一个阳极,装在抽真空并充有惰性气体的玻璃管中。当满足一定条件的光照射到涂有适当光电发射材料的光阴极时,就会有电子从阴极发出,在两极间的电压作用下产生光电流。一般情况下光电流的大小与光通量成正比。

光敏电阻是用硫化镉、硒化镉等半导体材料制成的光导管。当有光照射到光导管时,并没有光电子发射,但半导体材料内电子的能量状态发生变化,导致电导率增加(即电阻变小)。照射的光通量越大,电阻就变得越小。这样就可利用光导管电阻的变化来测量光通量大小。

光电池是利用半导体材料的光生伏打效应制成的一种光探测器,由于光电池有不需要加电源、产生的光电流与入射光通量有很好的线性关系等优点,常在大学物理实验中使用。

硅光电池结构如图 3-2-25 所示。利用硅片制成 PN 结,在 P 型层上贴一栅形电极,N 型层上镀背电极作为负极。电池表面有一层增透膜,以减少光的反射。由于多数载流子的扩散,在 N 型与 P 型层间形成阻挡层,由于由 N 型层指向 P 型层的电场阻止多数载流子的扩散,但是这个电场却能帮助少数载流子通过。当有光照射时,半导体内产生正负电子对,这样 P 型层中的电子扩散到 PN 结附近被电场拉向 N 型层,N 型层中的空穴扩散到 PN 结附近被阻挡层拉向 P 区,因此正负电极间产生电流;如停止光照,则少数载流子没有来源,电流就会停止。硅光电池的光谱灵敏度最大值在可见光红光附近(800 nm),截止波长为1100 nm。图3-2-26表示硅光电池灵敏度的相对值。

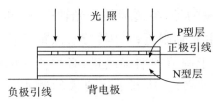

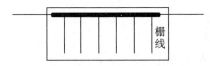

图3-2-25　硅光电池构造

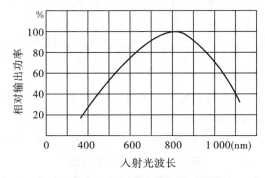

图3-2-26　硅光电池的光谱灵敏度

使用时,注意硅光电池质脆,不可用力按压。不要拉动电极引线,以免脱落。电池表面勿用手摸,如需清理表面,可用软毛刷或酒精棉,防止损伤增透膜。

(5)光具座与光路调节("同轴等高"调节)。

光具座是一种多功能的通用光学仪器。用于物理实验的光具座由导轨、滑动座(光具凳)、光源、像屏和各种夹持器组成(图3-2-27),按实验需要另配光学元件,如透镜、棱镜、偏振片等组成光学系统。常用的导轨长度为1～2 m,导轨上有米尺,滑动座上有定位线,便于确定光学元件的位置。

光具座的同轴等高调节步骤如下。

无论是几何光学实验还是物理光学实验,在光具座上经常需要进行与共轴球面系统相关的光路调节。一个透镜的两个折射球面的曲率中心处在同一直线(即光轴)上,就成为一个共轴球面系统。实验光具组常由一个或多个共轴球面系统与其他器件组合而成。为了获得良好质量的像,各透镜的主光轴应处于同一直线上(即同轴),并使物位于主光轴附近;又因物距、像距等长度量都是沿主光轴确定的,为了便于调节和准确测量,必须使透镜的主光轴平行于带标尺的导轨(即等高)。达到上述要求的调节叫作"等高同轴"调节。具体操作分两步进行。

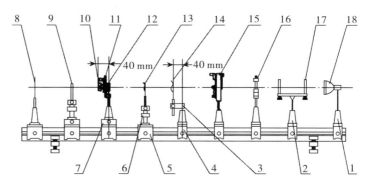

1、2.不同高度的支座;3.弯头架;4、5.不同宽度的光具凳;6.垂直微调支座;
7.横向微调组件;8.像屏;9.测微目镜架;10.可调狭缝;11.可转圆盘;
12.偏振片圈;13、14.大小弹簧夹片屏;15、16.透镜夹;17.激光管架;18.光源

图 3-2-27 光具座结构图

①粗调,即先将透镜、物等元器件向光源靠拢,凭目视初步决定它们的高低和方位,使它们的中心基本处在一条与导轨平行的直线上,并使物(或物屏)和像屏与导轨大致垂直。因此过程单凭目测,调节效果不是很精确,故称为"粗调"。②细调,即在粗调基础上,按照成像规律或借助其他仪器做细致调节。在实际中,经常利用两次成像法(贝塞尔法或共轭法)测凸透镜焦距的光路进行光具组的同轴调节。

首先进行物与单个凸透镜的同轴调节。使物与透镜同轴,实际上是将物体上的某一点调到透镜的主轴上去。要解决这一问题,首先要知道如何判断物体的点是否在透镜的主光轴上,这可以根据凸透镜的成像规律来判断。如图 3-2-28 所示。

当物 AB 与像屏之间的距离 $L > 4f$(f 为凸透镜的焦距)时,将

凸透镜沿光轴移到 O_1 或 O_2 位置时都能在像屏上成一清晰的像,但在 O_1 位置成的是大像 $A'B'$,在 O_2 位置成的是小像 $A''B''$。物点 A 位于光轴上,它的两次像点 A'、A'' 也位于光轴上并且重合。但是可以看出,小像的 B'' 点总比大像的 B' 点位置更接近光轴。据此可知,如果要将 B 点调到光轴上,只要记下像屏上小像 B'' 点的位置,然后调节透镜(或物)的高低左右,使 B' 点向 B'' 靠拢最后重合即可。具体操作时,应先调高低(即等高),再调左右(即同轴)。这样反复调节几次直到 B' 与 B'' 完全重合,即说明 B 点已调到主光轴上了。通常把这个调节过程叫作"大像追小像",已成为光学实验中的调节技巧。

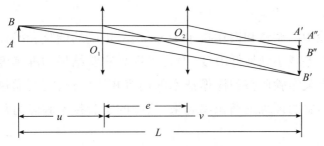

图 3-2-28　共轭法测凸透镜焦距

若要调节多个透镜的同轴等高,则应先将物上的一点(如 B 点)调到一个凸透镜的主光轴上,然后根据轴上物点的像总在轴上的道理,逐个调节待调透镜,使它们逐个与第一个透镜同轴等高即可。注意,在调节过程中,像屏、物和调好的透镜不可再动。

(6)消视差。

光学实验中经常需要测量像的位置和大小,经验告诉我们,要测准物体的大小,必须将量度标尺与被测物体紧贴在一起,严格地说,二者应在同一平面内。如果标尺远离被测物体,读数将随眼睛的位置不同而有所改变,难以测准。可是在光学实验中,被测物体往往是一个看得见摸不着的像,那么,怎样才能确定像和标尺是否在同一平面内呢?利用"视差"现象可以帮助我们解决这个问题。

什么是"视差"现象呢?现在让我们来做一个简单的试验:将自己的双手各伸出一个手指,并使一只在前,一只在后,相隔一定的距离,而且两指要相互平行。用一只眼睛观察,当将头左右(或上下)晃动时(晃动方向应与手指垂直),就会发现两指间有相对位移,我们称这种现象叫"视差"。又称这种能够判断有无视差的简单方法叫作"晃头法"。由这种方法我们还可以判断出,离眼睛近者,其移动方向与头的移动方向相反,离眼睛远者则与头的移动方向相同。由此利用"晃头法"我们可以检查像与标尺之间有无视差。如果视差存在,则需要调节像的位置,直到二者之间无视差后方可进行测量。我们称这一调节步骤为"消视差"。在后面的光学实验中,我们要具体用到这种方法。

3.3　物理实验中的基本调整和操作技术

实验中的调整和操作技术十分重要,正确的调整和操作不仅可将系统误差减小到最低限度,而且对提高实验结果的准确度有直接影响。有关实验调整和操作技术的内容相当广泛,需要通过一个个具体的实验的训练逐渐积累起来,熟练的实验技术和能力只能来源于实践。

在实验过程中,我们应该养成良好的实验习惯,在进行任何测量前首先要调整好仪器,并且按正确的操作规程去做。任何正确的结果都来自仔细的调节、严格的操作、认真的观察和合理的分析。本节仅介绍一些最基本的具有普遍意义的调整和操作技术。其他的调整和操作技术将在有关的实验中介绍。

1. 仪器初态和安全位置

所谓"初态"是指仪器设备在进入正式调整、实验前的状态。正确的初态可以保证仪器设备安全,保证实验工作顺利进行。如设置有调整螺钉(迈克尔孙干涉仪上反光镜的方位调整螺钉,测读望远镜的俯仰调整螺钉等)的仪器,在正式调整前,应先调整螺钉处于松紧合适的状态,具有足够的调整量,以便于仪器的调整,这在光学仪器的调整中是常会遇到的。

在电学实验中则需要考虑安全位置问题。例如,未合电源前,应该使电源的输出调节旋钮处于使电压输出为最小的位置;使滑线变阻器的滑动端处于对电路最"安全"的控制状态(若做分压,使电压输出最小;若做制流,使电路电流最小);在平衡调节前,把保护电阻接入示零电路等。这样既保证了仪器设备的安全，又便于控制调节。

2. 零位调整

初学实验者，往往不注意仪器或量具的零位是否正确，总以为它们在出厂前就已校正好，但实际情况并非如此。由于环境变化，使用中的磨损、紧固螺丝的松动等原因，它们的零位可能已经发生了移动，因此，在实验前必须对仪器进行零位检查和校正。对于设有零位校正器的测量仪器（如电流表、电压表、万用表等），应调整校正器，使仪器在测量前处于零位，对于不能进行零位校正的测量仪器（如端点磨损的米尺或螺旋测微计等），则在测量前应记下零点修正值，以便对测量值进行修正。

3. 水平铅直调整——减少牵连、分别调整

许多仪器在使用前必须进行水平或铅直调整，如平台的水平调整或支柱的铅直调整。水平调节常借助水准器，铅直状态的判断一般则用重锤。几乎所有需要调整水平或铅直状态的仪器都在底座上装有三个调节螺丝（或一个固定脚，两个可调脚），调节可调螺丝，借助水准器或重锤，可将仪器调整到水平或铅直状态。

4. 避免空程误差

由丝杠——螺母构成的传动与读数机构，由于螺母与丝杠之间有螺纹间隙，往往在测量刚开始或刚反向转动丝杠时，丝杠须转过一定角度（可能达几十度）才能与螺母啮合。结果，与丝杠联结在一起的鼓轮已有读数改变，而由螺母带动的机构尚未产生位移，造成虚假读数而产生所谓的"空程误差"。为避免产生空程误差，使用这类仪器（如测微目镜、移测显微镜等）时，必须单方向旋转鼓轮待丝杠——螺母啮合后，才能开始测量，并且保持整个读数过程继续沿同一方向前进，切勿忽正忽反旋转。

5. 调节方法——先粗后细、先外后内、逐次逼近

依据一定的判据，逐次缩小调整范围，使系统较快地收敛于所需状态的方法称为逐次逼近调节法。在调整过程中，应首先确定平衡点所在的范围，然后逐渐缩小这个范围直至最后调到平衡点。判据在不同的仪器中是不同的，如天平是看天平指针是否指零，平衡电桥是看检流计指针是否指零。逐次逼近调节法在天平、电桥、电位差计等仪器的平衡调节中都要用到,在光路共轴调整、分光仪调整中也要用到,它是一个经常使用的调整方法。

6. 消视差调节

当刻度标尺与指示器或标识物(如电表的表盘与指针、望远镜中叉丝分划板的虚像与被观察物的虚像)不在同一平面时,眼睛从不同方向观察会出现读数有差异或物与标尺刻线有分离的现象,称为视差现象。为了测量正确,实验时必须消除视差。消除视差的方法:

(1)使视线垂直标尺平面读数。1.0级以上的电表的表盘上均附有平面反射镜,当观察到指针与其像重合时,指针所指刻度为正确读数值;焦利秤的读数装置也是如此。

(2)用光学仪器进行非接触测量时,常用到带有叉丝的测微目镜、望远镜或读数显微镜。从结构上来讲,它们并无本质上的不同,区别仅是物镜的焦距长短不同。基本光路图见图 3-3-1。在目镜焦平面内侧附近装有一个叉丝(或带有刻度的玻璃分划板),若被观察物经物镜后成像 A_1B_1 落在叉丝处,人眼经目镜看到的叉丝与物体的最后虚像 A_2B_2,都在明视距离处的同一平面上,这样便无视差。可以通过仔细调节焦距同时稍稍移动眼睛判断看虚像 A_2B_2 与叉丝的像没有相对运动,视差即被消除。

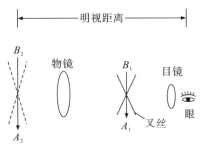

图 3-3-1 基本光路图

7. 同轴等高的调整——减少牵连、分别调整

几乎所有光学仪器,都要求仪器内部的各个光学元件与主光轴相互重合。为此,要对各光学元件进行同轴等高的调整,一般可分粗调和细调两步来进行。

粗调主要是靠目测法来判断。将各光学元件和光源的中心调成等高，使各元件所在平面基本上相互平行且铅直。若各元件可沿水平轨道滑动，可先将它们靠拢，再调等高共轴，这样可减小视觉判断的误差。

利用其他仪器或成像规律进行调整称为细调。例如，在实验中，依据透镜的成像规律，由自准法或二次成像法调整时，移动光学元件，使像没有上下左右移动。

8. 测量原则——先观察、定性，后定量

为避免测量的盲目性，应采用"先定性，后定量"的原则进行测量，即在定量测量前，先对实验变化的全过程进行定性的观察，对实验数据的变化规律有一初步的了解后，再着手进行定量测量。

9. 调焦

在使用望远镜、显微镜和测微目镜等光学仪器时，为了进行正确的测量或看清目的物，均需进行调节，例如望远镜要调节叉丝到物镜的距离使之处于透镜的焦面上；使用显微镜要使被观察对象处于物镜的工作距离处，而测微目镜则要使叉丝在目镜的焦距内作适当的视度调节。这种调节统称为调焦。调焦是否已调好常以光学规律（如自准成像）或是否能看清目的物上的局部细小特征为准。

10. 回路接线法与跃接法

一张电路图可分解为若干个闭合回路。接线时，根据回路由始点（如某高电位点）依次首尾相连，最后仍回到始点，此接线方法称回路接线法。按照此法接线和查线，可确保电路连接正确无误。

在示零法测量中，经常采用瞬间（而不是较长时间）接通示零电路的方法来对平衡状态或平衡偏离的方向作出判断。这样做的好处是，在远离平衡状态时保护仪表，使其免受长时间的大电流冲击；在接近平衡时，通过电路的瞬间通断比较，提高检测灵敏度。

第 4 章

基础性、综合性、应用性实验

4.1 力学实验

实验 1 单摆实验

【实验目的】

(1) 掌握单摆运动原理和特点。
(2) 利用单摆运动测量本地区重力加速度。
(3) 学习分析测量误差,正确计算不确定度。

【实验仪器】

单摆实验仪,秒表,米尺,螺旋测微器。

【实验原理】

在长度不变的细线末端固定一个小球,细线的长度不可伸缩,其质量相比于小球可以忽略不计,并且小球的直径比细线的长度小很多,这就是单摆。如图 4-1-1 所示,设小球的质量为 m,从小球的质心到摆线的悬挂点 O' 的距离为 L,摆线与竖直方向夹角为 θ。

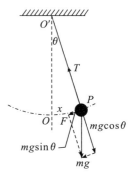

图 4-1-1 单摆实验

把小球从静止位置拉开一小段距离,然后释放小球,在重力作用下小球在竖直平面内做往复运动。以细线悬挂点作为原点,沿着细线作极轴,选取逆时针方向为极角的正方向,建立极坐标系。在不计空气阻力等条件下,小球受到自身重力和细线拉力的共同作用,在沿着小球运动的切线方向上,小球的受力满足牛顿第二定律:

$$F = ma_{切} = -mg\sin\theta \tag{1}$$

其中,切向加速度 $a_{切} = L\dfrac{\mathrm{d}^2\theta}{\mathrm{d}t^2}$,故上式可化为

$$\dfrac{\mathrm{d}^2\theta}{\mathrm{d}t^2} + \dfrac{g}{L}\sin\theta = 0 \tag{2}$$

在小球摆动的角度较小的情况下(摆角 $\theta < 5°$),$\sin\theta \approx \theta$,式(2)化为:

$$\dfrac{\mathrm{d}^2\theta}{\mathrm{d}t^2} + \dfrac{g}{L}\theta = 0 \tag{3}$$

这是一个简谐运动的方程,式中 $\omega^2 = g/L$。当 $t=0$ 时,初始摆角为 θ_0。所以,它的一般解为

$$\theta = \theta_0 \cos(\omega t) \tag{4}$$

由此可见小球的运动具有周期性,其运动周期为

$$T = \dfrac{2\pi}{\omega} = 2\pi\sqrt{\dfrac{L}{g}} \tag{5}$$

小球的运动周期只与摆长 L(悬点至小球质心的距离)、重力加速度 g 有关,如果我们测量出单摆摆动的周期 T 和摆长 L,就可以计算出相应的重力加速度

$$g = \dfrac{4\pi^2 L}{T^2} \tag{6}$$

重力加速度是一个与地球相关的物理量,在同一地点它是不变的,因此 T^2 与 L 成正比例关系。我们可以通过多次测量不同的摆长 L 和对应的周期 T,描绘出 $T^2 \sim L$ 关系曲线,这是一条直线,由直线的斜率也可以计算出重力加速度。

【实验内容】

1. 仪器调整

了解单摆实验仪的结构并按要求调整好单摆实验仪;熟悉使用电子秒表,秒表归零准备计时;熟悉米尺、螺旋测微器的使用,读出

螺旋测微器的零点读数。

2. 测量

(1)调节单摆实验仪至合适的摆线长度并固定,用米尺测量从悬挂点至连结小球之间的摆线长度 l。

(2)用螺旋测微器测量小球的直径 l,则单摆摆长为:$L=l+\frac{1}{2}d/2$。

(3)轻击小球让单摆作小角摆动(摆角 $\theta<5°$),待摆动稳定后,用秒表测量小球摆动 50 个周期所需的时间 t。在测量时应注意选取小球的平衡位置(最低点)作为计时位置。

3. 重复测量

改变摆线长度(每次改变约 10 cm),按步骤 2 继续多次测量摆线长度、50 个周期并取算术平均值 $\overline{l_i}$ 和 $\overline{t_i}$。

【数据处理】

(1)对不同线长的测量数据,分别计算线长、小球直径和 50 个周期的算术平均值 $\overline{l_i}$、$\overline{d_i}$ 和 $\overline{T_i}$,由此计算出相应的重力加速度 g_i:

$$g_i = 4\pi^2 \frac{\overline{l_i}+\overline{d_i}/2}{\overline{t_i}/50}$$

(2)对不同线长的测量数据,分析测量误差,计算对应的不确定度。

(3)对不同线长的测量数据,在坐标纸上作 $T^2 \sim L$ 曲线图,由于它们成正比例关系,计算出这条直线的斜率,以及重力加速度。

【注意事项】

(1)注意要从静止开始释放摆球。

(2)注意摆角 $\theta<5°$,并且必须在垂直面内摆动,防止形成锥摆。

(3)用米尺测长度时,应注意使米尺和被测摆线平行,并尽量靠近,读数时视线要和尺的方向垂直。以防止由于视差产生的误差。

【练习思考题】

(1)摆动小球从平衡位置移开的距离为单摆长度的几分之一

时,摆动角度为5°?

(2)测量周期时有人认为,摆动小球通过平均位置走得太快,计时不准,摆动小球通过最大位置时走得慢,计时准确,你认为如何?试从理论和实际测量中加以说明。

实验2 物体密度的测定

在生产和科学实验中,为了对材料成分进行分析和纯度鉴定,需要测定各种材料的密度。流体静力称衡法和比重瓶法是常用的两种方法。

【实验目的】

(1)学习游标卡尺、千分尺和物理天平的正确使用。
(2)用流体静力称衡法和比重瓶法测定物体的密度。
(3)学习实验数据的处理方法及用复称法消除系统误差。

【实验原理】

物体的密度是指在某一温度时物体单位体积所包含的质量,即密度 ρ:

$$\rho = \frac{m}{V} \tag{1}$$

式中,m 是物体的质量(g),V 是它的体积(cm^3),其单位是 $g \cdot cm^{-3}$。

对于规则物体,可以利用测量长度的量具间接测得其体积。对于不规则物体,则难以由外形尺寸算出比较精确的体积值。下面介绍几种常用测量密度的方法。

1. 流体静力称衡法

如图4-1-2,设被测物不溶于水,在空气中的称衡质量为 m_1,用细丝将其悬吊在水中的称衡量质量为 m_2。则物体在水中所受到的浮力为

$$F = (m_1 - m_2)g \tag{2}$$

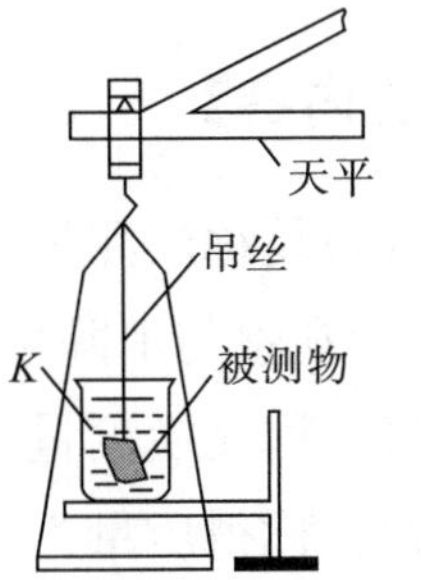

图 4-1-2 液体静力称衡法

又设水在当时温度下的密度为 ρ_w，物体体积为 V。根据阿基米德原理，浸在液体中的物体要受到向上的浮力，浮力的大小等于所排开液体的质量和重力加速度 g 的乘积，则有

$$F = \rho_w V g \tag{3}$$

ρ_0 是液体的密度，V 是所排开的液体的体积，亦即被测物体的体积。由式(1)、(2)、(3)可以得到待测固体的密度：

$$\rho = \frac{m_1}{m_1 - m_2}\rho_w \tag{4}$$

2. 比重瓶法

实验所用的比重瓶如图 4-1-3 所示。瓶塞中间有一毛细管，当瓶中注满液体，塞上瓶塞后，多余的液体会通过毛细管溢出。这样瓶内液体的体积是一固定值。比重瓶内腔的体积 V 通常标明在比重瓶上。

图 4-1-3 比重瓶

如要测量液体的密度，可先称出比重瓶的质量 M_0，然后再分两次将温度相同的(室温的)待测液体和纯水注满比重瓶，称出纯水和比重瓶的总质量 M_1 以及待测液体和比重瓶的总质量 M_2。于是，同体积的纯水和待测液体的质量分别为 $M_1 - M_0$ 与 $M_2 - M_0$，通过计算可得待测液体的密度：

$$\rho = \frac{M_2 - M_0}{M_1 - M_0}\rho_w \tag{5}$$

【实验仪器】

游标卡尺、千分尺、物理天平、比重瓶、烧杯及待测物体等。

【实验内容】

(1)复称法测量物体质量。

为观察与消除可能存在的不等臂误差，常用的方法是用复称法测量(又称交换测量法)。即先将被测物体放在天平的左盘，砝码放在右盘，称得质量为 $m_左$，然后将被测物体放在右盘，砝码放在左盘。称得质量为 $m_右$，观察两者差别如何？依此判断天平的不等臂误差

的情况。然后以其几何平均值的方法算出物体质量 m，消除天平的不等臂误差的影响。

(2) 静力称衡法测量规则铁片的密度。

(3) 用比重瓶法测量煤油的密度。

(4) 列表记录所有测量数据和所使用仪器的仪器误差限，确定各测量值的最佳值与不确定度。

【注意事项】

(1) 天平的负载不得超过其最大称量，以免损坏刀口和压弯横梁。

(2) 在调节天平、取放物体、取放砝码（包括游码），以及不用天平时，都必须将天平止动，以免损坏刀口。只有在判断天平是否平衡时才将天平启动。

(3) 待测物体和砝码要放在秤盘正中。砝码不许直接用手拿取，只准用镊子夹取。

(4) 高温物体、液体及带腐蚀性的化学药品，不得直接放在秤盘内称量。

(5) 各台天平均附有本台的秤盘和砝码，相互间不得混淆。

【思考题】

(1) 天平的操作规则中，哪些规定是为了保护刀口，哪些规定是为了保证测量精度？

(2) 如何测定密度比水小的不规则物体的密度？

(3) 若被测物体浸入水中时表面附有气泡，将对结果发生怎样的影响？为什么？

(4) 如何消除物理天平不等臂误差？

(5) 如果物体的密度小于水的密度，或呈小颗粒状，你能否设计一种方法测量其密度？

实验3 用拉伸法测量金属的杨氏模量

杨氏弹性模量(Young's modulus)是描述固体材料在线度方向受力后，抵抗形变能力的重要物理量。它与材料自身性质有关，与材料的几何形状和所受到外力的大小无关，是工程设计中机械机构选材的重要参数和依据。测量杨氏弹性模量的常用方法有拉伸法、弯曲法、振动法和内耗法等。本实验采用静态拉伸法。

【实验目的】

(1) 学习用拉伸法测量金属丝的杨氏模量。
(2) 掌握用光杠杆装置测量微小长度变化量的原理。
(3) 学会用逐差法和作图法处理实验数据。

【实验原理】

1. 用拉伸法测金属丝的杨氏模量

根据胡克定律，材料在弹性限度内，正应力的大小 σ 与应变 ε 成正比，即

$$\sigma = E\varepsilon \tag{1}$$

式中的比例系数 E 称为弹性模量，又称杨氏模量。设金属丝截面积为 S，长为 L，在长度方向的外力 F 的作用下，金属丝伸长（或缩短）为 ΔL，物体在长度方向单位横截面积所受的力 F/S 称为应力（或称胁强），在长度方向产生的相对形变 $\Delta L/L$ 称为应变（或称胁变）。则有：

$$E = \frac{FL}{S\Delta L} \tag{2}$$

E 表征材料本身的性质的一个物理量，E 越大的材料，要使它发生一定应变所需的单位横截面上的力也就越大。其工程单位为牛顿/米^2（N/m^2）。

图 4-1-4 是杨氏模量测量装置，其中金属丝的截面积 $S = \frac{1}{4}\pi d^2$，则有：

$$E = \frac{4FL}{\pi d^2 \Delta L} \tag{3}$$

其中 d 是金属丝直径。

由式(1)可知,只要测出 F、d、L、ΔL 的值便可得到杨氏模量 E 值。F、d、L 各量易用一般的测量仪器测得。ΔL 通常很小,用一般的测量仪器,常用的测量方法测量,不但较为困难,而且测量的准确度很低。采用光杠杆法可以较好地解决这一难题。

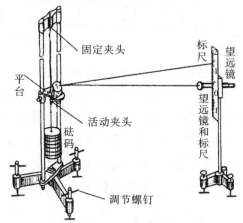

图 4-1-4　杨氏模量测量仪及镜尺装置

2. 利用光杠杆法测量微小长度变化量

光杠杆由圆形小平面镜及固定在框架 A 上的三个尖足 f_1,f_2,f_3 构成。f_3 到 $f_1 f_2$ 的垂线段长度 b 称为光杠杆常数(如图 4-1-5 所示)。测量时,两前脚 f_1,f_2 放在平台的凹槽内,后脚 f_3 放在圆柱体夹子 J 的上面(如图 4-1-6 所示)。待测钢丝上端夹紧于横梁上的夹子中间,下端夹紧于可上下滑动的夹子中,其下端有一挂钩,可以挂砝码。调节平面镜大致铅直,在镜面正前方竖放一标尺,尺旁安置一架望远镜。适当调节后,从望远镜中可以看清楚由小镜反射的标尺像,并可读出与望远镜叉丝横线相重合的标尺刻度数值。(如图 4-1-7 所示)

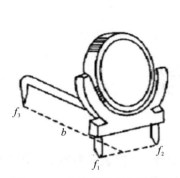

图 4-1-5　光杠杆镜框架示意图

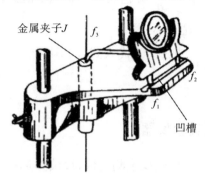

图 4-1-6　光杠杆系统

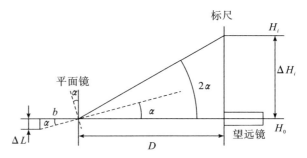

图 4-1-7　光杠杆放大原理示意图

如图 4-1-7，设未增加砝码时，从望远镜中读得标尺读数为 H_0，当增加砝码时，金属丝伸长 ΔL，光杠杆后脚 f_3 随之下降 ΔL，这时平面镜转过 α 角，镜面法线也转过 α 角。根据光的反射定律，反射线将转过 2α 角，此时标尺读数为 H_i，标尺读数变化量为 $\Delta H_i = |H_i - H_0|$，D 为光杠杆镜面到标尺之间的距离。可得到如下关系：

$$\text{tg}\alpha = \frac{\Delta L}{b}, \text{tg}2\alpha = \frac{|H_i - H_0|}{D} = \frac{\Delta H_i}{D} \quad (4)$$

因为 ΔL 是微小的长度变化，且 $\Delta L \ll b$，故 α 角很小，所以近似有

$$\text{tg}\alpha \approx \alpha, \text{tg}2\alpha \approx 2\alpha \quad (5)$$

由此可得

$$2\frac{\Delta L}{b} = \frac{\Delta H_i}{D}, \text{即} \Delta L = \frac{b}{2D}\Delta H_i \quad (6)$$

由式(6)可知，光杠杆镜尺法的作用在于将微小的长度变化量，经光杠杆转变为微小的角度变化。同时，再经望远镜和标尺把它转变为标尺上较大的读数变化量 ΔH_i，光杠杆的放大倍数 $\beta = \frac{\Delta H_i}{\Delta L} = \frac{2D}{b}$ 就越大。对同样的 ΔL，D 越大，ΔH_i 越大，测量的相对误差就越小。

把式(6)代入式(3)，则有

$$E = \frac{8FLD}{\pi d^2 b \Delta H_i} \quad (7)$$

【实验仪器】

杨氏模量测定仪、尺读望远镜、游标卡尺、螺旋测微器、钢卷尺等。
图 4-1-4 是杨氏模量测量仪和镜尺装置，尺读望远镜由刻度尺

和望远镜组成。转动望远镜目镜可清楚地看到十字叉丝像。调整望远镜调焦手轮并通过光杠杆的平面镜可以看到刻度尺的像,望远镜的轴线可通过望远镜轴线调整螺钉调整,松开望远镜刻度尺紧固螺钉,望远镜、刻度尺能够分别沿立柱上下移动。

【实验内容】

1. 仪器的调整

(1)为了使金属丝处于铅直位置,调节杨氏模量测量仪三脚架的底脚螺丝使两支柱铅直。(试想一下如何来判断?)

(2)在砝码托盘上先挂上 1 kg 砝码,作为 F_0 使金属丝拉直(此砝码不计入所加作用力 F 之内)。

(3)将光杠杆放在平台上,前脚 f_1,f_2 放在平台前面的沟槽 J 内,后脚 f_3 放在圆柱夹头上,使镜面大致铅直。望远镜和标尺放在光杠杆镜面前方 1~2 mm 处。调节望远镜上、下位置使它和光杠杆处于同一高度上。

(4)调节望远镜能看清标尺读数,包括下面三个环节的调节:

①调节目镜,看清十字叉丝,可通过旋转目镜来实施。

②调节物镜,看清标尺读数。先将望远镜对准光杠杆镜面,然后在望远镜的外侧沿镜筒方向看过去,观察光杠杆镜面中是否有标尺像。若有,就可以从望远镜中观察;若没有,则要微动光杠杆或标尺,直到在望远镜中看到标尺像后,调节目镜与物镜间的距离,看清标尺读数。

③消除视差,仔细调节目镜、物镜间的距离直至当人眼作上下微小移动时,标尺像与叉丝无相对移动为止。

2. 测量

(1)仪器全部调整好以后,记下开始时望远镜中标尺上的读数 H_0,以后每加 1 kg 砝码,记录标尺读数 $H_i(i=1,2,\cdots,7)$。然后逐次减少 1 kg 砝码,每减少一次,相应地记录标尺上的读数 $H_i'(i=1,2,\cdots,7)$。取同一荷重下两读数的平均值。

$$\overline{H_i} = \frac{H_i + H_i'}{2}, (i=0,1,2,\cdots,7)$$

(2)重复步骤(1)再做一遍。

(3)用钢卷尺测量金属丝长度 L 和光杠杆镜面至刻度尺间距离 D。

(4)用千分尺测量金属丝直径 d(不同处测量 6 次)。

(5)取下光杠杆,将其放在一张平整的白纸上用力压出三个点,然后用游标卡尺测量出后尖足到两个前尖足连线的距离 b。

列表记录所有数据,表格自拟。

【数据处理与分析】

实验采用两种方法处理数据,分别求出金属丝的杨氏模量。

1. 用逐差法处理

用逐差法计算对应 4 kg 负荷时金属丝的伸长量:
$$\Delta H_i = \overline{H_{i+4}} - \overline{H_i} \quad (i = 0,1,2,3)$$

及每千克伸长量的平均值

$$\overline{\Delta H} = \frac{\sum_{i=0}^{3} \Delta H_i}{16}$$

将 $\overline{\Delta H}$、L、x、D、d 各量的测量结果代入(7)式,计算出待测金属丝的杨氏模量及其不确定度。

2. 作图法

由式(7)有

$$\Delta H = \frac{8LD}{\pi d^2 bE} F = KF \tag{8}$$

式中,$K = \frac{8LD}{\pi d^2 bE}$,在给定的实验条件下,$K$ 为常量,若以 $\Delta H_i = \overline{H_i} - \overline{H_0}(i=1,2,\cdots,7)$ 为纵坐标,F 为横坐标作图可得一直线,求出该直线的斜率 K,即可得到待测金属丝的杨氏模量。

$$E = \frac{8LD}{\pi d^2 bK} \tag{9}$$

【注意事项】

(1)在望远镜调整中,必须注意视差的消除,否则将会影响读数的正确性。

(2)实验过程中不得碰撞仪器,更不得移动光杠杆主杆支脚的位置。加减砝码必须轻拿轻放,待系统稳定后才可读数。

(3)待测钢丝不得弯曲,加挂本底砝码仍不能将其拉直和严重锈蚀的钢丝必须更换。

(4)光杠杆平面镜是易碎物品,为了保持镜面良好的反射不得用手触摸,也不得随意擦拭,更不得将其跌落在地,以免打碎镜面。

【思考题】

(1)加挂本底砝码的作用是什么?

(2)光杠杆测量微小长度变化量的原理是什么?有何优点?

(3)你能否根据实验所测得的数据,计算出所用的光杠杆的放大倍数?如何增大光杠杆的放大倍数以提高光杠杆测量微小长度变化量的灵敏度?在你所用的仪器中,光杠杆的分度值是多少?

实验 4　刚体转动惯量的测定

转动惯量是刚体转动时惯性大小的量度,是表明刚体特性的一个物理量。刚体转动惯量除了与物体质量有关外,还取决于转轴的位置和质量分布即形状、大小和密度分布有关。如果刚体形状简单、且质量分布均匀,可以直接计算它绕特定轴的转动惯量。对于形状较复杂或非均质的刚体,计算将非常困难,往往需要用实验方法测定,例如机械零部件、电机转子及枪炮弹丸等。

测量转动惯量,一般是使刚体以一定形式运动,通过表征这种运动特征的物理量与转动惯量的关系,进行转换测量。本实验采用三线摆法和扭摆法,由摆动周期及其他参数的测定计算出物体的转动惯量。为了便于和理论计算值相比较,实验中的被测刚体一般采用形状规则的刚体。

分实验 1:三线摆法测定物体的转动惯量

【实验目的】

(1)了解转动惯量的定义和性质。

(2)掌握用三线摆测量圆盘和圆环绕中心对称轴的转动惯量。

(3)验证转动惯量的平行轴定理。

【实验原理】

物理实验中测量某一物理量时,除直接测量以外,一般都用含有该物理量的公式,将公式中难以测量的某些量转化成容易测量的量,并逐一进行测量,从而计算出该物理量。

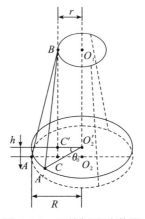

图 4-1-8 三线摆实验装置

图 4-1-8 是三线摆实验装置的示意图。上、下圆盘均处水平位置,悬挂在横梁上。三个对称分布的等长悬线将两圆盘相连。上圆盘固定,下圆盘可绕中心轴 OO' 作扭摆运动。以初始静止平衡状态为重力势能零点,当质量为 m_0 的下圆盘绕轴扭转最大角位移为 θ_0 时,圆盘重心位置升高 h。此时有重力势能

$$E_p = m_0 gh \tag{1}$$

当下圆盘重新回到平衡位置,重心降到最低点,此时有最大角速度 ω_0,重力势能被全部转化为动能,J_0 为下圆盘绕轴 OO' 的转动惯量,则有

$$E_k = \frac{1}{2} J_0 \omega_0^2 E \tag{2}$$

根据机械能守恒,则有

$$E_p = E_k \Rightarrow m_0 gh = \frac{1}{2} J_0 \omega_0^2 \text{ 或者 } J_0 = \frac{2 m_0 gh}{\omega_0^2} \tag{3}$$

当扭转角 θ_0 很小时,摆动可以看作是周期为 T_0 的简谐振动,则

圆盘的角位移与时间的关系是

$$\theta = \theta_0 \cos\left(\frac{2\pi}{T_0}t\right) \qquad (4)$$

角速度为

$$\dot\theta = \frac{\mathrm{d}\theta}{\mathrm{d}t} = -\frac{2\pi\theta_0}{T_0}\sin\left(\frac{2\pi}{T_0}t\right) \qquad (5)$$

则经过平衡位置时的最大角速度为

$$\omega_0 = \frac{2\pi}{T_0}\theta_0 \qquad (6)$$

如图 4-1-8 所示,可得到

$$h = BC - BC' = \frac{(BC)^2 - (BC')^2}{BC + BC'} \qquad (7)$$

根据直角三角形 ABC 有

$$(BC)^2 = (AB)^2 - (AC)^2 = l^2 - (R-r)^2 \qquad (8)$$

根据直角三角形 ABC 有

$$(BC')^2 = (A'B)^2 - (A'C')^2 = l^2 - (R^2 + r^2 - 2Rr\cos\theta_0) \qquad (9)$$

由式(7)、(8)、(9),可得

$$h = \frac{2Rr(1-\cos\theta_0)}{BC+BC'} = \frac{4Rr\sin^2\dfrac{\theta_0}{2}}{BC+BC'} \qquad (10)$$

当 θ_0 很小时,则有 $\sin\dfrac{\theta_0}{2}\approx\dfrac{\theta_0}{2}$,摆线 l 很长时,则有 $BC+BC'\approx 2H$;H 为平衡时上下圆盘的垂直距离。因此,式(10)可化为

$$h = \frac{Rr\theta_0^2}{2H} \qquad (11)$$

由式(3)、(6)、(11),可得下圆盘绕轴 OO' 的转动惯量为

$$J_0 = \frac{m_0 g R r}{4\pi^2 H}T_0^2 \qquad (12)$$

式(12)中,m_0 为下盘的质量;r、R 分别为上下悬点离各自圆盘中心的距离;g 为重力加速度。

将质量为 m 的待测物体放在下盘上,并使待测刚体的转轴与 OO' 轴重合。测出此时下盘运动周期 T_1 和上下圆盘间的垂直距离 H。同理,可求得待测刚体和下圆盘对中心转轴 OO' 轴的总转

动惯量为：

$$J_1 = \frac{(m_0 + m)gRr}{4\pi^2 H}T_1^2 \qquad (13)$$

如不计因重量变化而引起的悬线伸长，则有 $H \approx H_0$。则待测物体绕中心轴 OO' 的转动惯量为：

$$J = J_1 - J_0 = \frac{gRr}{4\pi^2 H}[(m+m_0)T_1^2 - m_0 T_0^2] \qquad (14)$$

因此，通过长度、质量和时间的测量，便可求出刚体绕某轴的转动惯量。

用三线摆还可以验证转动惯量的平行轴定理。如图 4-1-9 所示，如果质量为 m 的刚体绕过其质心轴的转动惯量为 J_C，当转轴平行移动距离 x 时，则此刚体对新轴 OO' 的转动惯量为 $J_{OO'} = mx^2 + J_C$，这一结论称为转动惯量的平行轴定理。

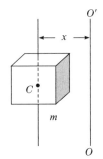

图 4-1-9 平行轴定理

实验时将质量均为 m'，形状和质量分布完全相同的两个圆柱体对称地放置在下圆盘上（下盘有对称的两排小孔）。按同样的方法，测出两小圆柱体和下盘绕中心轴 OO' 的转动周期 T_x，则可求出每个圆柱体对中心转轴 OO' 的转动惯量：

$$J_x = \frac{1}{2}\left[\frac{(m_0 + 2m')gRr}{4\pi^2 H}T_x^2 - J_0\right] \qquad (15)$$

如果测出小圆柱中心与下圆盘中心之间的距离 x 以及小圆柱体的半径 R_x，则由平行轴定理可求得：

$$J_x' = m'x^2 + \frac{1}{2}m'R_x^2 \qquad (16)$$

比较 J_x 与 J_x' 的大小，可验证平行轴定理。

【实验仪器】

三线摆（包含钢直尺、游标卡尺、电子天平以及待测物体）和 FB210 型光电计时仪。

【实验内容】

1. 测定圆环对通过其质心且垂直于环面轴的转动惯量

(1)调整底座水平:调控底座上的三个螺钉旋钮,直至底板上水准仪中的水泡位于正中间。

(2)调整下盘水平:调整上圆盘上的三个旋钮(调整悬线的长度),改变三悬线的长度,直至下盘水准仪中的水泡位于正中间。

(3)测量空盘绕中心轴 OO' 转动的运动周期 T_0:轻轻转动上盘,带动下盘转动,这样可以避免三线摆在作扭摆运动时发生晃动(注意扭摆的转角控制在 5°以内)。周期的测量采用累积放大法,即用计时工具测量累积多个周期的时间,然后求出其运动周期(想一想,为什么不直接测量一个周期?)。

(4)测出待测圆环与下盘共同转动的周期 T_1:将待测圆环置于下盘上,注意使两者中心重合,按同样的方法测出它们一起运动的周期 T_1。

2. 用三线摆验证平行轴定理

将两小圆柱体对称放置在下盘上,测出其与下盘共同转动的周期 T_x 和两小圆柱体的间距 $2x$。改变小圆柱体放置的位置,重复测量 5 次。

3. 各刚体几何参量和质量的测量

(1)悬点到中心的距离 r 和 R(等边三角形外接圆半径)由实验室给定。

(2)用钢直尺测出上下两圆盘之间的垂直距离 H;用游标卡尺测出下圆盘的直径 D_0;待测圆环的内、外直径 $D_内$ 和 $D_外$;测出小圆柱体的直径 $2R_x$;小圆柱中心与下圆盘中心之间的距离 x_j 由下圆盘上的标尺直接测出。

(3)用天平分别测量并记录圆环和两圆柱体的质量(下圆盘质量 m_0 已经标注在其表面上)。

【数据处理与分析】

(1)分别按照公式(1)、(3)和(4)求出 J_0、J_1 和 J_x,并进行不确

定度估算,写出测量结果。

(2)按照 $J'_0 = \frac{1}{8}m_0 D_0^2$($D_0$ 为下圆盘的直径)、$J'_1 = \frac{1}{8}m_1(D_内^2 + D_外^2)$($m_1$ 为待测圆环的质量,$D_内$ 和 $D_外$ 为待测圆环的内径和外径)和公式(5)分别算出各理论值。

(3)对各组 J 和 J' 进行分析和比较,求出百分误差 $\frac{|J'_i - J_i|}{J'_i} \times 100\%$,并得出是否验证平行轴定理的结论。

【思考题】

(1)用三线扭摆测定物体的转动惯量时,为什么要求悬盘水平,且摆角要小？如何使下圆盘扭转摆动？有何要求？

(2)三线摆在摆动中受到空气的阻尼,振幅会越来越小,其周期是否会变化,为什么？

(3)本实验能否用图解法来验证平行轴定理？

(4)测圆环的转动惯量时,把圆环放在盘的同心位置上。若转轴放偏了,测出的结果是偏大还是偏小,为什么？

分实验 2:扭摆法测定物体的转动惯量

【实验目的】

(1)用扭摆测定弹簧的扭转常数 K。

(2)用扭摆测定几种不同形状物体的转动惯量,并与理论值进行比较。

(3)验证平行轴定理。

【实验原理】

1. 扭摆的简谐运动

扭摆的结构如图 4-1-10 所示,其垂直轴 1 上装有一根薄片状的螺旋弹簧 2,用以产生恢复力矩。在轴上方可以装上各种待测物体。垂直轴与支座间装有轴承,使摩擦力矩尽可能降低。为了使垂直轴

1 与水平面垂直,可通过底脚螺丝钉 3 来调节,4 为水平仪,用来指示系统调整水平。

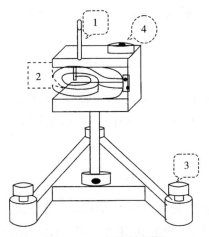

图 4-1-10　扭摆结构图

将套在轴 L 的物体在水平面内转过一角度 θ 后,在弹簧的恢复力矩作用下,物体就开始绕垂直轴作往返扭转运动。根据胡克定律,弹簧受扭转而产生的恢复力矩 M 与所转过的角度成正比,即

$$M = -K\theta \tag{1}$$

式(1)中,K 为弹簧的扭转常数。根据转动定律

$$M = J\beta \tag{2}$$

式(2)中,J 为转动惯量,β 为角加速度,由式(1)与(2)得

$$\beta = -\frac{K}{J}\theta = -\omega^2\theta$$

其中,$\omega^2 = \frac{K}{J}$,忽略轴承的摩擦力矩,则有

$$\beta = \frac{\mathrm{d}^2\theta}{\mathrm{d}t^2} = -\frac{K}{J}\theta = -\omega^2\theta$$

即有

$$\frac{\mathrm{d}^2\theta}{\mathrm{d}t^2} + \omega^2\theta = 0$$

此方程表明忽略轴承摩擦力的扭摆运动是角简谐振动:角加速度与角位移成正比,且方向相反。此方程的解为:

$$\theta = A\cos(\omega t + \varphi)$$

式中,A 为简谐振动的角振幅,φ 为初位相,ω 为角频率。此简谐振动的周期为

$$T = \frac{2\pi}{\omega} = 2\pi\sqrt{\frac{J}{K}} \qquad (3)$$

利用公式(3),测得扭摆的周期 T,当 J 和 K 中任何一个量已知时即可计算出另一个量。如

$$I = \frac{KT^2}{4\pi^2} \qquad (4)$$

本实验用一个转动惯量已知的物体(几何形状规则,根据它的质量和几何尺寸用理论公式计算得到),测出该物体摆动的周期 T,求出弹簧的 K 值。

$$K = \frac{4\pi^2 I}{T^2} \qquad (5)$$

若要测量其他形状物体的转动惯量,需将待测物体安放在本仪器顶部的各种夹具上,测定其摆动周期。如,测出空盘的周期为 T_0,放上圆柱后的周期为 T_1,则有

$$\frac{KT_1^2}{4\pi^2} = \frac{KT_0^2}{4\pi^2} = I_1' \qquad (6)$$

用式(6)即可计算待测圆柱的转动惯量 I_1'。

2. 平行轴定理

如果质量为 m 的刚体绕过其质心轴的转动惯量为 I_0,当转轴平行移动距离 x 时,则此刚体对新轴的转动惯量 $I'' = I_0 + mx^2$。

实验时测出金属细杆的转动惯量 I_2,和金属滑块到中心转轴的距离 x,根据平行轴定理,装有两滑块的金属细杆的转动惯量为

$$I' = I_2 + I_3 + 2mx^2 \qquad (7)$$

式(7)中 I_3 为两滑块在中心时对转轴的转动惯量,m 为两滑块的质量。

如果再测出带有两滑块的金属细杆的转动周期 T,则可求出其转动惯量

$$I = \frac{KT^2}{4\pi^2} - I_{夹} \qquad (8)$$

比较 I 与 I',即可验证平行轴定理。

【实验仪器】

TH-2型转动惯量测试仪由扭摆、光电计时装置及几种待测刚

体(空心金属圆柱体、实心塑料圆柱体、木球、验证转动惯量平行轴定理的细金属杆,杆上有两块可以自由移动的金属滑块)组成。光电计时装置由主机和光电传感器两部分组成。主机采用单片机作控制系统,用于测量物体转动周期(计时)和旋转体的转速。主机能自动记录、存贮多组实验数据,能精确地计算多组数据的平均值;光电传感器主要由红外发射管和红外接收管组成,它将光信号转变为脉冲电信号送入主机,控制单片机工作。

仪器使用方法简介:

(1)调节光电传感器在固定支架上的高度,使被测物体上的挡光杆能自由往返地通过光电门,再将光电传感器的信号传输线插入主机输入端(位于主机背面)。

(2)开启主机电源。"摆动"指示灯亮(按"功能"键,可选择"扭摆""转动"两种计时功能,开机或复位默认值为"扭摆"),参量指示为"P_1",数据显示为"－－－－"。若情况异常(如死机),可按"复位"键,即可恢复正常,或关机重新启动。

(3)本机默认累计计时的周期数为 10,也可根据需要重新设定计时的周期数,方法为:按"置数"键,显示"$n=10$",按"上调"键,周期数依次加 1,按"下调"键,周期数依次减 1,调至所需的周期数后,再按"置数"键确认,显示"F_1 end"(表明扭摆周期预置确定)或"F_2 end"(表明转动周期预置确定),周期数只能在 1～20 范围内作任意设定。更改后的周期数下具有记忆功能,一旦关机或按"复位"键,便恢复原来的默认周期数。

(4)按"执行"键,数据显示为"000.0",表示仪器处在等待测量状态,当被测物体上挡光杆第一次通过光电门时开始计时,直至仪器所设置的周期数时,便自动停止计时,由"数据显示"给出累计的时间,同时仪器自行计算摆动周期 T_1,并予以存贮,以供查询和作多次量求平均值,至此 P_1(第一次测量)测量完毕。

(5)按"执行"键,"P_1"变为"P_2",数据显示又回到"000.0",仪器处于第二次待测状态。本机设定的重复测量次数为 5 次,即(P_1、P_2、P_3、P_4、P_5)。通过"查询"键可得知各次测量的周期值 T_i($i=1$～5)和它们的平均值 $\overline{T_i}$,以及当前的周期数 n,若显示"NO"表示没有数据。

(6)按"自检"键,仪器应显示"N-1","SC GOOD",并自动复位到"P_1----",单片机工作正常。

(7)按"返回"键,系统将无条件地回到初始状态,清除当前状态的所有执行数据,但预置的周期数不改变。

(8)按"复位"键,实验所得数据全部清除,所有参数恢复初始默认值。

【实验内容】

(1)熟悉扭摆的构造、使用方法,掌握 TH-2 型转动惯量测试仪的正确操作要领。调整扭摆基座底脚螺丝,使水准仪中气泡居中。

(2)用游标卡尺和电子天平分别测出待测物体的质量和必要的几何尺寸。如圆柱体的直径,金属圆筒的内、外径,木球的直径,以及金属细杆的长度等。

(3)装上金属载物盘,调节光电探头的位置。要求光电探头放置在挡光杆的平衡位置处,使载物盘上的挡光杆处于光电探头的中央,且能遮住发射和接收红外线的小孔,测定其摆动周期 T_0;计算扭摆的仪器常数(弹簧的扭转常数)。

(4)将塑料圆柱垂直放在载物盘上,测定摆动周期 T_1;用金属圆筒代替塑料圆柱,测定摆动周期 T_2;取下载物金属盘,装上木球,测定摆动周期 T_3;取下木球,装上金属细杆(细杆中心必须与转轴中心重合),测定摆动周期 T_4。

(5)测定塑料圆柱、金属圆筒、木球与金属细杆的转动惯量,并与理论值进行比较,求百分误差。**注意**:在计算球、金属细杆和滑块的转动惯量时,应扣除支架的转动惯量。

$J_{球支座}=0.187\times 10^{-4}$ kgm^2,$J_{细杆夹具}=0.321\times 10^{-4}$ kgm^2

(6)将滑块对称地放置在金属细杆两边的凹槽内,此时滑块质心离转轴的距离分别为 5.00 cm、10.00 cm、15.00 cm、20.00 cm、25.00 cm,分别测定细杆加滑块的摆动周期 T_5。此时,由于周期较长,可以将摆动次数减少(计算转动惯量时,要考虑支架的转动惯量,可以按圆柱体近似处理,不必再单独测量)。改变滑块在细杆上的位置,验证转动惯量的平行轴定理。

【数据处理与分析】

(1)扭转常数 K。

用金属载物圆盘和在载物圆盘上放置塑料圆柱时的摆动周期 T_0 和 T_1 的实验值,以及塑料圆盘转动惯量的理论值 J_1' $\left(J_1' = \frac{1}{8}mD^2\right)$ 来确定 K 值,设金属载物圆盘的转动惯量为 J_0,则由公式(3)得:

$$\frac{T_0}{T_1} = \frac{\sqrt{J_0}}{J_0 + J_1'} \qquad \text{或} \qquad \frac{J_0}{J_1} = \frac{T_0^2}{T_1^2 - T_0^2}$$

则扭转常数为:
$$K = 4\pi^2 \frac{J_1'}{T_1^2 - T_0^2}$$

因此,测出 T_0 和 T_1,即可求得 K 值。

(2)列表记录所有测量数据,表格自拟。

(3)计算各待测物体的转动惯量,写出测量结果。并与理论值比较,算出百分误差。

(4)验证平行轴定理。

【注意事项】

(1)弹簧的扭转常数 K 不是固定的常数,它与摆角大小略有关系,摆角在 $40°\sim 90°$ 间基本相同。为了减少实验的系统误差,在测定各种物体的摆动周期时,摆角应基本保持在同一范围内。

(2)光电探头宜放置在挡光杆的平衡位置处,挡光杆不能与它接触,以免增加摩擦力矩。

(3)在安装待测物体时,其支架必须全部套入扭摆的主轴,并且将止动螺丝旋紧,否则扭摆不能正常工作。

(4)在称衡金属细杆和球的质量时,必须将其支架取下,否则将会带来较大误差。

【预习思考题】

如何测量扭摆弹簧的扭转系数?

实验 5　气垫导轨类实验

【仪器介绍】

气垫导轨是一种阻力极小的力学实验装置。它利用气源将压缩空气打入导轨型腔,再由导轨表面上的小孔喷出气流,在导轨与滑行器之间形成很薄的气膜,滑行器就浮在气垫层上,与轨面脱离接触,因而能在轨面上做近似无阻力的直线运动,极大地减小了以往在力学实验中由于摩擦力引起的误差,使实验结果接近理论值。结合打点计时器、光电门、闪光照相等,气垫导轨可以测定多种力学物理量,从而实现对力学定律的验证,研究物体的加速度和弹簧振子的运动规律等。

气垫导轨实验装置由导轨、滑块和光电测量系统组成。

1. 导轨

导轨(图 4-1-11)的主体是一根长约 1.5 m 的截面为三角形的金属空腔管,在空腔管的侧面钻有两排等间距并错开排列的喷气小孔。空腔管一端密封,另一端装有进气嘴与气泵相连。气泵将压缩空气送入空腔管后,再由小孔高速喷出。在导轨上安放滑块,在导

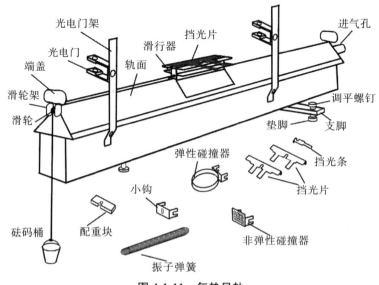

图 4-1-11　气垫导轨

轨下装有调节水平用的底脚螺丝和用于测量光电门位置的标尺。整个导轨通过一系列直立的螺杆安装在口字形铸铝梁上。

2. 滑块

滑块是由长 0.100～0.300 m 的铁或角铝做成的。其角度经过校准，内表面经过细磨，与导轨的两个上表面很好吻合。当导轨的喷气小孔喷气时，在滑块和导轨这两个相对运动的物体之间，形成一层厚 0.05～0.20 mm 流动的空气薄膜——气垫。由于空气的黏滞阻力几乎可以忽略不计，这层薄膜就成为极好的润滑剂，这时虽然还存在气垫对滑块的黏滞阻力和周围空气对滑块的阻力，但这些阻力和通常的接触摩擦力相比，是微不足道的，它消除了导轨对运动物体（滑块）的直接摩擦，因此滑块可以在导轨上作近似无摩擦的直线运动。滑块中部的上方水平安装着挡光片，与光电门和计时器相配合，测量滑块经过光电门的时间或速度。滑块上还可以安装配重块（即金属片，用以改变滑块的质量）、接合器及弹簧片等附件，用于完成不同的实验。滑块必须保持其纵向及横向的对称性，使其质心位于导轨的中心线且越低越好，至少不宜高于碰撞点。

3. 光电测量系统

光电测量系统由光电门和光电计时器组成，其结构和测量原理如图 4-1-12 所示。当滑块从光电门旁经过时，安装在其上方的挡光片穿过光电门，从光电门发射器发出的红外光被挡光片遮住而无法照到接

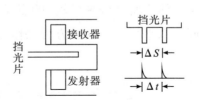

图 4-1-12 光电测量系统

收器上，此时接收器产生一个脉冲信号。在滑块经过光电门的整个过程中，挡光片两次遮光，则接收器共产生两个脉冲信号，计时器测出这两个脉冲信号之间的时间间隔 Δt。它的作用与停表相似：第一次挡光相当于开启停表（开始计时），第二次挡光相当于关闭停表（停止计时）。这种计时方式比手动停表所产生的系统误差要小得多，光电计时器显示的精度也比停表高得多。如果预先确定了挡光片的宽度，即挡光片两翼的间距 ΔS，则可求得滑块经过光电门的速度 $V = \Delta S/\Delta t$。本实验中 $d = 1.00$ cm。

光电计时器是以单片机为核心,配有相应的控制程序,具有计时1、计时2、碰撞、加速度、计数等多种功能。"功能键"兼具"功能选择"和"复位"两种功能:当光电门没遮过光,按此键选择新的功能;当光电门遮过光,按此键则清除当前的数据(复位)。转换键则可以在计时1和计时2之间交替翻查24个时间记录。

【仪器调节】

一、导轨的调平

横向调平是借助于水平仪调节横向两个底角螺丝来完成;纵向调平有静态调节和动态调节两种方法。

1. 粗调(静态调节法)

打开气泵给导轨通气,将滑块放在导轨上,观察滑块向哪一端移动,就说明哪一端低。调节导轨底脚螺丝直至滑块保持不动或者稍有滑动但无一定的方向性为止。原则上,应把滑块放在导轨上几个不同的地方进行调节。如果发现把滑块放在导轨上某点的两侧时,滑块都向该点滑动(如图 4-1-13),则表明导轨本身不直,并在该点处下凹(这属于导轨的固有缺欠,本实验条件无法继续调整)。对于具体实验,"调平导轨"的意义是指将光电门 A、B 所在两点,调到同一水平线上。这种方法只作为导轨的初步调平。

图 4-1-13 导轨的粗调

2. 细调(动态调节法)

轻拨滑块使其在导轨上滑行,测出滑块通过两光电门的时间 Δt_1 和 Δt_2。Δt_1 和 Δt_2 相差较大则说明导轨不水平。由于空气阻力的存在,即使导轨完全水平,滑块也是在做减速运动,即 $\Delta t_1 < \Delta t_2$。所以,不必使二者相等,二者差值在 5% 以内时,则可认为导轨已经处于水平。

一般导轨上滑块的 b 值在 $(2 \sim 5) \times 10^{-3}$ kg/s 之间,设 $b = 4 \times 10^{-3}$ kg/s 光电门 A、B 间的距离为 0.5 m,滑块质量 200 g 则 $\Delta V =$ 1 cm/s。

二、检查并调节光电计时器

分别将光电门 1、2 的导线插入计时器的 P_1、P_2 插口,打开电源开关,按功能键,使 S 指示灯亮。让滑块经过光电门 1,仪器应显示滑块经过距离 ΔS 所需要的时间 Δt,滑块再次经过光电门 1 时显示值变化,说明仪器显示工作正常。同样检查光电门 2 是否工作正常。然后按功能键,清除已存数据,再次按功能键开始功能转换,选相应的功能挡,准备正式测量。

【气垫导轨使用注意事项】

(1) 气孔不喷气时,不得将滑块放在导轨上,更不得将滑块在导轨上来回滑动。

(2) 不宜频繁开关气泵。

(3) 每次实验前,都要把导轨调到水平状态,包括纵向和横向水平。

(4) 导轨表面不允许有尘土污垢,使用前需用干净棉花蘸酒精将导轨表面和滑块内表面擦净。

(5) 接通气源后,须待导轨空腔内气压稳定、喷气流量均匀之后,再开始做实验。

(6) 导轨与滑块配合很严密,导轨表面和滑块内表面有良好的直线度、平面度和光洁度。所以,导轨表面和滑块内表面要防止磕碰、划伤和压弯。

(7) 组装滑块系统时,应该把滑块取下,装配完成后再放到导轨上。

(8) 在气垫导轨上做实验时,配合使用的附件很多,要注意将附件放在专用盒里,不要弄乱。轻质滑轮、挡光片以及一些塑料零件,要防止压弯、变形、折断。

(9) 不做实验时,导轨上不准放滑块和其他东西。

分实验 1:倾斜气垫导轨上滑块运动的研究

【实验目的】

(1) 熟悉并掌握气垫导轨和测速仪的使用。

(2) 用倾斜气垫导轨(简称气轨)测定阻尼系数 b 和重力加速度 g。

(3) 分析和修正实验中的部分系统误差分量。

【实验原理】

1. 测量滑块速度 V

$$V = \frac{\Delta S}{\Delta t} \tag{1}$$

其中，ΔS：挡光片宽度；Δt：挡光时间即挡光片完全通过光电门的时间。

2. 测量加速度 a

$$a = \frac{V_B - V_A}{t_{ab}} \text{ 或 } a = \frac{\Delta S^2}{2S}\left(\frac{1}{\Delta t_B^2} - \frac{1}{\Delta t_A^2}\right) = \frac{V_B^2 - V_A^2}{2S} \tag{2}$$

其中，a：滑块从光电门 A 到光电门 B 之间的平均加速度；V_A、V_B：分别为滑块通过光电门 A 和 B 时的速度；t_{AB}：滑块从光电门 A 到光电门 B 这段路程所花的时间；S：从光电门 A 到光电门 B 之间的距离。

3. 求黏性阻尼系数 b 和重力加速度 g

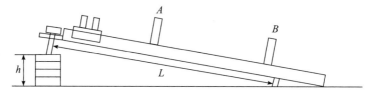

图 4-1-14　测量重力加速度装置

如图 4-1-14，将气轨一端垫高 h，测出两支点间的距离为 L，则有

$$\sin\theta = \frac{h}{L} \tag{3}$$

黏滞阻力 $F = bV$，重力在斜面上的分力为 $mg\sin\theta$。当滑块从 $A \to B$ 运动时，根据动量定理，有

$$m\mathrm{d}V = [mg\sin\theta - bV]\mathrm{d}t \tag{4}$$

对上式积分，有

$$\int_{V_A}^{V_B} m\,\mathrm{d}V = \int_0^{AB} [mg\sin\theta - bV]\mathrm{d}t \tag{5}$$

$$m(V_B - V_A) = t_{AB}\,mg\sin\theta - \int_0^S b\,\mathrm{d}S \tag{6}$$

$$m\frac{V_B - V_A}{t_{AB}} = mg\sin\theta - b\frac{S}{t_{AB}} \tag{7}$$

式(2)、(3)代入上式,则有

$$ma = mg\frac{h}{L} - b\frac{S}{t_{AB}} \text{ 或者 } \frac{La}{h} = g - b\frac{SL}{mht_{AB}} \tag{8}$$

由式(8)可知,变量 a 和 t_{AB} 之间存在线性关系,只需测量得到两组不同的 (a,V),就可计算出常量重力加速度 g 和黏性阻尼系数 b。

为了计算方便,令 $y = \frac{La}{h}$, $x = \frac{SL}{mht_{AB}}$,则式(8)化为

$$y = g - bx \tag{9}$$

由上式,g 和 b 为线性函数 $y = g - bx$ 中的参数,可以分别通过图解法、分组求差法和最小二乘法等得到。

【实验仪器】

气轨、滑块、光电门、测速仪、游标卡尺、垫块。

【实验内容】

(1)准备好滑块并测量其质量 m,分别测量垫片高 h 和导轨两支点间的距离 L。

(2)插上电源,打开气泵和测速仪,并检查气泵、测速仪和光电门是否正常。如果存在问题,应立即报告老师,待老师处理正常后方可进行下一步的实验。

(3)适当调节两光电门的位置,并且测量两者之间的距离 S。对导轨进行水平粗调,然后进行细调,使导轨处于水平位置。

(4)通过定高垫块,将导轨一端垫高到 h,此时倾斜角 $\sin\theta = h/L$。

(5)推动滑块从 $A \to B$ 运动,记录此时的滑块速度加速度 a 以及滑块从 $A \to B$ 运动所经过的时间 t_{AB}。改变滑块速度,一共测量 8 组不同的数据 (a, t_{AB})。

(6)实验完毕,先把滑块从导轨上拿下来,然后关闭气泵和测速仪,接着把仪器摆放整齐。

(7)处理数据,分别计算出阻尼系数 b 和重力加速度 g 的实验

值,分析和评价实验结果,找出影响实验误差的因素。

【思考题】

(1)如果导轨未调平,对实验结果会有何影响?

(2)光电门之间的距离 S 的大小不同对实验误差有何影响?

(3)挡光片的宽度对实验结果有影响吗?

(4)写出阻尼系数 b 和重力加速度 g 的不确定度的计算公式,指出其中的影响因素,改进实验,减小误差。

分实验 2:验证牛顿第二定律

牛顿(Isaac Newton,1643—1727,英国物理学家、数学家和天文学家)是 17 世纪最伟大的科学巨匠。在物理学上,牛顿基于伽利略、开普勒(Johannes Kepler,约翰内斯·开普勒)等人的工作,建立了三条运动基本定律和万有引力定律,并建立了经典力学的理论体系。在光学方面,牛顿发现白色日光由不同颜色的光构成,并制成"牛顿色盘";关于光的本性,牛顿创立了光的"微粒说"。

牛顿运动定律是在观察和实验的基础上归纳总结出来的,已被公认为宏观自然规律。本实验通过观察、测量及计算,得到物体的加速度与其质量及所受外力的关系,进而验证牛顿第二定律。实验中采用气垫导轨和光电计时系统,使牛顿第二定律的定量研究获得较理想的结果。

【实验目的】

(1)学习气垫导轨和光电计时器的调整方法。

(2)验证牛顿第二定律。

(3)学习在低摩擦情况下研究力学问题的方法。

【实验原理】

按照牛顿第二定律,对于一定质量 m 的物体,其所受的合外力 F 和物体所获得的加速度 a 之间存在如下关系:

$$F = ma \tag{1}$$

此实验就是测量在不同的外力 F 作用下,运动系统的加速度 a,检验两者之间是否符合上述关系。

实验系统如图 4-1-15 所示,水平放置的质量为 m_2 的滑块和质量为 m_1 的砝码用一轻质细线通过半径为 r 的定滑轮与之相连,忽略滑块与气轨之间、滑轮与轴承之间的摩擦力以及细线的质量,且细线与滑轮之间无滑动。

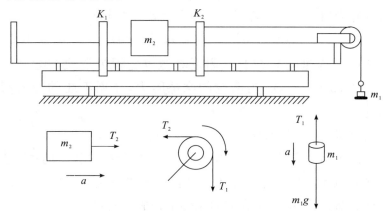

图 4-1-15　验证牛顿第二定律实验系统

设滑轮 C 与滑块 m_2 之间绳的张力为 T_2,滑轮 C 与砝码之间绳的张力为 T_1,滑块 m_2 的加速度为 a,滑轮的转动惯量为 I,角加速度为 β。

综上有:
$$(T_1 - T_2)R = I\beta, m_1 g - T_1 = m_1 a, T_2 = m_2 a, \beta = ra \quad (2)$$

因此,由以上各式,可得
$$m_1 g = \left(m_1 + m_2 + \frac{I}{r^2}\right)a \quad (3)$$

可以看出,在此方法中运动系统的总质量 M,应是滑块质量 m_1、全部砝码质量(包括砝码盘)m_2 以及滑轮转动惯量的折合质量 $\frac{I}{r^2}$(I 为滑轮转动惯量,r 为滑轮的半径)之和,即
$$M = m_1 + m_2 + \frac{I}{r^2} \quad (4)$$

其中 $\frac{I}{r^2}$ 可由实验室预先求出标在仪器说明书上。另外在实验中

应将未挂在线上的砝码放在滑块上,保持运动系统质量一定。

若不考虑滑轮的转动惯量 I,则有
$$M = m_1 + m_2 \tag{5}$$

此时系统受到的合外力为
$$F = m_1 g \text{ 或者 } F = Ma \tag{6}$$

如果考虑滑块与导轨之间的黏性阻力以及滑轮的摩擦阻力,则此时合外力(将滑块、滑轮和砝码作为运动系统)为
$$F = m_1 g - b\overline{V} - m_1(g-a)c \tag{7}$$

式中平均速度 $\overline{V}$ 与黏性阻尼系数 b 之积为滑块与导轨间的黏性阻力,$m_1(g-a)c$ 为滑轮的摩擦阻力,作用于线的等效阻力系数为 c。

用测量的 F 和 a 验证式(1)时,应检验:

如果 F 和 a 间存在 $F=\beta a$ 的线性关系,斜率 β 和运动系统质量 M 在测量误差范围内是否相等? 只有对上述检验得出肯定答复时,才可认为对式(1)的关系在实验条件下是成立的。

【实验仪器】

气垫导轨、滑块、光电门、测速仪、砝码、砝码盘、配重块、小钩、细线、滑轮。

【实验内容】

(1)用纱布沾少许酒精擦拭轨面(在供气时)和滑块内表面,用薄纸片小条检查气孔是否堵塞。

(2)检查计时系统。

(3)调平气垫导轨。

(4)将小钩用固定螺钉装在滑轮的端面上,然后,把系有砝码盘的细线跨过滑轮与滑块上的小钩相连。

(5)保持总质量 M 不变,验证加速度与外力 F 成正比。

选定要使用砝码的数量,即选定总质量 M。通过在砝码盘上放置不同数量的砝码可以获得不同的作用力 F(即作用力 $F=m_1 g$,取重力加速度 $g=9.8 \text{ m/s}^2$)时的加速度 a,并计算 $\beta=F/a$。

(6)保持作用力 $F=m_1g$ 不变(砝码盘上的砝码质量不变),通过添加不同数量的配重块来改变总质量 M,同时测出相应的加速度 a,并计算 $F=Ma$。

(7)实验完毕,先把滑块从导轨上拿下来,然后关闭气泵和测速仪,接着把仪器摆放整齐。

(8)处理数据,分别比较 M 和 β,F 和 a,作图 $F-a$ 和 $1/M-a$,分析实验结果。

【思考题】

(1)作用力的大小与实验误差有什么关系?

(2)用平均速度代替瞬时速度,对本实验结果有何影响?

(3)如果把本实验改成用来测量重力加速度,则需注意什么?写出其不确定度的计算公式,分析其影响因素。

分实验 3:碰撞实验

动量守恒定律是自然界的一个普遍规律。它揭示了通过物体间的相互作用,机械运动发生转移的规律。本实验在近似无摩擦的气垫导轨上研究两个运动滑行器的一维对心碰撞,分析不同种类的碰撞前后动量和动能的变化情况,从而验证动量守恒定律。

【实验目的】

(1)学习气垫导轨和光电计时器的调整方法。

(2)验证动量守恒定律。

(3)了解完全弹性碰撞和完全非弹性碰撞的特点。

【实验原理】

如果系统不受外力或所受外力的矢量和为零,则系统的总动量保持不变,这一结论称为动量守恒定律。

本实验研究两个滑块在水平气垫导轨上沿直线发生碰撞的情况,若忽略滑块与导轨之间的摩擦力以及空气阻力,则滑块 1 与滑块 2 之间除在碰撞时受到相互作用的内力之外,水平方向上的合外力为零,则在水平方向(x)上系统的动量守恒。

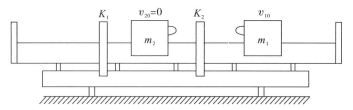

图 4-1-16 碰撞实验

设两个滑块的质量分别为 m_1 和 m_2,它们碰撞前的速度为 V_{10} 和 V_{20},碰撞后的速度为 V_1 和 V_2,则按动量守恒定律有:

$$m_1 V_{10} + m_2 V_{20} = m_1 V_1 + m_2 V_2 \qquad (1)$$

式(1)中,各速度的正负号取决于速度的方向与所选的坐标 x 的方向是否一致,相同取正,相反则取负。

下面分弹性碰撞和完全非弹性碰撞两种情况进行讨论。

1. 完全弹性碰撞

两个物体相互碰撞,在碰撞前后物体的动能没有损失,这种碰撞称为完全弹性碰撞,用公式表示为:

$$\frac{1}{2} m_1 V_{10}^2 + \frac{1}{2} m_2 V_{20}^2 = \frac{1}{2} m_1 V_1^2 + \frac{1}{2} m_2 V_2^2$$

$$V_1 = \frac{(m_1 - m_2)V_{10} + 2m_2 V_{20}}{m_1 + m_2}, V_2 = \frac{(m_2 - m_1)V_{20} + 2m_1 V_{10}}{m_1 + m_2} \qquad (2)$$

(1)若两个滑块质量相等,即 $m_1 = m_2$,且 $V_{20} = 0$,由公式(1)和(2),得到 $V_1 = 0, V_2 = V_{10}$,即两个滑块交换速度。

(2)若两个滑块的质量不相等,即 $m_1 \neq m_2$,仍令 $V_{20} = 0$,由公式(1)得:$m_1 V_{10} = m_1 V_1 + m_2 V_2$。

2. 完全非弹性碰撞

如果两个滑块碰撞后不再分开,以同一速度运动,我们把这种碰撞称为完全非弹性碰撞,其特点是碰撞前后系统动量守恒,但动能不守恒。为了实现完全非弹性碰撞,在两滑块相碰端安装非弹性碰撞器,则两滑块相碰时将通过非弹性碰撞器粘在一起。

在这种碰撞中,由于 $V_1 = V_2 = V$,由公式(1)可得

$$m_1 V_{10} + m_2 V_{20} = (m_1 + m_2) V$$

$$V = \frac{m_1 V_{10} + m_2 V_{20}}{m_1 + m_2} \qquad (3)$$

若 $V_{20}=0$,且 $m_1=m_2$,则有 $V=V_{10}/2$。

【实验仪器】

气垫导轨、滑块、尼龙胶带、挡光片、光电计时器、砝码等。

【实验内容】

1. 完全弹性碰撞下验证动量守恒定律

(1)实验前,将气垫导轨通气,打开电脑计时器的开关,使其处于正常工作状态。

(2)调节气垫导轨水平。检验是否水平的方法,即检查滑块是否在气垫导轨上任一位置都能静止不动或在某一位置来回振荡。如是,则气垫导轨是水平的。否则,可调整底座螺钉,使气垫导轨达到水平。

(3)在质量相等($m_1=m_2$)的两滑块上,分别装上挡光片及弹性碰撞器,同时记下两滑块及附件的质量。

(4)将一滑块(例如 m_2)置于两个光电门中间,并令它静止($V_{20}=0$)将另一滑块 m_1 放在气垫的另一端,将它推向 m_2,记下滑块 m_1 通过光电门 K_1 的速度 V_{10}。两滑块相碰撞后,滑块 m_1($V_1=0$)静止,而滑块 m_2 向前运动,记下滑块 m_2 通过光电门 K_2 的速度 V_2。

(5)在滑块 m_1 上加上配重块,使 $m_1 \neq m_2$,同样将 m_2 置于两个光电门中间,并令它静止($V_{20}=0$)。将它推向 m_2,记下滑块 m_1 碰撞前通过光电门 K_1 的速度 V_{10}。两滑块相碰撞后,分别记录滑块 m_1 和 m_2 通过光电门 K_2 的速度 V_1 和 V_2。将所测数据代入式(1),验证弹性碰撞前后的动量是否守恒。

2. 完全非弹性碰撞下验证动量守恒定律

(1)重复完全弹性碰撞下的实验步骤(1)、(2)。

(2)在质量 m_1、m_2 的两滑块上,分别装上挡光片及非弹性碰撞器,记下两滑块及其附件的质量。

(3)将滑块 m_2 以较慢的速度 V_{20} 通过光电门 K_1,然后使滑块 m_1 以较快的速度 V_{10} 通过光电门 K_1,然后与滑块 m_2 相碰撞,碰撞后两滑块黏在一起以共同的速度 V 向前运动,分别记下 m_2、m_1、m_1+m_2

记录下通过相应光电门的速度。

(4)将所测数据填入(1),验证完全非弹性碰撞前后动量是否守恒(分 $m_1=m_2$ 和 $m_1\neq m_2$ 两种情况验证)。(**注意**:实验考虑的是两滑块同向碰撞时的情况,相对碰撞的情况同学们自己考虑。)

3. 数据处理

根据测得的时间、经计算得到速度和动量,代入相应公式验证动量是否守恒。要求有计算过程。

【注意事项】

(1)滑块振动的影响。由非对心碰撞引入的,为此要调整碰撞点,改用较软的弹片;推动滑块不当引入的,要在滑块后侧,平行轨的棱脊去推动。

(2)外力作用的影响。导轨弯曲引入的外力,气垫层的黏性阻力。减小外力的作用,首先要使碰撞点尽量接近光电门;其次是测量外力引起的加速度,用以对速度进行补正。

【思考题】

(1)本实验中,怎样才能使误差更小些?

(2)实验中如果导轨未调平,对验证动量守恒定律有何影响?

(3)如果碰撞后测得的动量总是小于碰撞前测得的动量,说明什么问题?能否出现碰撞后测量的动量大于碰撞前测得的动量呢?

实验 6　弦振动的研究

【实验目的】

(1)观察弦振动时产生的驻波。

(2)用两种方法测量弦线上横波的传播速度,比较两种方法测量的结果。

(3)验证弦振动的波长与张力的关系。

【实验原理】

设一均匀线,一端由劈尖 A 支撑,另一端由劈尖 B 支撑。对均匀弦线扰动，引起弦线上质点的振动，于是波动就由 A 端朝 B 端方向传播，称为入射波，再由 B 端反射沿弦线朝 A 端传播，称为反射波。入射波与反射波在同一条弦线上沿相反方向传播时将互相干涉，移动劈尖 B 到适当位置。弦线上的波就形成驻波。这时，弦线上的波就被分成几段且每段波两端的点始终静止不动，而中间的点振幅最大。这些始终静止的点就称为波节，振幅最大的点就称为波腹。驻波的形成如图 4-1-17 所示。

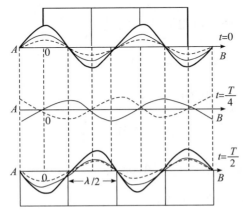

图 4-1-17　驻波的形成

设图 4-1-17 中的两列波是沿 X 轴相反方向传播的振幅相等、频率相同的简谐波。向右传播的用细实线表示，向左传播的用细虚线表示，它们的合成驻波用粗实线表示。由图 4-1-17 可见，两个波腹间的距离都是等于半个波长，这可从波动方程推导出来。

下面用简谐表达式对驻波进行定量描述。设沿 X 轴正方向传播的波为入射波，沿 x 轴负方向传播的波为反射波，取它们振动位相始终相同的点作坐标原点，且在 $x=0$ 处，振动质点向上达最大位移时开始计时，则它们的波动方程为：

$$Y_1 = A\cos 2\pi\left(ft - \frac{x}{\lambda}\right)$$

$$Y_2 = A\cos 2\pi\left(ft + \frac{x}{\lambda}\right) \tag{1}$$

式(1)中，A 为简谐振动的振幅，f 为频率，λ 为波长，x 为弦线上质点的位置坐标。

两波叠加后的合成波为驻波，其方程为：

$$Y_1 + Y_2 = 2A\cos\frac{2\pi x}{\lambda}\cos 2\pi ft \tag{2}$$

由此可见,入射波与反射波合成后,弦上各点都在以同一频率作简谐振动,它们的振幅为 $\left|2A\cos\frac{2\pi x}{\lambda}\right|$,即驻波的振幅与时间 t 无关,只与质点的位置有关。

由于波节处振幅为零,即 $\left|2A\cos\frac{2\pi x}{\lambda}\right|=0$,则有 $\frac{2\pi x}{\lambda}=(2k+1)\frac{\pi}{2}(k=0,1,2,3,\cdots)$,可得波节的位置为:

$$x = (2k+1)\frac{\lambda}{4} \tag{3}$$

而相邻波节之间的距离为:

$$x_{k+1} - x_k = \frac{\lambda}{2} \tag{4}$$

又因为波腹处振幅最大,即 $\left|2A\cos\frac{2\pi x}{\lambda}\right|=1$,则有 $\frac{2\pi x}{\lambda}=k\pi(k=0,1,2,3,\cdots)$,可得波腹的位置为:

$$x = k\frac{\lambda}{2} \tag{5}$$

由上式可知,相邻波腹间的距离也是半个波长。因此,在驻波实验中,只要测得相邻两波节或相邻两波腹之间的距离,就能确定该波的波长。

在实验中,由于固定弦的两端是由劈尖支撑的,故两端点成为波节,所以,只有当弦线的两个固定端之间的距离 L(弦长)等于半波长的整数倍时,才能形成驻波,这就是均匀弦振动产生驻波的条件,其数学表达式为:

$$L = n\frac{\lambda}{2},(n=1,2,3,\cdots) \tag{6}$$

由此可得沿弦线的传播的横波波长为:

$$\lambda = \frac{2L}{n} \tag{7}$$

式(7)中 n 为弦线上驻波的段数,即半波数。

根据波动理论,弦线中横波的传播速度为:

$$V = \sqrt{T/\rho} \tag{8}$$

式中，T 为弦线中的张力，ρ 为弦线的线密度。

根据波速、频率及波长的普遍关系式 $V=f\lambda$，将式(7)代入可得：

$$V = 2Lf/n \tag{9}$$

再由式(8)、(9)可得

$$f = \frac{n}{2L}\sqrt{T/\rho}(n=1,2,3,\cdots) \tag{10}$$

由式(10)可知，当给定 T、ρ、L，频率 f 只有满足该式关系才能在弦线上形成驻波。同理，当用外力(例如通过金属弦线上的交变电流在磁场中受到交变安培力的作用)去驱动弦振动时，外力的频率必须与这些频率一致，才会促使弦振动的传播形成驻波。

【实验仪器】

固定均匀弦振动实验仪。

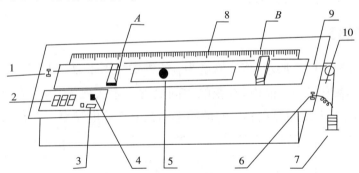

1、6. 接线柱；2. 频率显示；3. 电源开关；4. 频率调节旋钮；5. 磁钢；7. 砝码(大 10 g，小 5 g，挂钩 5 g)；8. 米尺；9. 弦线(铜丝)；10. 滑轮及托架；A、B. 两劈尖

图 4-1-18　均匀弦振动实验仪

【实验内容】

测定弦的线密度。

选取一个固定的频率 f，张力 T 由砝码的质量可以求得，调节 AB 之间的距离，使弦上依次出现一段、两段及三段驻波波腹，并记录 AB 间距离 L，由式(10)算出 ρ，求 ρ 的平均值。

在频率一定的条件下，改变张力的大小，测量弦线上横波的传

播速度 V_f。

在张力 T 一定的条件下,改变频率 f 使弦上出现 $n=1, n=2$ 个驻波波腹。记录相应的 f, n, L,由式(9)计算出弦上的横波速度的测量值 V_T。

根据式(8)在其他参数已知的条件下测弦振动的频率 f。

【注意事项】

(1)改变挂在弦线一端的砝码后,要使砝码稳定后再测量。

(2)在移动劈尖调整驻波时,磁铁应在两劈尖之间,且不能处于波节位置,要等波形稳定后,再记录数据。

(3)在实验操作过程中,要特别注意弦线,不要使弦线的张力超过其限度,否则容易造成弦线拉断。

(4)在实验过程中,发现问题要立即报告教师处理,不要私自拆装仪器,以免造成仪器损坏。

【思考题】

如图 4-1-19 所示,将线密度为 ρ 的细铜线用张力为 F_T 拉紧,其上通以频率为 f 的交流电,在弦的中间放置一永久磁铁,说明在什么条件下,弦上出现明显振动?它的频率和弦上交流电频率 f 有何关系?

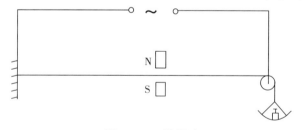

图 4-1-19 弦振动

【练习讨论题】

(1)若在弦的两端如果所加简谐波交流信号的频率 f 是可变的,将频率从很低慢慢增加到较高时,弦上的振动将会如何变化?

(2)增大弦的张力时,如细铜线的线密度 ρ 有变化,对实验有何影响?能否在实验中检查 ρ 的变化?

附:实验数据记录表

$f=$ _____ H_z

n \ 次数 \ L		L_1(cm)	L_2(cm)	$L=|L_1-L_2|$(cm)
$n-1$	1			
	2			
	3			
$n-2$	1			
	2			
	3			

实验 7 声速的测定

声音是由于声源的振动而产生的,它通过周围弹性媒质的振动向外传播从而形成声波(纵波)。频率低于 20 Hz 的声波称为次声波;频率在 0.02～20 kHz 的声波可以被人听到,称为可闻声波;频率在 20 kHz 以上的声波称为超声波。

超声波在媒质中的传播速度与媒质的特性及状态因素有关。因而通过媒质中声速的测定,可以了解媒质的特性或状态变化。例如测量氯气(气体)、蔗糖(溶液)的浓度、氯丁橡胶乳液的比重以及输油管中不同油品的分界面,等等,这些问题都可以通过测定这些物质中的声速来解决。可见,声速测定在工业生产上具有一定的实用意义,同时,通过液体中声速的测量,了解水下声呐技术应用的基本概念。

【实验目的】

(1)了解压电转换器的功能,加深对驻波及振动合成等理论知识的理解。

(2)学习用共振干涉法、相位比较法和时差法测出超声波的传播速度。

(3)通过用时差法对多种介质的测量,了解声呐技术的原理及意义。

【实验原理】

在波动过程中波速 v,波长 λ 和频率 f 之间存在着下列关系: $v=\lambda f$,实验中可以通过测定声波的波长 λ 和频率 f 来求声速 v,常用的方法有共振干涉法与相位比较法。声波的传播距离 l 与传播的时间 t 存在着下列关系: $l=vt$,只要测出传播距离 l 与传播的时间 t,就可测出传播的速度 v, $v=l/t$,这就是时差法测量声速的原理。

1. 共振干涉法

当两束幅度相同,方向相反的声波相交时,产生干涉现象,出现驻波。他们的波动方程为: $F_1=A\cos(\omega t-2\pi x/\lambda)$, $F_2=A\cos(d\omega t+2\pi x/\lambda)$ 叠加后合成波为: $F=2A\cos(2\pi x/\lambda)\cos\omega t$。压电陶瓷换能器 S_1 作为声波发射器,它由信号源供给频率为数千赫兹的交流电信号,由逆压电效应发出一平面超声波;而换能器 S_2 则作为声波的接收器,正压电效应将接收到的声压转换成电信号,该信号输入示波器,我们可以看到一组由声压信号产生的正弦波形。声源 S_1 发出声波,经介质传播到 S_2,在接收信号的同时反射部分声波信号,如接收面 S_2 和发射面 S_1 严格平行,入射波即在接收面上垂直反射,入射波与反射波相干涉形成驻波。我们在示波器上观察到的实际上是这两个相干波合成后在声波接收器 S_2 处的振动情况。移动 S_2 的位置(即改变 S_1S_2 之间的距离),从示波器上会观察到 S_2 在某些位置时有最大值和最小值。根据波的干涉原理可以知道:任何两相邻的振幅最大值的位置之间(或两相邻的振幅最小值的位置之间)距离均为半波长 $\lambda/2$。为测量声波波长,可以在一边观察示波器上声压振幅值的同时,缓慢改变 S_1S_2 之间的距离。示波器上就可以看到声压振幅振动幅度不断地由最大到最小再变到最大,两相邻振幅最大值之间 S_2 移动过的距离就为 $\lambda/2$。超声换能器 S_1S_2 之间距离的改变可以通过转动螺杆的鼓轮来实现,而超声波的频率又可由声波测试仪信号源的频率显示窗口直接读出。

2. 相位比较法

声源 S_1 发出声波后,在其周围形成声场。声场在介质中的任一点振动相位随时间变化,但与声源的相位差 $\Delta\varphi$ 不随时间变化。

设声源方程为：$F_1 = F_{01}\cos\omega t$；

距声源 x 处 S_2 接收到的振动为 $F_2 = F_{02}\cos\omega\left(t - \dfrac{x}{y}\right)$；

两处振动的相位差 $\Delta\varphi = \omega\dfrac{x}{y}$；

当把 $S_1 S_2$ 信号输入示波器 X 轴 Y 轴，当 $x = n\lambda$ 时，即 $\Delta\varphi = 2\pi n$ 观察到的是斜率为正的直线，当 $x = (2n+1)\lambda/2$ 即 $\Delta\varphi = (2n+1)\pi$ 时，观察到的是斜率为负的直线，其他情况为椭圆。测出两次直线的距离即为半波长，计算方法同上。

3. 时差法测量原理

以上两种方法测声速，都是用示波器观察波谷和波峰，或是观察两个波间的相位差，原理虽正确，但存在读数误差，较精确测量声速的方法是用时差法，它在工程中得广泛的应用。

波传播的速度 $v =$ 波传播距离 $l/$ 波传播的时间 t

【实验仪器】

SV4 型声速测定组合仪及 SV4 声速测定专用信号源，双踪示波器。

【实验内容】

*1. 声速测定系统的连接

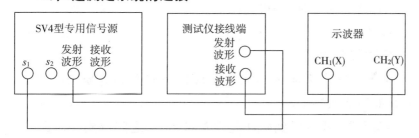

图 4-1-20　干涉法、相位法测量连接图

2. 谐振频率的调节

根据要求初步调节好示波器，将专用信号源输出的正弦信号频率调节到换能器的谐振频率，以使换能器发出较强的超声波，能较好的进行声能—电能的转换。

（1）将专用信号源的"发射"波形端接到示波器，观察同步正弦信号。

(2)调节信号源的"发射强度"使输出 $v_{pp}=20$ mV,然后把换能器的接收信号接入示波器,调整信号频率(30～40 kHz)观察接收波电压幅度变化,记下幅度最大时的频率 f_i。

(3)改变 S_1S_2 距离,使示波器观察到的振幅最大时再次调节正弦波频率,直至振幅最大,记下频率,共测量 5 次,取平均值,即为压电换能器 S_1S_2 相匹配的频率点。

3. 测波长

(1)共振干涉法(驻波法)。

将测试方法到连续方式。按前面实验内容 2 的方法,确定最佳工作频率。观察示波器,找到接收波形的最大值,记录幅度为最大值时的距离,由数显尺上直接读出;记下 S_2 的位置 x_0,然后向同方向转动距离调节鼓轮,这时波形的幅度会发生变化,逐步记下振幅最大的 $x_1,x_2,\cdots,x_{10}$,共 10 个点,单次测量的波长 $\lambda_i=2|x_i-x_{i-1}|$。用逐差法处理 10 个数据,即可得到波长 λ。

(2)相位比较法(李萨如图法)。

同上,选择好 f 后,打开 $X-Y$ 方式,调出李萨如波形,转动调节鼓轮,改变 S_1S_2,记下波形为一定角度的斜线时 S_2 的位置 x_0,同向转动距离调节鼓轮,依次记下示波器屏上斜率正负变化的直线出现的位置,$x_1,x_2,x_3,x_4\cdots,x_{10}$ 共 10 个点,单次测量的波长 $\lambda_i=2|x_i-x_{i-1}|$,用逐差法处理,即得波长 λ。

(3)时差法。

①空气介质:

测量空气快速时,将专用信号源上"声速传播介质"置于"空气"位置,储液槽保持干燥。

将测试方式设置到脉冲波方式将 S_1S_2 之间调到一定距离($\geqslant$ 50 mm)调节接收增益,使示波器波形幅度为 300～400 mV(峰一峰值),以使计时器工作在最佳状态。记下此时的距离和显示的时间 l_{i-1},t_{i-1}(时间由声速测试仪信号源工作时间显示窗口直接读出),移动 S_2,记下此时的距离和显示的时间 l_i,t_i。

则 $V=(l_i-l_{i-1})/(t_i-t_{i-1})$

需要说明的是,移动换能器使测量距离变大时,(这时时间也变大)如测量时间值出现跳变,则应顺时针方向微调"接收放大"旋钮,以补偿信号的衰减;反之测量距离变小时,如测量时间值出现跳变,则应逆时针方向微调"接收放大"旋钮。

②液体介质:

当使用液体为介质测试声速时,先仔细将金属测试架从储液槽中取出,再向储液槽中注入液体,直至液面线处,但不要超过液面线,(**注意**:在注入液体时,不能将液体淋在数显表头上。)然后将金属测试架装回到储液槽中。

专用信号源上"声速传播介质"置于"液体"位置,换能器的连接线接到测试架相应的专用插座上,即可进行测试,步骤与(1)同。

记下介质温度。

实验完成后,应将液体从储液槽中倒出,注意也需将金属测试架从储液槽是取出。

测量液体的声速时,由于在液体中声波的衰减较小,因而存在较大的声波叠加,并且在相同频率的情况下,其波长 λ 要比空气中大得多,用驻波法和相位法测量时会带来一定的误差。

【数据记录与处理】

(1)自拟表格记录所有的实验数据,表格的设计要便于用逐差法求相应位置的差值和计算 λ。

(2)以空气介质为例,计算出共振干涉法和相位法测得的波长平均值 $\bar{\lambda}$。以其标准偏差 S_A,同时考虑仪器的示值读数误差。经计算可得波长的测量结果 $\lambda = \bar{\lambda} \pm \overline{M\lambda}$。

(3)计算出通过以上两种方法测量出的声速 V 及 V 的不确定度。

(4)列表记录用时差法测量的实验数据。分别以空气和其他液体为介质测量,最后可以用逐差法处理数据,求出声速 V 及 V 的不确定度,并与前两种方法测的结果进行比较。

【思考题】

(1)声速测量中共振干涉、相位法、时差法有何异同?

(2)本实验为什么要在谐振条件下进行声速测量?如何调节和

判断测量系统是否处于谐振状态?

(3)要在示波器上看到李萨如图形,应如何调节?

(4)为什么发射换能器的发射面与接收换能器的接收面要保持互相平行?

(5)空气和液体中的声波传播有何特点?声速与其传播介质有什么关系?

实验 8 测定液体的黏度系数

各种实际液体具有不同程度的黏滞性。当液体流动时,平行于流动方向的各层流体速度都不相同,即存在着相对滑动,于是在两相邻液层之间就有摩擦力产生,这一摩擦力称为黏滞力。它的方向平行于接触面,其大小与速度梯度及接触面积成正比,比例系数 η 称为黏度系数(也称为黏滞系数)。它是表征液体黏滞性强弱的重要参数,液体的黏滞性的测量是非常重要的。例如,现代医学发现,许多心血管疾病都与血液黏度的变化有关,血液黏度的增大会使流入人体器官和组织的血流量减少,血液流速减缓。使人体处于供血和供氧不足的状态,可能引发多种心脑血管疾病和其他许多身体不适症状,因此,测量血黏度的大小是检查人体血液健康的重要标志之一。又如,石油在封闭管道中长距离输送时,其输运特性与黏滞性密切相关,因而在设计管道前须测量被输石油的黏度。

测定液体的黏度系数的方法有:落球法、扭摆法、转筒法和毛细管法等。前三种是利用液体对固体的摩擦阻力来确定黏度系数,最后一种方法是通过测定某段时间内通过毛细管的液体体积来确定黏度系数的。

图 4-1-21 VM-1 落球法黏度系数测定仪

本实验采用落球法,也叫作 Stokes 法,是最基本的一种测量方法,可以测量黏度系数较大的液体。

【实验目的】

(1)学习和掌握用激光和光敏接收器结合单片计时仪测定液体的黏度系数。

(2)学习用落球法测定液体的黏度系数。

(3)学习直接测量量标准偏差及不确定度的计算方法。

(4)学习间接测量量不确定度的计算。

【实验原理】

实验证明,黏滞力 f 的大小与所取液层的面积 S 和液层间的速度空间变化率 $\frac{du}{dx}$(常称为速度梯度)的乘积成正比。即

$$f = S\eta \frac{du}{dx} \tag{1}$$

式中,比例系数 η 称为液体的黏度系数,它决定于液体的性质和温度,对于液体来说,黏滞性随温度的增加而减小,气体则相反。

根据斯托克斯定律,光滑的小球在无限广延的液体中运动时,当液体的黏滞性较大,小球的半径很小,且在运动中不产生旋涡,那么小球所受到的黏滞阻力 f 为

$$f = -6\pi \eta u r \tag{2}$$

式中,r 是小球的半径,u 是小球的速度,η 为液体的黏度系数。

本实验采用落球法测量液体的黏度系数。如图 4-1-21 所示,若在装有液体的圆柱形玻璃筒内,让小球在液体中下落时,小球受到三个力的作用,即重力 mg、浮力 $\rho_0 gV$、黏滞阻力 f,且三个力都在竖直方向。在小球刚刚进入液体时运动速度较小,相应的阻力也小,重力大于黏滞阻力和浮力,所以小球作加速运动。随着小球的速度越来越大,阻力越来越大,加速度也越来越小,当小球速度达到某一值且受合外力为零时,趋于匀速运动,此时的速度称为收尾速度,记为 u_0。此时有

$$mg = f + F_浮 = 6\pi r \eta u_0 + \rho_0 gV \tag{3}$$

式(3)中,$m = \rho Vg$ 为小球的质量,ρ 为小球的密度,$V = \frac{4}{3}\pi r^3$ 为

小球的体积，ρ_0 为液体的密度。

由式(3)，可得液体的黏度系数为

$$\eta = \frac{2(\rho - \rho_0)gr^2}{9u_0} \qquad (4)$$

实际上，式(4)只适用于小球在无限广延液体中运动的情况。而在本实验中，小球是在半径为 R 的装有液体的圆柱形筒内运动，如果只考虑筒壁和底面积对小球运动的影响，则式(2)应修正为：

$$f = 6\pi\eta u_0 r\left(1 + 2.4\frac{r}{R}\right)\left(1 + 3.3\frac{r}{h}\right) \qquad (5)$$

代入式(3)得液体的黏滞系数：

$$\begin{aligned}\eta &= \frac{2(\rho - \rho_0)gr^2}{9u_0\left(1 + 2.4\dfrac{r}{R}\right)\left(1 + 3.3\dfrac{r}{h}\right)} \\ &= \frac{(\rho - \rho_0)gd^2}{18u_0\left(1 + 2.4\dfrac{d}{D}\right)\left(1 + 1.6\dfrac{d}{h}\right)}\end{aligned} \qquad (6)$$

式(6)中，d 为小球直径，D 为玻璃筒内筒的内径，h 为液柱的高度。可见要测定 η，在 ρ 和 ρ_0 已知的情况下，只需测出小球的直径 d，圆筒内筒内径 D 和小球匀速的速度 u_0 即可。

【仪器介绍】

1. 外形示意图和计时器面板示意图

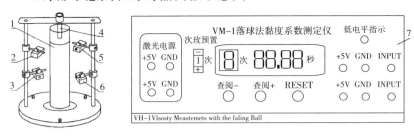

1.盛液筒；2,3.激光发射盒；4.落球套管；5,6.激光接收盒；7.VM-1 黏度系数测定仪

图 4-1-22　外形示意图和计时器面板示意图

2. 工作原理

光敏三极管和运算放大器组成光电传感器部件，将光信号转化为电信号，经运算放大器比较后输出高电平或低电平，该输出的高

电平转换信号作为接入计时器的输入来启动计时仪开始或终止计时。自准直中心定位俯视图见图 4-1-23。

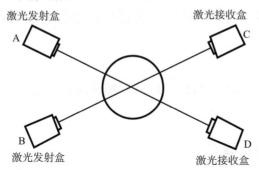

图 4-1-23　外形示意图和计时器面板示意图

【仪器调节方法】

1. 调节底盘水平

调节底盘上的三个旋钮,使重锤尖对准底盘的中心圆点。

2. 调节激光发射盒

(1)连接激光发射盒的红线和黑线到测定仪左侧的+5 V 和 GND 的接线柱上。调节上激光发射盒的位置,使其与液面有适当的距离,以保证小球达到匀速运动状态。

(2)调节激光发射盒在支架上的位置和角度,使激光束水平对准重锤线。撤去重锤线。

3. 调节激光接收盒

(1)连接激光接收盒的红线和黑线到测定仪右侧的+5 V 和 GND 的接线柱上(暂不接黄色信号线到 INPUT 接线柱)。

(2)调节接收盒,并使接收盒的指示灯不亮。

4. 调节盛液量筒位置

缓慢移动或转动量筒的位置和角度,使激光束穿过量筒后仍然被接收盒接收到,此时指示灯不亮。

5. 连接接收盒

连接接收盒黄线到 INPUT 端,此时低电平指示灯应不亮。

6. 预测小球下落时间

设定计时次数为"1"次,安放落球导管,下落小球,观察其下落过程中能否启动计时器计时功能。

7. 正式测量

按下测定仪的 RESET 键,将计时器复零,进行正式测量。

【实验仪器】

ZKY-PID 温控实验仪、蓖麻油、螺旋测微器、游标卡尺、钢尺、钢球($\Phi=1.00$ mm)、秒表、温度计、镊子、磁铁。

【实验内容与步骤】

(1)打开温控实验仪,设定实验参数,启控,对待测液体升温。

(2)用螺旋测微器测量小钢球的直径 d,选不同方位测量五次并记录。

(3)用游标卡尺测量玻璃筒内径 D,选不同方位测量五次并记录。

(4)由玻璃筒外筒的刻度选取小球下降的距离 l。

(5)液体稳定在设定温度时,用镊子将小球从玻璃筒上端轴线处放入,并用秒表记下小钢球在筒中下降 l 所经历的时间 t。

(6)用磁铁将小球吸出,擦干净,再次测量小球下降同一高度 l 的时间,共测量五次并记录,则 $u_0=\dfrac{l}{t}$。

(7)实验前和实验后各测量一次液体温度,以平均值作为实验时的液体温度 T。

(8)测定量筒内液体深度 h,单次测量。

(9)计算液体黏度 η,求出不确定度,写出实验结果。

【数据记录及处理】

表 4-1-1 测定液体的黏滞系数数据记录

$l=$____cm;$h=$____cm;实验前液体温度 $T_1=$____;实验后液体温度 $T_2=$____。

测量次数	1	2	3	4	5	平均值
d						
D						
t						

【注意事项】

(1) 待测液体应加注至玻璃筒内较高的位置,以保证小球在圆筒中做匀速运动。

(2) 小球要于玻璃筒轴线位置放入。

(3) 放入小球及测量其下落时间时,眼与手要配合一致。

(4) 玻璃筒内的液体应无气泡,小球表面应光滑无油污。

(5) 测量过程中液体的温度应保持不变,实验测量过程持续的时间间隔应尽可能短。

(6) 为保证小钢球干净,不要用手拿而要用镊子。

(7) 油的黏度系数随温度变化显著,所以在实验中尽量不要用手握住量筒,更不要对着量筒哈气。

【思考题】

(1) 测量小球匀速下落的速度时,测量时间的起始点是否可以设在液面位置?为什么?

(2) 本实验若换用较小半径的钢球或密度更大的小球,它们下落的最终平衡速度会如何变化?

(3) 实验中引起测量误差的主要因素是哪些?根据实际情况分析,与实验结果对比,由此得出实验可能得到的结果是几位有效数字?

【附录】

1. 开放式 PID 温控实验仪

温控实验仪包含水箱,水泵,加热器,控制及显示电路等部分。

本温控试验仪内置微处理器,带有液晶显示屏,具有操作菜单化,能根据实验对象选择 PID 参数以达到最佳控制,能显示温控过程的温度变化曲线和功率变化曲线及温度和功率的实时值,能存储温度及功率变化曲线,控制精度高等特点,仪器面板如图 4-1-24 所示。

开机后,水泵开始运转,显示屏显示操作菜单,可选择工作方式,输入序号及室温,设定温度及 PID 参数。使用◀▶键选择项目,

▲▼键设置参数,按确认键进入下一屏,按返回键返回上一屏。

进入测量界面后,屏幕上方的数据栏从左至右依次显示序号、设定温度、初始温度、当前温度、当前功率、调节时间等参数。图形区以横坐标代表时间,纵坐标代表温度(功率),并可用▲▼键改变温度坐标值。仪器每隔 15 s 采集 1 次温度及加热功率值,并将采得的数据标示在图上。温度达到设定值并保持两分钟温度波动小于 0.1 ℃,仪器自动判定达到平衡,并在图形区右边显示过渡时间 t_s、动态偏差 σ、静态偏差 e。一次实验完成退出时,仪器自动将屏幕按设定的序号存储(共可存储 10 幅),以供必要时分析比较。

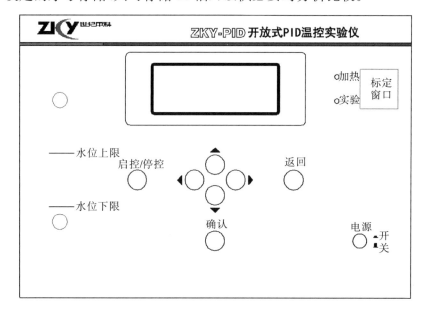

图 4-1-24　实验仪面板图

2. 使用步骤

(1) 检查仪器前面的水位管,将水箱水加至水位上限处。

加水前,须确认放水孔开关处于关闭状态。平常加水从仪器顶部的注水孔注入。若水箱排空后第 1 次加水,应该用软管从出水孔将水经水泵加入水箱,以便排出水泵内的空气,避免水泵空转(无循环水流出)或发出嗡鸣声。

注意事项:

①PID 温控实验仪安装时,根据机壳背板示意图正确连接;②建

议使用软水,否则请在每次实验完成后,将水完全排出,避免产生水垢;③通电前,应保证水位指示在水位上限;若水位指示低于水位下限,严禁开启电源,必须先加水至水位上限;④为保证使用安全,三芯电源线须可靠接地。

(2)设定 PID 参数。

若对 PID 调节原理及方法感兴趣,可在不同的升温区段有意改变 PID 参数组合,观察参数改变对调节过程的影响。

若只是把温控仪作为实验工具使用,则可按以下的经验方法设定 PID 参数:

$K_P = 3(\Delta T)^{1/2}, T_I = 30, T_D = 1/99$。

ΔT 为设定温度与室温之差。参数设置好后,用启控/停控键开始或停止温度调节。

实验 9 表面张力系数的测定

【实验目的】

(1)学习 FD-NST-I 型液体表面张力系数测定仪的使用方法。

(2)用拉脱法测定室温下液体的表面张力系数。

【实验原理】

液体分子之间存在相互作用力,称为分子力。液体内部每一个分子周围都被同类的其他分子包围,它所受到的周围分子的作用,合力为零。而液体的表面层(其厚度等于分子的作用半径,约 10^{-8} cm)内的分子所处的环境跟液体内部的分子缺少了一半和它吸引的分子。由于液体上的气相层的分子数很少,表面层内每一个分子受到向上引力比向下的引力小,合力不为零,出现一个指向液体内部的吸引力,所以液面具有收缩的趋势。这种液体表面的张力作用,被称为表面张力。

表面张力 f 是存在于液体表面上任何一条分界线两侧间的液体的相互作用拉力,其方向沿液体表面,且恒与分界线垂直,大小与分界线的长度成正比,即

$$f = \alpha L \tag{1}$$

式中 α 称为液体的表面张力系数,单位为 $N \cdot m^{-1}$,在数值上等于单位长度上的表面张力。试验证明,表面张力系数的大小与液体的温度、纯度、种类和它上方的气体成分有关。温度越高,液体中所含杂质越多,则表面张力系数越小。

将内径为 D_1,外径为 D_2 的金属环悬挂在测力计上,然后把它浸入盛水的玻璃器皿中。当缓慢地向上拉金属环时,金属环就会拉起一个与液体相连的水柱。由于表面张力的作用,测力计的拉力逐渐达到最大值 F(超过此值,水柱即破裂),则 F 应当是金属环重力 G 与水柱拉引金属环的表面张力 f 之和,即

$$F = G + f \tag{2}$$

由于水柱有两个液面,且两液面的直径与金属环的内外径相同,则有

$$f = \alpha \pi (D_1 + D_2) \tag{3}$$

则表面张力系数为

$$\alpha = \frac{f}{\pi(D_1 + D_2)} \tag{4}$$

表面张力系数的值一般很小,测量微小力必须用特殊的仪器。本实验用 FD-NST-I 型液体表面张力系数测定仪进行测量。FD-NST-I 型液体表面张力系数测定仪用到的测力计是硅压阻力敏传感器,该传感器灵敏度高,线性和稳定性好,以数字式电压表输出显示。

若力敏传感器拉力为 F 时,数字式电压表的示数为 U,则有

$$F = \frac{U}{B} \tag{5}$$

式(5)中,B 表示力敏传感器的灵敏度,单位 V/N。

吊环拉断液柱的前一瞬间,吊环受到的拉力为 $F_1 = G + f$;拉断时瞬间,吊环受到的拉力为 $F_2 = G$。

若吊环拉断液柱的前一瞬间数字电压表的读数值为 U_1,拉断时瞬间数字电压表的读数值为 U_2,则有

$$f = F_1 - F_2 = \frac{U_1 - U_2}{B} \tag{6}$$

故表面张力系数为

$$\alpha = \frac{f}{\pi(D_1+D_2)} = \frac{U_1-U_2}{\pi(D_1+D_2)B} \tag{7}$$

【实验仪器】

FD-NST-I 型液体表面张力系数测定仪、片码、铝合金吊环、吊盘、玻璃器皿、镊子。

【实验内容与步骤】

(1) 开机预热 15 min。

(2) 清洗玻璃器皿和吊环。

(3) 调节支架的底脚螺丝，使玻璃器皿保持水平。

(4) 测定力敏传感器的灵敏度。

①预热 15 min 以后，在力敏传感器上吊上吊盘，并对电压表清零；②将 7 个质量均为 0.5 g 的片码依次放入吊盘中，分别记下电压表的读数 $U_0 \sim U_7$；再依次从吊盘中取走片码，记下读数 $U_7 \sim U_0$。将数据填入表 1 中。

(5) 测定水的表面张力系数。

①将盛水的玻璃器皿放在平台上，并将洁净的吊环挂在力敏传感器的小钩上，并对电压表清零；②逆时针旋转升降台大螺帽使玻璃器皿中液面上升，当环下沿部分均浸入液体中时，改为顺时针转动该螺帽，这时液面往下降（或者说吊环相对往上升）。观察环浸入液体中及从液体中拉起时的物理现象。记录吊环拉断液柱的前一瞬间数字电压表的读数值 U_1，拉断时瞬间数字电压表的读数值 U_2。重复测量 5 次。

【注意事项】

(1) 吊环应严格处理干净。可用 NaOH 溶液洗净油污或杂质后，用清洁水冲洗干净，并用热吹风烘干。

(2) 必须使吊环保持竖直，以免测量结果引入较大误差。

(3) 实验之前，仪器须开机预热 15 min。

(4) 在旋转升降台时，尽量不要使液体产生波动。

(5)实验室不宜风力较大,以免吊环摆动致使零点波动,所测系数不准确。

(6)若液体为纯净水,在使用过程中防止灰尘和油污以及其他杂质污染。特别注意手指不要接触被测液体。

(7)玻璃器皿放在平台上,调节平台时应小心、轻缓,防止打破玻璃器皿。

(8)调节升降台拉起水柱时动作必须轻缓,应注意液膜必须充分地被拉伸开,不能使其过早地破裂,实验过程中不要使平台摇动而导致测量失败或测量不准。

(9)使用力敏传感器时用力不大于 0.098 N,过大的拉力传感器容易损坏。

(10)实验结束后须将吊环用清洁纸擦干并包好,放入干燥缸内。

【数据记录及处理】

表 4-1-2 力敏传感器的灵敏度 B 的测定

次数 i	砝码质量 m_i(g)	增重时读数 U_i(mV)	减重时读数 U_i'(mV)	平均值 $\overline{U_i}$(mV)
0	0.000			
1	0.500			
2	1.000			
3	1.500			
4	2.000			
5	2.500			
6	3.000			
7	3.500			

逐差法求 $\overline{\Delta U} = \dfrac{1}{4}\sum\limits_{i=0}^{3}|\overline{U_{i+4}} - \overline{U_i}| = $ _____,

则 $B = \dfrac{\overline{\Delta U}}{mg} = $ _____

表 4-1-3 水的表面张力系数的测定

金属环外径 $D_1=$ _____ cm,内径 $D_2=$ _____ cm,水的温度:$\theta=$ _____ τ。

测量次数	U_1(mV)	U_2(mV)	ΔU(mV)	$f(\times 10^{-3}$N)	$\alpha(\times 10^{-3}$N/m)
1					
2					
3					
4					
5					

【思考题】

(1)实验前,为什么要清洁吊环?

(2)为什么吊环拉起的水柱的表面张力为 $f=\alpha\pi(D_1+D_2)$?

(3)当吊环下沿部分均浸入液体中后,旋转大螺帽使得液面往下降,数字电压表的示数如何变化?

附:水的表面张力系数的标准值:

$A/N\cdot m^{-1}$	0.07422	0.07322	0.07275	0.07197	0.07118
水的温度 t/℃	10	15	20	25	30

4.2 热学实验

实验 1 热效应实验

温差电是一种差电现象,即导体中发生的热能和电能间的可逆转换现象。

1821 年,德国物理学家塞贝克(Sebek)发现不同金属的接触点被加热时,会产生电流,这个现象被称之为塞贝克效应,引起电流产生的电动势称温差电动势,这就是热电偶的基础。这样组成的回路称为温差电偶或热电偶。反过来,当电流流过上述闭合回路时,接点处将分别放出或吸收热量。这种现象称为珀尔帖效应。

现在,使用 PN 结实现塞贝效应,不同半导体器件的布局如图 4-2-1 所示。假设半导体器件左边的温度比右边的温度高。在器件左边的接点附近产生的空穴漂移穿过接点进入 P 区,而电子则漂移穿过接点进入 N 区;在器件右边的冷端,发生相同的过程,但是与热端比较,空穴与电子的漂移速度较慢,所以 N 区从热端(左边)流向冷端(右边),即电流从冷端(右边)流向热端(左边)。

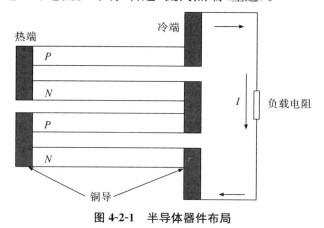

图 4-2-1　半导体器件布局

【实验目的】

(1)了解半导体材料的热电效应原理和应用。

(2)学会测量热机实际效率的方法。

【实验原理】

1. 热机效率

热机利用热池和冷池之间的温差做功。通常假设热池和冷池的尺寸足够大以至于从池中吸收了多少热或者为池提供热量保持池的温度不变。热效应实验仪是利用加热电阻为热端提供热量和向冷端加冰吸取热量来保持热端、冷端的温度。

可以利用图 4-2-2 表示热机工作原理。根据能量守恒(热力学第一定律)得到,

$$Q_H = W + Q_C \tag{1}$$

式中 Q_H 和 Q_C 分别表示进入热机的热量和排入冷池的热量,W 表示热机做的功。热机的效率定义为

$$\eta = \frac{W}{Q_H} \tag{2}$$

如果所有的热量全部都转化为有用功,那么热机的效率等于1,因此热机效率总是小于1。

在实验中,习惯利用功率而不是能量来计算效率,对方程(1)求导得到

$$P_H = P_W + P_C \tag{3}$$

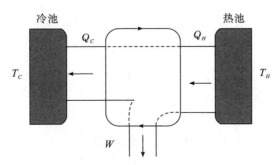

图 4-2-2 热机工作原理

式(3)中,$P_H = \mathrm{d}Q_H/\mathrm{d}t$ 和 $P_C = \mathrm{d}Q_C/\mathrm{d}t$ 分别表示单位时间进入热机的热量和排入冷池的热量,$P_W = \mathrm{d}W/\mathrm{d}t$ 表示单位时间做的功。热机效率可以写成,

$$\eta = \frac{P_W}{P_H} \tag{4}$$

研究表明热机的最大效率仅与热机工作的热池温度和冷池温度有关,而与热机的类型无关,卡诺效应可以表示如下:

$$\eta_{Carnot} = \frac{T_H - T_C}{T_H} \tag{5}$$

式(5)中,温度单位是 K(开尔文温度)。式(5)表明只有当冷池温度为绝对零度时热机的最大效率为100%;对于给定温度,假设由于摩擦、热传导、热辐射和器件内阻焦耳加热等引起的能量损失可以省略不计时,热机做功效率最大,即卡诺效率。

2. 珀尔帖元件内阻

假设热效应实验仪运行时负载电阻为 R,等效电路如图 4-2-3,根据电路回路定律得到

$$V_S - Ir - IR = 0 \tag{6}$$

式(6)中,I 为流过负载电阻的电流,在热机模式实验中测量的

量是负载电压降 V_w，电流 $I=\dfrac{V_w}{R}$。

如果没有负载，这时没有电流流过帕尔帖元件内阻，即在内阻上的电压降为零，测量电压刚好为 V_S 于是得到

$$V_S-\left(\dfrac{V_w}{R}\right)r-V_w=0 \tag{7}$$

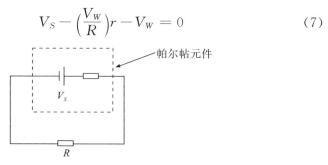

图 4-2-3　等效电路

由式(7)得到帕尔帖元件内阻 $r=\dfrac{V_S-V_w}{V_w}R$。此外，可利用 2 个不同的负载电阻，通过测量负载电阻的电压，求联立方程得到内阻。

【实验仪器】

热效应实验装置，循环泵，水浴桶，电压表，连接线，温度计。

【实验内容】

1. 热机效率的测量

(1) 连接好水循环的管子，并接好循环泵的电源，这时你能听到水泵的工作声音和水的流动声音。

(2) 连接 2.0 Ω 负载电阻并在负载电阻上并联一个电压表(注意负载电阻可以任意选择)。

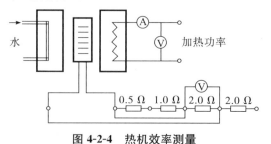

图 4-2-4　热机效率测量

(3) 将"切换"开关切换到"热机"。

(4) "把温度选择"放在"1",开通装置电源开关,使系统达到平衡,热端和冷端的温度保持平衡,这时加热电压和加热电流基本保持稳定,需要时间 5~10 min。

(5) 测量热端和冷端的温度,冷端的温度可以从温度计读出,热端的温度可以从装置中直接读出。

(6) 在数据表格中分别记录加热电压和加热电流,负载电阻上的电压。

(7) "温度选择"依次放在"2""3""4""5"各挡位,待系统分别保持稳定,依次记录加热电压、加热电流和负载电阻上的电压。**注意**:温度选择"1""2""3""4""5"设定温度分别为 30.0 ℃、40.0 ℃、50.0 ℃、60.0 ℃、70.0 ℃。如有差异,通过调节"温度微调"使显示的温度偏离值≤±0.1 ℃。

(8) 把测量的数据记录在下表中。

加热挡位	冷端 T_C (K)	热端 T_H (K)	热端 V_H (V)	热端 I_H (A)	热端 P_H (W)	负载 V_w (V)	负载 P_w (W)	实际效率 (%)	卡诺效率 (%)
1									
2									
3									
4									
5									

2. 帕尔帖元件内阻的测量

(1) 接好水循环的管子,并接通循环泵的电源,这时能听到水泵的工作声音和水的流动声。

(2) 连接 2.0 Ω 的负载电阻,并在负载电阻上并联一个电压表。

(3) 将"切换"开关切换到"热机"。

(4) 把温度选择放在"4"(设定温度约为 60.0 ℃),开通装置电源开关,使系统达到平衡,热端和冷端的温度保持恒定。

(5) 测定热端和冷端的温度,冷端的温度可以用温度计测量水浴温度,热端温度可以从装置中直接读出。

(6)记录加热电压和加热电流及负载电阻上的电压。

开路模式：

(7)切断连接负载电阻上的导线，并把电压表直接接在帕尔帖的输出端上。此时，热端的加热电压和加热电流所做的功用于热传导和热辐射。

(8)当热端温度与热机模式中设定的温度相同时（如有差异请调节"温度微调"），因为相同的温差，热泵做的功也相同。同时，热传导在有负载和没有负载时的传导热量是相同的。

(9)记录加热电压和加热电流及电压表上的读数。

	低温端	高温端			有负载	无负载
	T_C(K)	T_H(K)	V_H(V)	I_H(A)	V_w(V)	V_s(V)
有负载						—
无负载					—	

【注意事项】

(1)要等温度稳定了才能测量。

(2)有负载、无负载热端温度要完全一致。

【思考题】

(1)随着热端和冷端温差减少，最大效率是增大还是减少？

(2)不同负载对热机实际效率有何影响？

实验 2　用稳态法测量不良导体的导热系数

导热系数是表征物质热传导性质的物理量。材料结构的变化与所含杂质的不同对材料导热系数都有明显的影响，因此材料的导热系数常常需要由实验去具体测定。测量导热系数的实验方法一般分为稳态法和动态法两类。在稳态法中，先利用热源对样品加热，样品内部的温差使热量从高温向低温处传导，样品内部各点的温度将随加热快慢和传热快慢的影响而变动；当适当控制实验条件和实验参数使加热和传热的过程达到平衡状态，则待测样品内部可能形成稳定的温度分布,根据这一温度分布就可计算出导热系数。而在动态法中,最终在样品内部所形成的温度分布是随时间变化的,如呈现周期性的变化,变化的周期和幅度亦受实验条件和加热快慢的影响,且与导热系数大小有关。本实验将利用稳态法测量不良导体的导热系数。

【实验目的】

(1)利用稳态法测量不良导体的导热系数及金属良导体的导热系数。

(2)利用物体的散热速率求传热速率。

【实验原理】

(1)傅立叶热传导方程,正确地反映了材料内部的热传导的基本规律。该方程式指出:在物体内部,垂直于热传导方向彼此相距 h,温度分别是 θ_1 和 θ_2($\theta_1 > \theta_2$)的两个平行平面之间,当平面的面积为 S 时,时间 δt 通过该两面的热量 δQ 满足关系:

$$\frac{\delta Q}{\delta t} = \lambda S \frac{\theta_1 - \theta_2}{h} \tag{1}$$

即热流量 $\delta Q/\delta t$(单位时间传过的热量)与导热系数 λ(又称热导率),传热面积 S,距离 h 与温度 $\theta_1 - \theta_2$ 有关。而 λ 的物理意义为相距单位长度的两个平面间的温度相差一个单位时,每秒通过单位面积的热量,其单位是 $W \cdot m^{-1} \cdot K^{-1}$。不良导体的导热系数一般较小,例如,矿渣棉为 0.058,石棉板为 0.12,松木为 0.15~0.35,混凝土板为 0.87,红砖为 0.19,大理石为 2.7,橡胶为 0.22,等等。良导体的导热系数通常比较大,为不良导体的 $10^2 \sim 10^3$ 倍,例如铜为 4.0×10^2。以上各量的单位是 $W \cdot m^{-1} \cdot K^{-1}$。

(2)本实验仪器如图 4-2-5 所示。在支架 D 上先放上圆铜盘 P,在 P 的上面放上待测样品 B(圆盘形的不良导体),再把带发热器的圆铜盘 A 放在 B 上,发热器通电后,热量从 A 盘传到 B 盘,再传到 P 盘,由于 A、P 盘都是良导体,其温度即可以代表 B 盘上、下表面的温度 θ_1 和 θ_2,θ_1 和 θ_2 分别由插入 A、P 盘边缘小孔热电偶 E 来测量。热电偶的冷端则浸在杜瓦瓶中的冰水混合物中,通过双刀双掷开关 G,切换 A、P 盘中的热电偶与数字电压表 F 的连接回路。

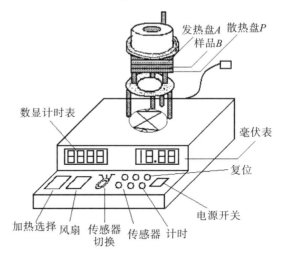

图 4-2-5 导热系数测定仪面板图

由式(1)可以知道,单位时间内通过待测样品 B 任一圆截面的热流量为:

$$\frac{\delta Q}{\delta t} = \lambda \frac{\theta_1 - \theta_2}{h_B} \pi R_B^2 \tag{2}$$

式(2)中,h_B 为样品厚度,R_B 为圆盘样品的半径。当传热达到稳定状态时,θ_1 和 θ_2 量值不变,即通过 B 盘上表面的热流量与铜盘 P 向周围环境散热的速率相等,因此可通过铜盘 P 在稳定温度 θ_2 时的散热速率来求出热流量 $\delta Q/\delta t$。通常在实验中读得稳定时的 θ_1 和 θ_2 后即可将 B 盘移去,而使 A 盘的底面直接与铜盘 P 接触。当铜盘 P 温度上升到高于稳定时的温度 θ_2 若干度后,再将圆盘 A 移去,使铜盘 P 自然冷却。观测其温度 θ 随时间 t 的变化,然后由此求出铜盘 P 在 θ_2 时的冷却速率 $\frac{\delta \theta}{\delta t}\bigg|_{\theta=\theta_2}$,而 $mc\frac{\delta \theta}{\delta t}\bigg|_{\theta=\theta_2} = \frac{\delta Q}{\delta t}$($m$ 为铜盘 P 的质量,c 为铜材的比热容)就是铜盘 P 在 θ_2 时的散热速率。在实际使用时,铜盘 P 的上表面并未暴露在空气中,而物体的冷却速率与它的散热面积成正比,为此,稳态时黄铜盘 P 的散热速率的表达式应作面积修正:

$$\frac{\delta Q}{\delta t} = mc \frac{\pi R_p^2 + 2\pi R_p h_p}{2\pi R_p^2 + 2\pi R_p h_p} \tag{3}$$

将式(3)代入式(2)即得

$$\lambda = mc \frac{\delta\theta}{\delta t} \cdot \frac{R_p + 2h_p}{2R_p + 2h} \cdot \frac{h_B}{\theta_1 - \theta_2} \cdot \frac{1}{\pi R_B^2} \qquad (4)$$

【实验仪器】

TC-2/A 型导热系数测定仪,杜瓦瓶,游标卡尺等。

TC-2/A 型导热系数测定仪采用低于 36 V 的隔离电压作为加热电源,安全可靠。整个加热圆筒可上下升降和左右转动,发热圆盘和散热圆盘的侧面各有一小孔,为放置热电偶之用。散热盘 P 放在可以调节的三个螺旋头上,可使待测样品盘的上下两个表面与发热圆盘和散热圆盘紧密接触。散热盘 P 下方有一个轴流式风扇,用来快速散热。两个热电偶的冷端分别插在放有冰水的杜瓦瓶中的玻璃管中。两个热电偶的热端分别插入发热圆盘和散热圆盘的侧面小孔内。冷、热端插入时,涂少量的硅脂,热电偶的两个接线端分别插在仪器面板上的相应插座内。利用面板上的开关可方便地直接测出两个温差电动势,温差电动势采用量程为 20 mV 的数字式电压表测量,再根据附录的铜—康铜分度表转换成对应的温度值。

导热系数测定仪具有数字式计时装置,用数字计时表代替秒表手工计时,能提高计时的精度,从而提高导热系数的测量精度。仪器的外形如图 4-2-5 所示。

数显计时表采用单片机计时,计时范围:$0 \sim 9999$ s,分辨率为 1 s。当实验需要计时时,按下"计时"按钮,开始计时;需要停止计时时,则再按一次"计时"按钮,停止计时。按下"复位"按钮,则计时表复位,显示"0000"。

【实验内容】

1. 不良导体导热系数的测量

(1)实验时,先将待测样品(例如硅橡胶圆盘 B)放在加热盘 A 和散热盘 P 之间,调节散热盘 P 下方的三颗螺丝,使得硅橡胶圆盘 B 与加热盘 A 和散热盘 P 紧密接触,必要时涂上导热硅胶以保证接触良好。

(2)在杜瓦瓶中放入冰水混合物,将热电偶的冷端(黑色)插入杜瓦瓶中。将热电偶的热端(红色)分别插入加热盘 A 和散热盘 P 侧面的小孔中,并分别将其插入加热盘 A 和散热盘 P 的热电偶接线连接到仪器面板的传感器Ⅰ、Ⅱ上。

(3)接通电源,将加热开关置于高挡,开始加热。当传感器Ⅰ的温度读数 θ_1 约为 4.2 mV 时,再将加热开关置于低挡,约 30 min,降低加热电压,以免温度过高。

(4)每隔 2 min 读一次温度的示值(实际上温差电动势的示值),待达到稳态时(θ_1 和 θ_2 的数值在 10 min 内的变化小于 0.03 mV),记下稳态时的 θ_1 和 θ_2。

(5)测量散热盘 P 在稳态值 θ_2 附近的散热速率($\delta Q/\delta t$)。移开加热盘 A,取下硅橡胶盘 B,并使加热盘 A 的底面与散热盘 P 直接接触,当散热盘 P 的温度上升到高于稳态 θ_2 的值约 0.4 mV(约 10 ℃)时,再将加热盘 A 移开,让散热盘 P 自然冷却,每隔 30 s(或自定)记录此时的 θ_2 值,根据测量值计算出散热速率 $\delta Q/\delta t$。

(6)用游标卡尺测量硅橡胶盘的直径和厚度,各 6 次。

(7)记录散热盘 P 的直径、厚度及质量。

2. 测量金属良导热体的导热系数

(1)先将两块树脂圆环套在金属圆筒两端,并在金属圆筒两端涂上导热硅胶,然后置于加热盘 A 散热盘 P 之间,调节散热盘 P 下方的三颗螺丝,使金属圆筒与加热盘 A 及散热盘 P 紧密接触。

(2)在杜瓦瓶中放入冰水混合物,将热电偶的冷端插入杜瓦瓶中,热端分别插入金属圆筒侧面上、下的小孔中,并分别将热电偶的接线连接到导热系数测定仪的传感器Ⅰ、Ⅱ上。

(3)接通电源,将加热开关置于高挡,当传感器Ⅰ的温度 θ_1 约为 3.5 mV 时,再将加热开关置于低挡,约 30 min。

(4)每隔 2 min 读一次温度的示值(实际上温差电动势的示值),待达到稳态时(θ_1 和 θ_2 的数值在 10 min 内的变化小于 0.03 mV),记下稳态时的 θ_1 和 θ_2。

(5)测量散热盘 P 在稳态值 θ_2 附近的散热速率 $\delta Q/\delta t$:移开加热盘 A,先将两测温热端取下,再将 θ_2 的测温热端插入散热盘 P 的侧面小孔,取下金属圆筒,并使加热盘 A 与散热盘 P 直接接触,当散热盘 P 的温度上升到高于稳态 θ_2 的值约 0.4 mV 时,再将加热盘 A 移开,让散热盘 P 自然冷却,每隔 30 s 记录此时的 θ_2 值,根据测量值计算出散热速率 $\delta Q/\delta t$。

(6)用游标卡尺测量金属圆筒的直径和厚度,各 6 次。

(7)记录散热盘 P 的直径、厚度、质量。

【数据处理与分析】

(1)硅橡胶材料的导热系数实验数据记录,表格自拟。(铜的比热 $c=0.091971$ cal·g^{-1}·℃$^{-1}$)。

(2)根据实验结果,计算出硅橡胶不良导热体的导热系数的最佳值(导热系数单位换算:1 cal·g^{-1}·℃$^{-1}$=418.68 W/m·K)。(硅橡胶的导热系数由于材料的特性不同,范围为 0.072~0.165 W/m·K,金属铝的导热系数为 285.25 W/m·K),检验数据结果是否正确。

【注意事项】

(1)放置热电偶的发热和散热圆盘侧面的小孔应与杜瓦瓶同一侧,避免热电偶线相互交叉。

(2)实验中,抽出被测样品时,应先旋松加热圆筒侧面的固定螺钉。样品取出后,小心将加热圆筒降下,使发热盘与散热盘接触,应防止高温烫伤。

【思考题】

(1)式(2)成立的条件是什么?

(2)实验时采用什么方法来测量不良导体的导热系数?

(3)实验开始初期 θ_1 和 θ_2 的上升速度哪一个快?它们各与哪些因素有关?

实验3 空气比热容比的测量

气体的比热容比 γ(又称绝热指数)是一个重要的热力学参量。测量 γ 的方法有多种,绝热膨胀测量是一种重要的方法。传统的比热容比实验大多是利用开口 U 型水银压力计或水压力计测量气体的压强,用水银温度计测量温度,测量结果较为粗略,实验误差大。本实验采用的是高精度、高灵敏度的硅压力传感器和电流型集成温度传感器分别测量气体的压强和温度,克服了原有实验的不足,实验时能更明显地观察分析热力学现象,实验结果较为准确。

【实验目的】

(1)用绝热膨胀法测定空气的比热容比 γ。
(2)观测热力学过程中状态的变化及基本物理规律。
(3)学习气体压力传感器和电流型集成温度传感器的原理及使用方法。

【实验原理】

气体由于受热过程不同,有不同的比热容。对应于气体受热的等容及等压过程,气体的比热容有定容比热容 C_V 和定压比热容 C_P。定容比热容是将 1 kg 气体在保持体积不变的情况下加热,当其温度升高 1 ℃时所需的热量;而定压比热容则是将 1 kg 气体在保持压强不变的情况下加热,当其温度升高 1 ℃时所需的热量。显然,后者由于要对外做功而大于前者,即 $C_P > C_V$。气体的比热容比 γ 定义为定压比热容 C_P 和定容比热容 C_V 之比为

$$\gamma = \frac{C_P}{C_V} \tag{1}$$

γ 是一个重要的物理量,经常出现在热力学方程中。

测量的实验装置如图 4-2-6 所示。以贮气瓶内空气作为研究的热力学系统,进行如下实验过程。

(1)首先打开放气活塞 2,贮气瓶与大气相通,再关闭放气活塞 2,瓶内充满与周围空气同温同压的气体。

(2)打开进气活塞 1,用充气球向瓶内打气,充入一定量的气体,

然后关闭进气活塞 1。此时瓶内空气被压缩,压强增大,温度升高。等待内部气体温度稳定,即达到与周围温度(室温)平衡,此时的气体处于状态 Ⅰ(p_1, V_1, T_0)。

(3)迅速打开放气活塞 2,使瓶内气体与大气相通,当瓶内气体压强降到 p_0 时,立即关闭放气活塞 2,将有体积为 ΔV 的气体喷泻出贮气瓶。由于放气过程较快,瓶内保留的气体来不及与外界进行热交换,可以认为是一个绝热膨胀的过程。在此过程后瓶中保留的气体由状态 Ⅰ(p_1, V_1, T_0)转变为状态 Ⅱ(p_0, V_2, T_1)。V_2 为贮气瓶体积,V_1 为保留在瓶中这部分气体在状态 Ⅰ(p_1, T_0)时的体积。

(4)由于瓶内气体温度 T_1 低于室温 T_0,所以瓶内气体将慢慢从外界吸热,直至达到室温 T_0 为止,此时瓶内气体压强也随之增大为 p_2,则稳定后的气体状态为 Ⅲ(p_2, V_2, T_0)。从状态 Ⅱ→状态 Ⅲ 的过程可以看作是一个等容吸热的过程。

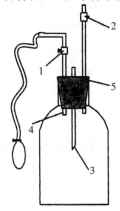
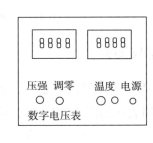

1.进气活塞;2.放气活塞;3. AD590;4.气体压力传感器;5.704 胶粘剂

图 4-2-6　实验装置简图

由状态 Ⅰ→状态 Ⅱ→状态 Ⅲ 的过程如图 4-2-7 所示。状态 Ⅰ→状态 Ⅱ 是绝热过程,由绝热过程方程得

$$p_1 V_1^\gamma = p_0 V_2^\gamma \tag{2}$$

状态 Ⅰ 和状态 Ⅲ 的温度均为 T_0,由气体状态方程得

$$p_1 V_1 = p_2 V_2 \tag{3}$$

合并式(2)和(3),可得

$$\gamma = \frac{\ln p_1 - \ln p_0}{\ln p_1 - \ln p_2} = \frac{\ln p_1/p_0}{\ln p_1/p_2} \tag{4}$$

由式(4)可以看出,只要测得 p_0、p_1、p_2 就可求出空气的比热容比 γ。

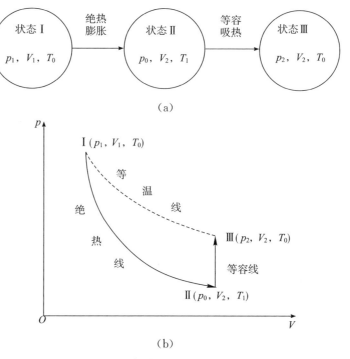

图 4-2-7　气体状态变化及 p-V 图

【实验仪器】

FD-TX-NCD 空气比热容比测定仪,直流稳压电源,电阻箱,数字万用表(公用),气压计(公用)等。

附:

1. AD590 集成温度传感器

AD590 是一种新型的电流输出型温度传感器,测温范围为 $-150 \sim -55\ ℃$。当施加 $+4 \sim +30\ V$ 的激励电压时,这种传感器起恒流源的作用,其输出电流与传感器所处的热力学温度 T(单位为 K)成正比,且转换系数为 $K_C = 1\ \mu A/K$(或 $1\ \mu A/℃$)。如用摄氏度 t_C 表示温度,则输出电流为

$$I = K_C t_C + 273.15\ \mu A \tag{5}$$

AD590 输出的电流 I 可以在远距离处通过一个适当阻值的电阻 R 转化为一个电压 U,由 $I = U/R$ 算出 AD590 输出的电流,从而算出温度值。

本实验中采样电阻取 5 kΩ,温度单位为 K,测量电路如图 4-2-8 所示,此电路的转换系数为 5 mV/K(或 mV/℃),接 0～2 V 量程四位半数字电压表,可检测到最小 0.02 ℃ 的温度变化。

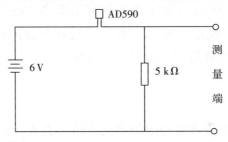

图 4-2-8　AD590 测温(K)电路

2. 扩散硅压阻式差压传感器

本实验使用差压传感器来测量玻璃瓶内气体的压强。如图 4-2-9所示,将差压传感器 C 端与瓶内被测气体相连,D 端与大气相通。给差压传感器提供一恒定的输入电压,当瓶内被测气体压强发生变化时,传感器的输出电压值相应产生变化。传感器输出电压和压强的变化呈线性关系:

$$U_i = U_0 + K_p(p_i - p_c) \tag{6}$$

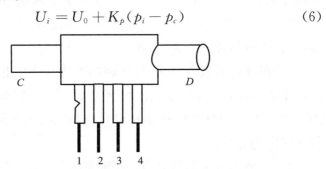

1. 电源输入(+);2. 信号输出(+);3. 电源输入(-);4. 信号输出(-)

图 4-2-9　差压传感器外形图

其中,$K_p = \dfrac{U_m - U_0}{p_c}$;$p_i$——被测气体压强;$p_c$——大气压强;$U_i$——$C$、$D$ 两端压差为 $p_i - p_c$ 时传感器的输出电压值;U_0——C、D 两端压差为零时传感器的输出电压值;U_m——C、D 两端压差为 p_c 时传感器的输出电压值。

由此可根据式(6)求出气体的压强为

$$p_i = p_c + \frac{U_i - U_0}{K_p} \tag{7}$$

本实验所用的硅压力传感器事先已经厂家标定,当被测气体压强为 $p_0 + 10.00$ kPa 时,数字电压表显示为 200 mV,测量灵敏度为 20 mV/kPa,测量精度为 5 Pa。由于各只硅压力传感器灵敏度不完全相同,故压力传感器与测试仪不能互换使用。

【实验内容】

(1)用数字电压表检查电阻箱的阻值是否为 5 kΩ。按图连接好仪器电路,AD590 温度传感器的正负极请勿接错。开启电源,将电子仪器预热 10 min,然后用调零电位器调节零点,把三位半数字电压表示值调到 0。

(2)用气压计测量大气压强 p_0,用水银温度计测量环境温度 t_0(室温)。

(3)关闭放气活塞 2,打开进气活塞 1,用充气球向瓶内打气,使瓶内压强升高 1 000~2 000 Pa(即数字电压表显示值升高 20~40 mV),关闭进气活塞 1。待瓶中气体温度降到与室温相同且压强稳定时,瓶内气体状态为 I(p_1, T_0),记下(U_{p_1}, U_{T_0})。

(4)迅速打开放气活塞 2,使瓶内气体与大气相通,由于瓶内气压高于大气压,瓶内部分气体将突然喷出,发出"嗤"的声音。当瓶内压强降至 p_0 时("嗤"声刚结束),立刻关闭放气活塞 2,此时瓶内气体状态为 II(p_0, T_1)。

(5)当瓶内气体温度从 T_1 升到室温 T_0,且压强稳定后,此时瓶内气体状态为 III(p_2, T_0)。记下(U_{p_2}, U_{T_0})。

每次测出一组压强值 p_0、p_1、p_2,利用公式(4)计算空气比热容比 γ。重复 6 次,计算 γ 的平均值。p_1、p_2 的计算公式为

$$p_1 = p_0 + 50 U_{p_1} (\text{Pa}); \quad p_2 = p_0 + 50 U_{p_2} (\text{Pa})$$

【注意事项】

(1)实验前应检查系统是否漏气,方法是关闭放气阀 A,打开充气阀 B,用充气球向瓶内打气,使瓶内压强升高 1 000~2 000 Pa,观

察压强是否稳定,若始终下降则说明系统有漏气之处,须找出原因。

(2)做好本实验的关键是放气要进行得十分迅速。即打开放气阀后又关上放气阀的动作要快捷,使瓶内气体与大气相通要充分且尽量快地完成。注意记录 U_p、U_T 的电压值。

(3)转动充气阀与放气阀的活塞时,一定要一手扶住活塞,另一只手转动活塞。

【预习思考题】

(1)本实验研究的热力学系统,是指哪部分气体?

(2)实验时 p_1 的取值大小对于测量 γ 来说是大些好还是小些好?为什么?

(3)若空气中混有 5% 的二氧化碳,试分析如何影响 γ 值。

【练习讨论题】

(1)本实验研究的热力学系统是指哪一部分气体?

(2)如果用抽气的方法测量 γ 是否可行?式(4)是否适用?

测量数据填入如下记录表。

$t_0 =$ _____ ℃ $p_0 =$ _____ Pa

测量次数	测量值(mV)				计算值		
	状态 I		状态 III		p(Pa)		γ
	U_{p_1}	U_{T_0}	U_{p_2}	U_{T_0}	p_1	p_2	
1							
2							
3							
4							
5							
6							

实验 4　冷却法测量金属的比热容

【实验目的】

(1)通过实验了解金属的冷却速率和它与环境之间温差的关系,以及进行测量的实验条件。

(2)学会用铜－康铜热电偶测量物体的温度,学会用冷却法测定金属的比热容。

【实验原理】

根据牛顿冷却定律用冷却法测定金属或液体的比热容是量热学中常用的方法之一。若已知标准样品在不同温度的比热容,通过作冷却曲线可测得各种金属在不同温度时的比热容。本实验以铜样品为标准样品,而测定铁、铝样品在 100 ℃时的比热容。

单位质量的物质,其温度升高 1 K(或 1 ℃)所需的热量称为该物质的比热容,其值随温度而变化。将质量为 m_1 的金属样品加热后,放到较低温度的介质(例如室温的空气)中,样品将会逐渐冷却。其单位时间的热量损失($\Delta Q/\Delta t$)与温度下降的速率成正比,于是得到下述关系式:

$$\frac{\Delta Q}{\Delta t} = c_1 m_1 \frac{\Delta \theta}{\Delta t} \tag{1}$$

式(1)中 c_1 为该金属样品在温度 θ_1 时的比热容,$\frac{\Delta \theta_1}{\Delta t}$ 为金属样品在 θ_1 的温度下降速率,根据冷却定律有:

$$\frac{\Delta Q}{\Delta t} = \alpha_1 S_1 (\theta_1 - \theta_0)^m \tag{2}$$

式(2)中 α_1 为热交换系数,S_1 为该样品外表面的面积,m 为常数,θ_1 为金属样品的温度,θ_0 为周围介质的温度。由式(1)和(2),可得

$$c_1 m_1 \frac{\Delta \theta_1}{\Delta t} = \alpha_1 S_1 (\theta_1 - \theta_0)^m \tag{3}$$

同理,对质量为 m_2,比热容为 c_2 的另一种金属样品,可有同样

的表达式：

$$c_2 m_2 \frac{\Delta \theta_2}{\Delta t} = \alpha_2 S_2 (\theta_2 - \theta_0)^m \tag{4}$$

由式(3)和(4)，可得：

$$\frac{c_2 m_2 \frac{\Delta \theta_2}{\Delta t}}{c_1 m_1 \frac{\Delta \theta_1}{\Delta t}} = \frac{\alpha_2 S_2 (\theta_2 - \theta_0)^m}{\alpha_1 S_1 (\theta_1 - \theta_0)^m} \tag{5}$$

所以

$$c_2 = c_1 \frac{m_1 \frac{\Delta \theta_1}{\Delta t} \alpha_2 S_2 (\theta_2 - \theta_0)^m}{m_2 \frac{\Delta \theta_2}{\Delta t} \alpha_1 S_1 (\theta_1 - \theta_0)^m} \tag{6}$$

假设两样品的形状尺寸都相同(例如细小的圆柱体)，即 $S_1 = S_2$；两样品的表面状况也相同(如涂层、色泽等)，而周围介质(空气)的性质当然也不变，则有 $\alpha_1 = \alpha_2$。于是当周围介质温度不变(即室温 θ_0 恒定)，两样品又处于相同温度 $\theta_1 = \theta_2 = \theta$ 时，上式可以简化为：

$$c_2 = c_1 \frac{m_1 \left(\frac{\Delta \theta}{\Delta t}\right)_1}{m_2 \left(\frac{\Delta \theta}{\Delta t}\right)_2} \tag{7}$$

如果已知标准金属样品的比热容 c_1 质量 m_1；待测样品的质量 m_2 及两样品在温度 θ 时冷却速率之比，就可以求出待测的金属材料的比热容 c_2。

已知铜在 100 ℃时比热容为 $C_{cu} = 0.0940 \text{ cal}/(\text{g} \cdot \text{K})$。

【实验仪器】

FD-JSBR 型冷却法金属比热容测量仪、铜铁铝实验样品、盛有冰水混合物的保温杯、镊子、秒表。

FD-JSBR 型冷却法金属比热容测量仪由加热仪和测试仪组成。加热仪的热源 A 是 75 W 电烙铁改制而成，利用底盘支撑固定并通过调节手轮自由升降；实验样品 B 是直径 5 mm，长 30 mm 的小圆柱，其底部钻一深孔便于安放热电偶，放置在有较大容量的防风容器 E 即样品室内的热电偶支架 D 上；测温铜－康铜热电偶 C（其热电势约为 0.042 mV/℃)放置于被测样品 B 内的小孔中。当加热装置 A 向下移动到底后,可对被测样品 B 进行加热;样品需要降温时则将加热装置 A 移上。装置内设有自动控制限温装置,防止因长期不切断加热电源而引起温度不断升高。

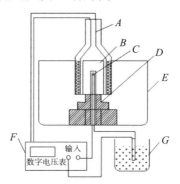

图 4-2-10　金属比热容测量仪

热电偶的冷端置于冰水混合物 G 中,带有测量扁叉的一端接到三位半数字电压表 F 的"输入"端。热电势差的二次仪表由高灵敏、高精度、低漂移的放大器放大加上满量程为 20 mV 的三位半数字电压表组成。

【实验内容】

(1) 用铜-康铜热电偶测量温度,而热电偶的热电势采用温漂极小的放大器和三位半数字电压表,经信号放大后输入数字电压表显示的满量程为 20 mV,读出的数查表即可换算成温度。

(2) 选取长度、直径、表面光洁度尽可能相同的三种金属样品(铜、铁、铝)用物理天平或电子天平称出它们的质量 m_0。再根据 $m_{Cu} > m_{Fe} > m_{Al}$ 这一特点,把它们区别开来。

(3) 使热电偶端的铜导线与数字表的正端相连;冷端铜导线与数字表的负端相连。当样品加热到 150 ℃(此时热电势显示约为 6.1 mV)时,切断电源移去加热源,样品继续安放在与外界基本隔绝的有机玻璃圆筒内自然冷却(筒口须盖上盖子),记录样品的冷却速率 $\left(\dfrac{\Delta\theta}{\Delta t}\right)_{\theta=100\ ℃}$。具体做法是记录数字电压表上示值约从 $E_1 = 4.20$ mV 降到 $E_2 = 4.00$ mV 所需的时间 Δt(因为数字电压表上的值显示数字是跳跃性的,所以 E_1、E_2 只能取附近的值),从而计算 $\left(\frac{\Delta E}{\Delta t}\right)_{E=4.00\text{ mV}}$。按铁、铜、铝的次序,分别测量其温度下降速度,每一样品应重复测量 6 次。因为热电偶的热电动势与温度的关系在同一小温差范围内可以看成线性关系,即 $\dfrac{\left(\frac{\Delta \theta}{\Delta t}\right)_1}{\left(\frac{\Delta \theta}{\Delta t}\right)_2} = \dfrac{\left(\frac{\Delta E}{\Delta t}\right)_1}{\left(\frac{\Delta E}{\Delta t}\right)_2}$,式(7)可以简化为:

$$c_2 = c_1 \frac{m_1 (\Delta t)_2}{m_2 (\Delta t)_1} \tag{8}$$

(4)仪器红色指示灯亮,表示连接线未连好或加热温度过高(超过 200 ℃)已自动保护。

(5)注意测量降温时间时,按"计时"或"暂停"按钮应迅速、准确,以减小人为计时误差。

【数据处理与分析】

(1)测量并记录样品质量:$m_{\text{Cu}} = $ _____ g;$m_{\text{Fe}} = $ _____ g;$m_{\text{Al}} = $ _____ g。

(2)热电偶冷端温度:0 ℃,记录样品由 4.20 mV 下降到 4.00 mV 所需时间(单位为 s),表格自拟。

(3)以铜为标准:$C_1 = C_{\text{cu}} = 0.0940 \text{ cal}/(\text{g} \cdot \text{℃})$

铁:$c_2 = c_1 \dfrac{m_1 (\Delta t)_2}{m_2 (\Delta t)_1} = $ _____ cal/g·℃

铝:$c_2 = c_1 \dfrac{m_1 (\Delta t)_3}{m_2 (\Delta t)_1} = $ _____ cal/g·℃

计算百分误差。

【注意事项】

(1)仪器的加热指示灯亮,表示正在加热;如果连接线未连好或加热温度过高(超过 200 ℃)导致自动保护时,指示灯不亮。升到指定温度后,应切断加热电源。

(2)测量降温时间时,按"计时"或"暂停"按钮应迅速、准确,以减小人为计时误差。

(3)加热装置向下移动时,动作要慢,应注意要使被测样品垂直放置,以使加热装置能完全套入被测样品。

(4)温度计插到水面以下即可,不要插得很深。

(5)实验完毕立即将筒内的液体倒掉,以免腐蚀电极。

(6)实验中物理天平称量时,既要准确又要注意安全。

【思考题】

(1)为什么实验应该在防风筒(即样品室)中进行?

(2)若冰水混合物中的冰块融化,会对实验结论(比热容)造成什么影响?

(3)可否利用本实验中的方法测量金属在任意温度时的比热容?

(4)本实验中如何测量金属在某一温度下的冷却速率的?你还能想出其他办法吗?试说明。

4.3 电磁学实验

实验1 制流和分压电路

【实验目的】

(1)了解基本仪器的性能和使用方法。

(2)掌握制流电路和分压的连接方法、性能和特点。

(3)学习检查电路故障的一般方法和电磁学的操作规程和安全知识。

【实验原理】

电路如图 4-3-1 所示,图中 E 为直流电源,R_0 为滑线变阻器,mA 为电流表,R_Z 为负载,本实验采用电阻箱,K 为电源开关。它是将滑线变阻器的滑动头 C 和任意一固定端(如 A)串联在电路中,作为一个可变电阻,移动滑动头的位置可以连续改变 AC 之间的电阻 R_{AC},从而改变整个电路的电流 I。

$$I = \frac{E}{R_Z + R_{AC}} \quad (1)$$

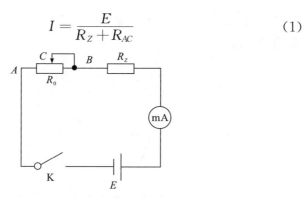

图 4-3-1 制流和分压电路

当 C 滑到 A 点时

$$R_{AC} = 0, I_{\max} = \frac{E}{R_Z}, \text{负载处} U_{\max} = E, \quad (2)$$

当 C 滑到 B 点时

$$R_{AC} = R_0, I_{\min} = \frac{E}{R_Z + R_0}, \text{负载处} U_{\min} = \frac{E}{R_Z + R_0} R_Z \quad (3)$$

电压调节范围：
$$\frac{R_Z}{R_Z + R_0} E \to E, \quad (4)$$

相应电流变化为：
$$\frac{E}{R_Z + R_0} \to \frac{E}{R_Z}, \quad (5)$$

一般情况下负载中的电流为

$$I = \frac{E}{R_Z + R_{AC}} = I = \frac{\frac{E}{R_0}}{\frac{R_Z}{R_0} + \frac{R_{AC}}{R_0}} = \frac{I_{\max} K}{K + X}, \quad (6)$$

式中, $R_0 = R_{BC} + R_{AC}$, $K = \frac{R_Z}{R_0}$, $X = \frac{R_{AC}}{R_0} (0 \leqslant X \leqslant 1)$。

图 4-3-2 表示不同 K 值的制流特性曲线,从曲线可以清楚地看到制流电路有以下几个特点：

K 越大电流调节范围就越小；

$K \geqslant 1$ 时调节的线性较好；

K 较小时($R_0 \gg R_Z$), X 接近 0 时电流变化很大,细调程度较差；

(4)不论 R_0 大小如何,负载 R_Z 上通过的电流都不可能为零。

细调范围的确定：制流电路的电流是靠滑线变阻器位置的移动

来改变的,最少位移是一圈,因此一圈电阻 ΔR_0 的大小就决定了电流的最小改变量。

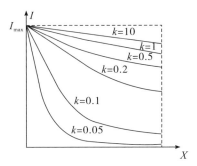

图 4-3-2 不同 K 值的制流特性曲线

因为 $I = \dfrac{E}{R_Z + R_{AC}}$,对 $E_x \pm \Delta_E$ 微分,则有

$$\Delta I = \frac{\partial I}{\partial R_{AC}} \Delta R_{AC} = \frac{-E}{(R_Z + R_{AC})} \tag{7}$$

$$|\Delta I|_{\min} = \frac{I^2}{E} \Delta R_0 = \frac{I^2}{E} \cdot \frac{R_0}{N}, \tag{8}$$

式(8)中 N 为变阻器总圈数。从上式可见,当电路中的 E、R_Z、R_0 确定后,ΔI 和 I^2 成正比,故电流越大,则细调越困难,假如负载的电流在最大时满足细调要求,而小电流时也能满足要求,这就要使 $|\Delta I|_{\min}$ 变小,而 R_0 不能太小,否则会影响电流的调节范围,所以只能使 N 变大,由于 N 大而使变阻器体积变得很大,故 N 又不能增大得太多,因此经常再串一变阻器,采用二级制流,如图 4-3-3 所示,其中 R_{10} 阻值大,作粗调用,R_{20} 阻值小作细调用,一般 R_{20} 取 $R_{10}/10$,但 R_{10}、R_{20} 的额定电流都必须大于电流中的最大电流。

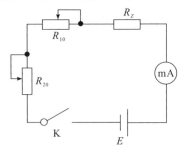

图 4-3-3 二级制流电路

分压电路如图 4-3-4 所示,滑线变阻器两个固定端 A、B 与电源

E 相接,负载接滑动头 C 和固定端 A(或者 B)上,

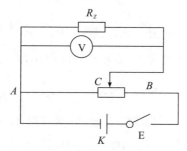

图 4-3-4 分压电路

当滑动头 C 由 A 端滑动到 B 端时,负载上电压由 0 变至 E,调节的范围与电阻器的阻值无关。当滑动头 C 在任一位置时,AC 两端的电压值 R_g 为

$$U_{AC} = \frac{E}{\frac{R_Z R_{AC}}{R_Z + R_{AC}} + R_{BC}} \cdot \frac{R_Z R_{AC}}{R_Z + R_{AC}} = \frac{K \cdot X}{K + X(1-X)} E \quad (9)$$

由实验可得到不同 K 值的分压特性曲线,如图 4-3-5 所示。

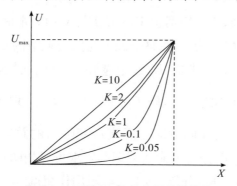

图 4-3-5 不同 K 值的分压特性曲线

从图 4-3-5 中的曲线可以清楚看出分压电路有如下几个特点:
(1)不论 R_0 大小如何,负载 R_Z 的电压调节范围均可从 $0 \sim E$。
(2)K 越小电压调节越不均匀。
(3)K 越大电压调节越均匀,因此要电压 U_{AC} 在 0 到 $U_{\max}$ 整个范围内均匀变化,则取 $K>1$ 比较合适,实际那条曲线可以近似作为直线,故取 $R_0 \leqslant R_Z/2$ 即可认为电压调节已经达到一般均匀的要求了。

当 $K \ll 1$ 时(即 $R_Z \ll R_0$),略去式(9)分母项中的 R_Z,近似有

$$U = \frac{R_Z}{R_{BC}} E, \quad (10)$$

经微分可得:

$$\Delta U = \frac{R_Z \cdot E}{(R_{BC})^2}\Delta R_{BC} = \frac{U^2}{R_Z \cdot E}\Delta R_{BC}, \quad (11)$$

最小的分压量即滑动头改变一圈位置所改变的电压量,所以

$$\Delta U_{\min} = \frac{U^2}{R_Z \cdot E}\Delta R_0 = \frac{U^2}{R_Z \cdot E}\frac{R_0}{N}, \quad (12)$$

式中 N 为变阻器总圈数,R_Z 越小调节越不均匀。

当 $K \gg 1$ 时(即 $R_Z \gg R_0$),略去式(9)分母项中的 $R_{BC}X$,近似有

$$U = \frac{R_{AC}}{R_0}E, \quad (13)$$

对上式微分可得

$$\Delta U = \frac{E}{R_0}\Delta R_{AC}, \quad (14)$$

细调最小的分压值不能低于一圈所对应的分压值,所以

$$\Delta U_{\min} = \frac{E}{R_0}\Delta R_0 = \frac{E}{N}, \quad (15)$$

从上式可知,当变阻器选定后 E、R_0、N 均为定值,故当 $K \gg 1$ 时 $\Delta U_{\min}$ 为一个常数,它表示在整个调节范围内调节的精细程度处处一样。从调节的均匀度考虑,R_0 越小越好,但它的功耗也将变大,因此还要考虑到功耗不能太大,则 R_0 不宜取得过小,取 $R_0 = \frac{R_Z}{2}$ 即可兼顾两者的要求。与此同时应注意流过变阻器的总电流不能超过它的额定值。若一般分压不能达到细调要求可以如图 4-3-6 将两个电阻 R_{10} 和 R_{20} 串联进行分压,其中大电阻用作粗调,小电阻用作细调。

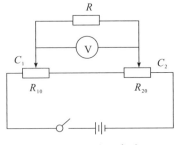

图 4-3-6 分压电路

【实验仪器】

毫安表、万用表、直流电源、滑线变阻器、电阻箱、开关、导线。

【实验内容】

1. 制流电路特性的研究

按图 4-3-1 电路进行实验,用电阻箱为负载 R_Z,取 K(即 R_Z/R_0)为 0.1,确定 R_Z 值根据所用的毫安计的量程和 R_Z 的最大容许电流,确定实验时的最大电流 I_g 及电源电压 E。注意,I_{max} 值应小于 R_Z 最大容许电流。

连接电路(注意电源电压及 R_Z 取值,R_{AC} 取最大值),复查一次电路无误后,闭合电源开关(如发现电流过大要立即切断电源),移动滑动头 C 观察电流值的变化是否符合设计要求。

移动变阻器滑动头 C,在电流从最小到最大过程中,测量 8~10 次电流值及相应 C 在标尺上的位置 l_{AC},并记下变阻器绕线部分的长度 l_0,以 $x=l_{AC}/l_0$(即 R_{AC}/R_0)为横坐标,电流 I 为纵坐标作图。

注意,电流最大时 C 的标尺读数为测量 l 的零点。

其次,测一下在电流 I 最小和最大时,C 移动一小格时的电流值的变化 ΔI。

取 $K=1$、2、3、5,重复上述测量并绘图,表格自拟。

2. 分压电路特性的研究

按图 4-3-1 电路进行实验,用电阻箱当负载 R_Z,取 $K=2$ 确定 R_Z 值,参照变阻器的额定电流和 R_Z 的容许电流,确定电源电压 E 的值。

要注意如图 4-3-1 所示,变阻器 BC 段的电流是 I_Z 和 I_{AC} 之和,确定 E 值时,特别要注意该段的电流是否大于额定电流。

移动变阻器滑动头 C,使加到负载上的电压从最小到最大,在此过程中,测量 8~10 次电压值 U 及 C 点在标尺上的位置 l,用 l_{AC}/l_0 为横坐标,U 为纵坐标作图。

其次,测一下当电压值最小和最大时,C 移动一小格时电压值的变化 ΔU。

取 $K=0.1$ 和 $K=10$,重复上述测量并绘图,表格自拟。

【注意事项】

(1)正确连接电表正、负极,以免反向连接损坏电表。

(2)选择合适的量程。为了充分利用电表的准确度,被测电流值最好大于电流表量程的2/3,但是绝对不能超出电表的量程。在不知被测电流或电压大小的情况下,应选用电表的最大量程,根据指针偏转情况逐渐调到合适的量程。

(3)每一次在改变电表量程时,都要先断开电源。

(4)注意选取不同 K 值时,由于电路总电阻也会随之变化,所以一定要再次调节电源电压的大小,以便保证最大电流 I_{max} 大小保持不变。调节电源电压,最好仍然从最小开始逐渐调高电压直至电流值为 I_{max}。这是因为,当 R_Z 变小时,电压仍然保持不变,可能会引起电流突然增大超出电表量程,从而损坏电表。

(5)注意选取不同 K 值时,由于外电路总电阻也会随之变化及电源内阻的存在,外电路电压必然也会有变化,所以一定要再次调节电源电压的大小,以便保证最大电压 U_{max} 大小保持不变。

【思考题】

(1)从制流特性曲线电流值近似为线性变化时,求得滑线变阻器的阻值?

(2)如何设置好电流中的一级和二级限流滑线变阻器?

(3)测量过程中,电流表内阻对实验结果有什么影响?

(4)从分压特性曲线电压值近似为线性变化时,求得滑线变阻器的阻值。

(5)测量过程中,电压表内阻对实验结果有什么影响?

实验 2　伏安法测电阻

【实验目的】

(1)学习使用电压表、电流表和滑线变阻器等电学基本仪器,训练基本电路的连接和使用。

(2)学习电学实验的基本操作规程,训练基本电路的连接和使用的一般方法。

(3)掌握用伏安法测电阻的原理和方法,学会系统误差的一般修正方法。

【实验原理】

同时测出流经被测电阻的电流 I 和该电阻两端的电压 U,根据欧姆定律,就可以测得电阻 $R=U/I$。若以电压值为横坐标,电流值为纵坐标作图,所得到的曲线称之为伏安特性曲线。线性电阻的伏安特性是一直线。伏安法一般只用于通电回路中,或用于测量非线性电阻在某一电流时的电阻值。

当用伏安法进行测量时,电压表、电流表和待测对象的连接有两种方式,即电流表内接或外接。当电表接入电路,电表的内阻会给测量带来误差,称为接入误差。

电表的接入方法不同会使误差程度不同。

1. 内接法

如图 4-3-7 所示,有

$$R = \frac{U}{I} = \frac{U_x + U_A}{I} = R_x + R_A = R_x\left(1 + \frac{R_A}{R_x}\right) \quad (1)$$

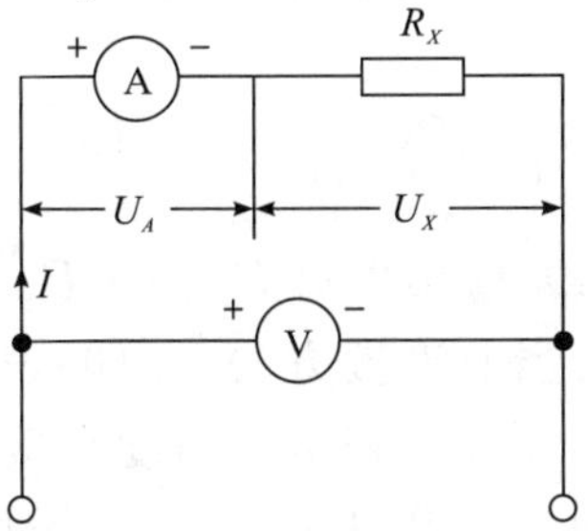

图 4-3-7　内接法

式(1)中,R_A 为电流表内阻,电流表内阻会造成测量结果有一定

的接入误差。这时所测得的 R 比实际 R_X 偏大,若已知 R_A,则可对测量值进行修正,得

$$R_x = R\left(1 - \frac{R_A}{R}\right) \tag{2}$$

从式(2)可看出,只有当 $R_X \gg R_A$ 时,接入误差才可以忽略不计,故测量较大电阻时宜采用电流表内接法。

2. 外接法

如图 4-3-8 所示,有

$$R = \frac{U}{I} = \frac{U}{I_X + I_V} = R_x \frac{1}{1 + \frac{R_X}{R_V}} \tag{3}$$

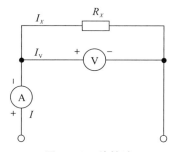

图 4-3-8 外接法

式(3)中,R_V 为电压表内阻,电压表内阻会造成测量结果有一定的接入误差。这时所测得的 R 比实际 R_X 偏小。若已知 R_V,则可对测量值进行修正,得

$$R_x = \frac{U}{I - I_V} = R \frac{1}{1 - \frac{R}{R_V}} \tag{4}$$

从式(3)可看出,只有当 $R_X \ll R_V$ 时,接入误差才可以忽略不计,故测量较小电阻时宜采用电流表内接法。此时,式(3)、(4)可以分别简略为

$$R = \frac{U}{I} \approx R_x\left(1 - \frac{R_X}{R_V}\right), R_x = \frac{U}{I - I_V} \approx R\left(1 + \frac{R}{R_V}\right) \tag{5}$$

为了减少接入误差,应事先对 R_X、R_A、R_V 三者的相对大小有粗略的估计,然后选择恰当的连接方法。由电表内阻带来的接入误差是可以修正的。除此以外,电表本身精度直接给测量造成的误差叫作标称误差,通常用电表级别表示。其大小为:最大基本误差与量程之比的百分数,即级别 $= \frac{|\Delta U_{\max}|}{U_{\max}} \times 100\%$。

若此值为1%,则称此表为1级表。电表的面板上都有级别标明。可用1级表举例,若电表量程是3 V,则测量的最大允许误差是3×1%=0.03 V;若量程是15 V,则其最大允许误差为15×1%=0.15 V;如果测量1 V的电压,显然用3 V量程比用15 V量程测量的误差要小。因此根据待测电量选取合适的电表量程可适当减小误差。

【实验仪器】

电压表、电流表、检流计、滑线变阻器、直流电源、待测电阻、开关和导线若干等。

【实验内容】

(1)按图4-3-9连接电路,注意S_2拨向A时,电流表内接;拨向B时,电流表外接。

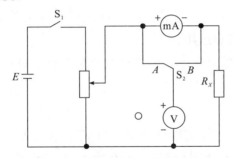

图4-3-9 伏安法测电阻电路图

(2)根据R_X阻值大小不同,选择测量电路(电流表内、外接)、电源及控制电路所用的变阻器规格,确定所用多量程电压表和电流表的量程。

(3)列出测量数据表(不能少于八个测量点),并求出电阻值。

(4)根据电流表的内、外接,计算本实验的接入误差并对测量结果进行修正。

【注意事项】

(1)闭合开关之前,应仔细检查电路连线是否正确无误。

(2)在电压表和电流表的量程范围内均匀选择8~10个测量点。

【思考题】

(1)实验中有哪些影响测量准确度的因素?

(2)内接法和外接法测电阻有何区别?各有什么特点?

实验 3　电位差计的原理和使用

电位差计是测量电动势和电位差(电压)的主要仪器之一。由于它应用了补偿原理和比较测量法,所以测量精度较高,使用方便。它的应用很广泛,经常被用以间接测量电阻、电流和校正各种精密电表等。电位差计中所采用的补偿原理还常用在一些非电量的测量仪器及自动测量和控制系统中。

【实验目的】

(1)掌握电位差计的工作原理和正确使用方法,加深对补偿法测量原理的理解和运用。

(2)训练简单测量电路的设计和测量条件的选择。

【实验原理】

要测量一个电池的电动势 E_X,常利用电压表采用图 4-3-10 所示的电路,由于电池有内阻 r,在电池内部不可避免地存在电位降 Ir,这样,电压表的指示值 U 只是电池的端电压,即

$$U = E_X - Ir$$

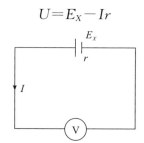

图 4-3-10　测量电池电动势电路图

显然,只有当 $I=0$ 时,电池的端电压 U 才等于其电动势 E_X。

怎样才能使电路中的电流 $I=0$ 而又能测出电池的电动势呢? 可以采用补偿法。

如图 4-3-11,G 为灵敏检流计。测量开始时,调节 E_S 的大小,使流经检流计 G 的电流为零,则此时 b 点与 d 点的电位相同,由于 a 点与 c 点的电位始终相同,所以此时有 $U_{ab}=U_{cd}$,又由于此时电路中没有电流流过,所以有 $U_{ab}=E_X$,$U_{ab}=E_S$,即 $E_X=E_S$。称此时电路得到了补偿。在补偿状态下,只要得到 E_S 的大小,就可得到待测电动势 E_X 的大小。

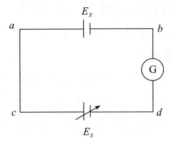

图 4-3-11　补偿法电路图

如图 4-3-12 所示,电位差计的工作原理就是根据电压补偿法,先使标准电池 E_n 与测量电路中的精密电阻 R_n 的两端电势差 U_{st} 相比较,再使被测电势差(或电压)E_x 与准确可变的电势差 U_x 相比较,通过检流计 G 两次指零来获得测量结果。电压补偿原理也可从电势差计的"校准"和"测量"两个步骤中理解。

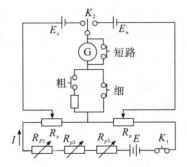

图 4-3-12　电位差计法原理图

校准:将 K_2 打向"标准"位置,检流计和校准电路连接,R_n 取一预定值,其大小由标准电池 E_S 的电动势确定;把 K_1 合上,调节 R_P,使检流计 G 指零,即 $E_n=IR_n$,此时测量电路的工作电流已调好为 $I=E_n/R_n$。校准工作电流的目的:使测量电路中的 R_x 流过一个已知的标准电流 I_0,以保证 R_x 电阻盘上的电压示值(刻度值)与其(精密电阻 R_x 上的)实际电压值相一致。

测量:将 K_2 打向"未知"位置,检流计和被测电路连接,保持 I_0 不变(即 R_P 不变),K_1 合上,调节 R_x,使检流计 G 指零,即有 $E_x = U_x = I_0 R_x$。

由此可得 $E_x = \dfrac{E_n}{R_n} R_x$。由于箱式电位差计面板上的测量盘是根据 R_x 电阻值标出其对应的电压刻度值,因此只要读出 R_x 电阻盘刻度的电压读数,即为被测电动势 E_x 的测量值。所以,电位差计使用时,一定要先"校准",后"测量",两者不能倒置。

1. UJ31 型电位差计

UJ31 型箱式电位差计是一种测量低电势的电位差计,其测量范围为 0.001~17.1 mV(K_0 置×1 挡)或 0.01~171 mV(K_1 置×10 挡)。使用 5.7~6.4 V 外接工作电源,标准电池和灵敏电流计均外接,其面板图如图 4-3-13 所示。调节工作电流(即校准)时分别调节 R_{p1}(粗调)、R_{p2}(中调)和 R_{p3}(细调)三个电阻转盘,以保证迅速准确地调节工作电流。R_n 是为了适应温度不同时标准电池电动势的变化而设置的,当温度不同引起标准电池电动势变化时,通过调节 R_n,使工作电流保持不变。R_x 被分成 I(×1)、II(×0.1)和 III(×0.001)三个电阻转盘,并在转盘上标出对应 R_x 的电压值,电位差计处于补偿状态时可以从这三个转盘上直接读出未知电动势或未知电压。左下方的"粗"和"细"两个按钮,其作用是:按下"粗"按钮,保护电阻和灵敏电流计串联,此时电流计的灵敏度降低;按下"细"按钮,保护电阻被短路,此时电流计的灵敏度提高。K_2 为标准电池和未知电动势的转换开关。标准电池、灵敏电流计、工作电源和未知电动势 E_x 由相应的接线柱外接。

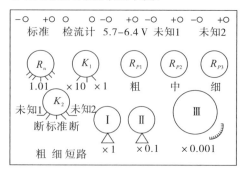

图 4-3-13 UJ31 电位差计

2. UJ31 型电位差计的使用方法

(1)将 K_2 置到"断",K_1 置于"×1"挡或"×10"挡(视被测量值而定),分别接上标准电池、灵敏电流计、工作电源。被测电动势(或电压)接于"未知 1"(或"未知 2")。

(2)根据温度修正公式计算标准电池的电动势 $E_n(t)$ 的值,调节 R_n 的示值与其相等。将 K_2 置"标准"挡,按下"粗"按钮,调节 R_{p1}、R_{p2} 和 R_{p3},使灵敏电流计指针指零,再按下"细"按钮,用 R_{p2} 和 R_{p3} 精确调节至灵敏电流计指针指零。此操作过程称为"校准"。

(3)将 K_2 置"未知 1"(或"未知 2")位置,按下"粗"按钮,调节读数转盘Ⅰ、Ⅱ使灵敏电流计指零,再按下"细"按钮,精确调节读数转盘Ⅲ使灵敏电流计指零。读数转盘Ⅰ、Ⅱ和Ⅲ的示值乘以相应的倍率后相加,再乘以 K_1 所用的倍率,即为被测电动势(或电压)E_x。此操作过程称作"测量"。

本实验室使用的 UJ31 电位差计的准确度等级为 0.05 级,在周围温度与 20 ℃相差不大的条件下,其基本误差限 Δ_{U_x} 为

$$\Delta_{U_x} = \pm(0.05\% U_x + 0.5\Delta U) \tag{1}$$

式中,ΔU 为电位差计的最小分度值,即当倍率取"×10"时 ΔU 为 10 μV,当倍率取"×1"时 ΔU 为 1 μV。

【实验仪器】

UJ31 型直流电位差计、FB204A 标准电势与被测电势、标准电阻、AC15/5 灵敏电流计、滑线变阻器、直流电阻箱、待校验电表、待测干电池、待测电阻、开关和导线等。

【实验内容】

1. 用电位差计测量干电池的电动势(参考电路如图 4-3-14)

(1)根据电位差计的量程和被测干电池,选取适当的分压器的分压比。

(2)测量次数不少于 6 次,并进行误差分析,写出干电池的测量结果 $E_x \pm \Delta_E$。

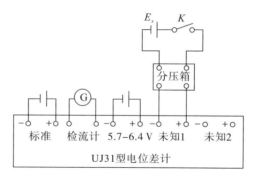

图 4-3-14 用电位差计测量被测电动势

2. 用电位差计测电阻值(参考电路如图 4-3-15)

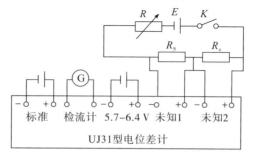

图 4-3-15 用电位差计测电阻

(1) 令稳压电源固定输出 1.9 V,设计测定电阻的控制电路,由于实验室提供的 UJ31 型直流电位差计有两组输入测量端,则应设计一个能对标准电阻和待测电阻的端电压作连续测量的控制电路。

(2) 选择合适的测量条件,包括:标准电阻,控制电路的工作电流和变阻器的阻值。

(3) 测量次数不少于 6 次,计算不确定度。给出测量结果 $R_x \pm \Delta_R$。

上述实验内容可任选两项完成。

【数据处理与要求】

1. 用电位差计测电压

项目	1	2	3	4
待测电压值(V)	0.015	0.03	0.06	0.11
测得电压值(V)				
相对误差(%)				

2. 用电位差计测电阻

项目	1	2	3	4	5	6
$R_s(\Omega)$	5	10	15	20	25	30
$UR_s(V)$						
$UR_x(V)$						

【注意事项】

(1) 实验前熟悉 UJ31 型直流电位差计各旋钮、开关和接线端旋钮的作用。接线路时注意各电源及未知电压的极性。

(2) 检查并调整电表和电流计的零点,开始时电流计应置于其灵敏度最低挡(×0.01 挡),以后逐步提高灵敏度档次。

(3) 为防止工作电流的波动,每次测电压前都应校准。并且测量时,必须保持标准的工作电流不变,即当 K_2 置"未知1"或"未知2"测量待测电压时,不能调节 R_P 之"粗""中""细"三个旋钮。

(4) 测量前,必须预先估算被测电压值,并将测量盘Ⅰ,Ⅱ,Ⅲ调到估算值。

(5) 使用 UJ31 型电位差计,调节微调刻度盘Ⅲ时,其刻度线缺口内不属于读数范围,进入这一范围时测量电路已经断开,此时检流计虽回到中间平衡位置亦不是电路达到平衡状态的指示。

【思考题】

(1) 箱式电位差计的工作原理是什么?使用箱式电位差计时,为什么要"先校准,后测量"?

(2) 为什么要使工作电流标准化?

(3) 电位差计的面板上的粗、中、细三个旋钮的作用是什么?

(4) 在接线、拆线或调节未知电压 U_x 之前,必须先把 K_1(或 K_2)置"断"处,其目的是什么?

(5) 箱式电位差计左下角之"粗""细"两个按钮的作用是什么?如何使用?

(6) 测量时为什么要估算并预置测量盘的电位差值?接线时为

什么要特别注意电压极性是否正确?

(7)校准(或测量)时如果无论怎样调节电流调节盘(或测量盘),电流计总是偏向一侧,可能有哪几种原因?

(8)什么是"补偿法"? 用这种方法测电动势有什么特点?

(9)如果电位差计没有严格校准,工作电流偏大,将使测量结果偏大还是偏小?

实验4 直流电桥测电阻

电桥是利用比较法测量电阻的仪器,即将被测电阻与已知电阻进行比较得到测量结果。在众多测量电阻的方法中,因其具有测量灵敏、准确、方便等特点,而被广泛应用于电工技术和非电量的电测法中。电桥分为直流电桥和交流电桥两大类。交流电桥用于测量线圈的电感和电容器的电容;直流电桥用于测量电阻。直流电桥又分为单臂电桥和双臂电桥两种。单臂电桥又称为惠斯通电桥,用于测量中值电阻($10 \sim 10^6$ Ω);双臂电桥又称为开尔文电桥,用于测量低值电阻($10^{-5} \sim 10^2$ Ω)。本实验通过学习利用惠斯通电桥和开尔文电桥测量电阻,从而理解电桥平衡法、比较法测量的思想方法,是学习和掌握电桥原理和使用的基础。

【实验目的】

(1)掌握电桥法测电阻的原理。
(2)学会使用惠斯通电桥和开尔文电桥测量电阻。
(3)掌握滑线式惠斯通电桥测量电阻的方法。

【实验原理】

1. 惠斯通电桥原理

图 4-3-16 是惠斯通电桥的原理图。四个电阻 R_0、R_1、R_2、R_x 连成四边形,称为电桥的四个臂。四边形的一条对角线连有检流计,称为"桥";四边形的另一对角线接上电源,称为电桥的"电源对角线"。

电源接通时,电桥线路中各支路均有电流通过。当 B、D 两点之间的电位不相等时,桥路中的电流 $I_g \neq 0$,检流计的指针发生偏转;

当 B、D 两点之间的电位相等时,桥路中的电流 $I_g=0$,检流计指针指零(检流计的零点在刻度盘的中间),这时电桥处于平衡。因此电桥处于平衡状态时有:

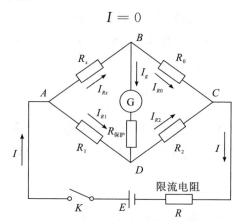

图 4-3-16　惠斯通电桥原理图

即 $U_{AB}=U_{AD}$,$U_{BC}=U_{DC}$。

又因为 $I_{Rx}=I_{R0}$,$I_{R1}=I_{R2}$,所以 $I_{Rx}R_x=I_{R1}R_1$,$I_{R0}=I_{R2}R_2$。于是 $\dfrac{R_x}{R_0}=\dfrac{R_1}{R_2}$,即 $R_xR_2=R_0R_1$。此式说明,电桥平衡时,电桥相对臂电阻的乘积相等。这就是电桥的平衡条件。

根据电桥的平衡条件,若已知其中三个臂的电阻,就可以计算出另一个桥臂电阻,因此,电桥测电阻的计算公式为

$$R_x = \frac{R_1}{R_2}R_0 = CR_0 \tag{1}$$

电阻 R_1、R_2 为电桥的比率臂,R_x 为待测臂,R_0 为比较臂。R_0 作为比较的标准,常利用精度很高的电阻箱。由(1)式可以看出,待测电阻 R_x 由比率值 C 和标准电阻 R_0 决定,为测量方便,在实际的电桥中,比值 C 常设计为 10^n。检流计在测量过程中起判断桥路有无电流的作用,只要检流计有足够的灵敏度来反映桥路电流的变化,则电阻的测量结果与检流计的精度无关。由于标准电阻可以制作得比较精密,所以利用电桥的平衡原理测电阻的准确度可以很高,大大优于伏安法测电阻,这也是电桥应用广泛的重要原因。

2. 电桥的灵敏度

电桥是否达到平衡,是以桥路里有无电流来进行判断的,而桥

路中有无电流又是以检流计的指针是否发生偏转来确定的,但检流计的灵敏度总是有限的,这就限制了对电桥是否达到平衡的判断;另外人的眼睛的分辨能力也是有限的,如果检流计偏转小于 0.1 格则很难觉察出指针的偏转,因此引入电桥灵敏度问题是很必要的。

检流计的灵敏度 S 指电流变化量 ΔI_g 所引起指针偏转格数 Δn 的比值:

$$S = \frac{\Delta n}{\Delta I_g} \tag{2}$$

电桥灵敏度为 $S_{电桥}$ 指在处于平衡的电桥里,若测量臂电阻 R_x 改变一个微小量 ΔR_x 引起检流计指针所偏转的格数 Δn 的比值:

$$S_{电桥} = \frac{\Delta n}{\Delta R_x} \tag{3}$$

电桥相对灵敏度为 $S_{相对}$ 指对于处于平衡的电桥,若测量臂电阻 R_x 改变一个相对微小量 $\Delta R_x/R_x$ 引起检流计指针所偏转的格数 Δn 的比值:

$$S_{相对} = \frac{\Delta n}{\frac{\Delta R_x}{R_x}} = \frac{\Delta n}{\frac{\Delta R_0}{R_0}} \tag{4}$$

电桥的相对灵敏度有时也简称为电桥灵敏度。$S_{相对}$ 越大说明电桥越灵敏,电桥的相对灵敏度 $S_{相对}$ 与哪些因素有关呢?

将(2)式整理代入(4)式中:

$$S_{相对} = S \cdot R_x \cdot \frac{\Delta I_g}{\Delta R_x} \tag{5}$$

因 ΔI_g 和 ΔR_x 变化很小,可用其偏微商形式表示

$$S_{相对} = S \cdot R_x \cdot \frac{\partial I_g}{\partial R_x} \tag{6}$$

经过推导(详见附录)可得

$$S_{相对} = \frac{S \cdot E}{(R_x + R_0 + R_1 + R_2) + R_g \left[2 + \left(\frac{R_1}{R_2} + \frac{R_0}{R_x}\right)\right]} \tag{7}$$

对上式的分析,可知:

(1)电桥灵敏度 $S_{相对}$ 与检流计灵敏度 $S_{检流计}$ 成正比,检流计灵敏度越高电桥的灵敏度也越高。

(2)电桥的灵敏度与电源电压 E 成正比,为了提高电桥灵敏度可适当提高电源电压。

(3)电桥灵敏度随着 $R_x+R_0+R_1+R_2$ 的增大而减小,随着 $\dfrac{R_1}{R_2}+\dfrac{R_0}{R_x}$ 的增大而减小。臂上的电阻值选得过大,将大大降低其灵敏度,臂上的电阻值相差太大,也会降低其灵敏度。

根据以上分析,就可找出在实际工作中组装的电桥出现灵敏度不高、测量误差大的原因。同时一般成品电桥为了提高其测量灵敏度,通常都有外接检流计与外接电源接线柱。但是外接电源电压的选定不能简单为提高其测量灵敏度而无限制地提高,还必须考虑桥臂电阻的额定功率,否则会出现烧坏桥臂电阻的危险。

3. 开尔文电桥

在使用惠斯通电桥测电阻时,由于被测电阻阻值较大,所以桥路中的一些附加电阻(导线电阻和接触电阻等,一般在 $0.001\ \Omega$ 左右)都可以忽略不计。但是如果被测电阻小于 $1\ \Omega$ 时,例如被测电阻为 $0.01\ \Omega$ 时,附加电阻的影响就达到 10%,这些附加电阻就不能再忽略。这就要求对惠斯通电桥进行改进,来消除这些附加电阻的影响。改进后的电桥称为开尔文双臂电桥,它能够有效地将一些附加电阻消除掉,从而能够正确地测量小于 $1\ \Omega$ 的低电阻。

在图 4-3-16 惠斯通电桥中由 A 和 C 点到电源 E 及由 B 和 D 点到检流计 G 的导线电阻并入电源和检流计内阻,对测量结果没有影响。电桥比率臂 R_1、R_2 用较高阻值的电阻,因此与这两个电阻相连接的四根导线(A 到 R_1,D 到 R_1,C 到 R_2,D 到 R_2)的电阻及接点 D 的电阻都可以忽略不计。当待测电阻 R_x 和比较臂电阻 R_0 都是低电阻或甚低电阻时,与 R_x 及 R_0 相连的导线电阻和接点电阻就不可以忽略了。

为消除上述导线电阻及接点电阻的影响,将图 4-3-16 的电路改进为图 4-3-17 的开尔文电桥电路。在图 4-3-17 的电路中主要从以下几方面消除了导线电阻和接点电阻:

(1)把图 4-3-16 中 A 点到 R_x 的导线,以及 C 点到 R_0 的导线尽

量缩短,最好缩短为零。

(2)把 A 点和 C 点两个接触点分为 A_1、A_2 和 C_1、C_2,这样 A_1、C_1 的接点电阻就可以并入电源内阻中,A_2、C_2 的接点电阻并入 R_1、R_2 的电阻中。

(3)图 4-3-16 中 B 点的接点电阻和由 B 点到 R_x 和 R_0 的导线电阻不能并入 R_x 和 R_0 中,所以在电路中增加了两个阻值较大的电阻 R_3、R_4,如图 4-3-17 所示,让 B 点移到与 R_3、R_4 及检流计相连,这样 B 点电阻就自然并入 R_3、R_4 中。

(4)图 4-3-17 中 R_x 与 R_0 相连的两个接点分成 B_1、B_3 和 B_2、B_4,B_3 和 B_4 两接点电阻就分别并入 R_3 和 R_4 中,B_1 与 B_2 两点用粗导线连接,设 B_1、B_2 点的接点电阻和粗导线的电阻为 r,当电桥处于平衡时,图 4-3-17 检流计中流过的电流为零,则通过 R_1、R_2 的电流为 I_1,通过 R_3、R_4 的电流为 I_2,通过 R_x、R_0 的电流为 I_3。因为 B 点和 D 点电势相等,则有

$$I_1 R_1 = I_3 R_x + I_2 R_3$$
$$I_1 R_2 = I_3 R_0 + I_2 R_4$$
$$I_2 (R_3 + R_4) = (I_3 - I_2) r$$

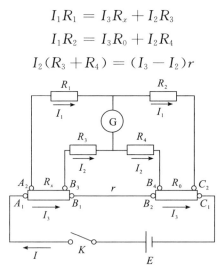

图 4-3-17 开尔文电桥原理图

联立解得:
$$R_x = \frac{R_1}{R_2} R_0 + \frac{rR_4}{R_3 + R_4 + r} \left(\frac{R_1}{R_2} - \frac{R_3}{R_4} \right)$$

上式中当 $R_1=R_3$、$R_2=R_4$ 或 $R_1/R_2=R_3/R_4$ 时,第二项为零,消除了附加电阻 r 的影响,结果为:

$$R_x = \frac{R_1}{R_2} R_0$$

为保证 $R_1/R_2 = R_3/R_4$，在实际电桥中，把构成电桥两对比率臂的两个相同的十进电阻箱装在同一转轴上，同步调节。

4. 滑线式惠斯通电桥

滑线式电桥是一种为了方便理解电桥的原理而设计制作的教学实验用电桥，其线路如图 4-3-18 所示。其中 R_1 和 R_2 为一根阻值均匀的电阻丝，滑动触头 P 可以左右移动，从而可以改变电桥的比率。电阻丝下面是一个直尺，可以读出 AP 和 PC 的长度 L_1 和 L_2，进一步可知 $R_1/R_2 = L_1/L_2$。比率臂使用电阻箱。R' 是一个滑线变阻器，起保护作用，在刚开始操作时，为防止大电流流过检流计，应先将 R' 置于最大阻值，以后根据电桥逐步接近平衡，为提高电桥的灵敏度，逐渐将阻值调到零。从计算可知，滑动触头 P 处于电阻丝的中间位置是测量的最佳位置，为此，在测量时，应将 P 点置于电阻丝的中间位置，然后调节 R_0，使电桥平衡。实际中，由于电阻丝并不是绝对均匀的，所以为了消除电阻丝不均匀所引起的误差，可待电桥平衡后记下 R_0，然后将 R_x 和 R_0 互换一下位置，保持 P 点位置不变，调节 R_0，使电桥达到一个新的平衡，记下此时的读数 R'_0，则可得 $\frac{R_x}{R_0} = \frac{R_1}{R_2}$，$\frac{R'_0}{R_x} = \frac{R_1}{R_2}$。

两式联立可得 $R_x = \sqrt{R_0 R'_0}$。

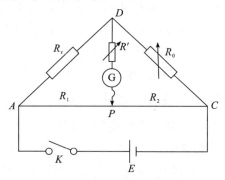

图 4-3-18　滑线式惠斯通电桥原理图

【实验仪器】

QJ23a 型单臂直流电桥、QJ42 型双臂直流电桥、滑线式惠斯通电桥、直流稳压电源、检流计、RX-4 四端金属电阻器(铜、铁、铝)、滑线电阻器、电阻箱、碳膜电阻一只、电键开关、导线若干。

【实验内容】

1. 滑线式电桥测量电阻元件的阻值

(1)按图 4-3-19 接好电路(K 断开),滑线变阻器 R' 置于最大值。

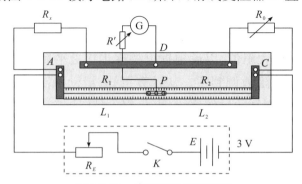

图 4-3-19　惠斯通电桥接线图

(2)根据被测电阻的估计值,将电阻箱 R_0 取为被测电阻 R_x 的估计值,滑动按键 P 置于电阻丝中间位置。

(3)合上电键 K,按下滑动按键 P,调节电阻箱 R_0,使电桥趋于平衡,并逐渐减小 R' 至零,得到此时电桥平衡时 R_0。注意在测量过程中,不能长时间接通 K,以避免电流效应引起的阻值变化,按键 P 只能跃接,以避免瞬时过载引起检流计损坏。

(4)将 R_0 和 R_x 互换位置,保持按键 P 不动,调节比较臂 R_0,使电桥再次平衡,记下此时电阻箱的阻值 R_0'。

(5)由 $R_x = \sqrt{R_0 R_0'}$ 求出待测电阻的阻值。

2. 惠斯通电桥测电阻

(1)将电桥面板上的电源选择开关和检流计选择开关置于"B 内"和"G 内",按下电源按钮"B",调节检流计零点。

(2)将被测电阻 R_x 接到面板 R_x 端子上,将电阻箱调到被测电阻的估计值上。

(3)根据 R_x 的估计值,选择合适的比率,使 R_0 可取四位有效数字。

(4)按下"B"和"G",观察检流计指针偏转情况,逐个调节比较臂的四个旋钮,至检流计准确指零;为保护检流计,应注意开关顺序,接通电路时应先按"B",后按"G",断开时应先断"G",后断"B"。同时注意不要长时间的接通"B""G",而应跃接。

(5)为了判断电桥是否真的达到平衡,应反复通断 G,看检流计是否偏转,然后记下比率 C 和电阻箱阻值 R_0,得出被测电阻阻值 $R_x=CR_0$。

3. 开尔文电桥测量低电阻

(1)将四端金属电阻器接到面板上相应的端子上,电压端"U"接"P_1""P_2",电流端"I"接"C_1""C_2",注意不要交叉接。

(2)将开关"K"接通,调节检流计调零旋钮,使检流计准确指零,将灵敏度旋钮逆时针旋到底,使灵敏度最低,在调节过程中逐渐将灵敏度调至最大。

(3)根据被测电阻的估计值,选择合适的比率。

(4)按下"B""G",方法同惠斯通电桥,调节可调电阻盘 R_0,使检流计指示为零,并逐渐调节灵敏度旋钮使灵敏度达到最大,记下此时的电阻盘读数 R_0,然后根据所选比率得出被测电阻 R_x 的值。

4. 测量金属导体电阻率 ρ

(1)任选金属棒(铜、铝或铁)一根,并把它接入四端电阻(接法如上),移动四端电阻上的可移动螺丝,使连入电路的金属棒的长度为 l(该过程为测量过程,$\Delta l \neq 0$),利用双臂电桥测量金属棒的电阻 R。

(2)把金属棒取下,测量其直径 d(在不同的位置至少测 6 次),并求平均值 $\bar{d}$。

(3)由电阻公式 $R=\rho\dfrac{l}{S}=\rho\dfrac{4l}{\pi \bar{d}^2}$ 计算金属棒的电阻率 $\rho=\dfrac{R\cdot\pi\bar{d}^2}{4l}$ 及其不确定度 $\Delta\rho$。

【**注意事项**】

(1)无论是滑线式电桥还是箱式电桥,通电时间都不能太长。

调节滑线式电桥时,滑动按键 P 应跃接;箱式电桥的 B、G 不能长时间接通,测完立即松开。

(2)调节电阻箱时,应由大阻值旋钮向小阻值旋钮调,当调节大阻值旋钮时,如果发现检流计指针从零点一侧变到另一侧,说明阻值变化范围太大,则应改调较小的阻值旋钮。

【思考题】

(1)什么是电桥平衡?如何判断电桥平衡?平衡的条件是什么?
(2)滑线式电桥测电阻时,为什么要将 R_x 和 R_0 互换一下位置再测?
(3)比率值的选择对测量结果有什么影响?
(4)调节过程中,若检流计相邻两次偏转方向相同或相反说明什么问题?下一步应怎样调节,才能尽快达到平衡?

实验 5　电表改装与校准

电表在电测量中有着广泛的应用,因此如何了解电表和使用电表就显得十分重要。电流计(微安表头)由于构造的原因,一般只能测量较小的电流和电压,如果要用它来测量较大的电流或电压,就必须进行改装,以扩大其量程。万用表的原理就是对微安表头进行多量程改装而来,在电路的测量和故障检测中得到了广泛的应用。

【实验目的】

(1)掌握将毫安表改装成万用表的原理和方法。
(2)掌握将 1 mA 表头改成大量程的电流表和电压表的方法。
(3)设计一个 $R_中 = 1\,500\ \Omega$ 的欧姆表,要求 E 在 1.3～1.6 V 范围内使用能调零。
(4)用电阻器校准欧姆表,画校准曲线,并根据校准曲线用组装好的欧姆表测未知电阻。
(5)学会校准电流表和电压表的方法。

【实验原理】

常见的磁电式电流计主要由放在永久磁场中的由细漆包线绕

制的可以转动的线圈、用来产生机械反力矩的游丝、指示用的指针和永久磁铁所组成。当电流通过线圈时，载流线圈在磁场中就产生一磁力矩 $M_磁$，使线圈转动，从而带动指针偏转。线圈偏转角度的大小与通过的电流大小成正比，所以可由指针的偏转直接指示出电流值。

1. 测量内阻 R_g

电流计允许通过的最大电流称为电流计的量程，用 I_g 表示，电流计的线圈有一定内阻，用 R_g 表示，I_g 与 R_g 是两个表示电流计特性的重要参数。测量内阻 R_g 常用方法有：

(1)半偏法（也称中值法或半电流法）。

测量原理图见图 4-3-20。当被测电流计接在电路中时，使电流计满偏，再用十进位电阻箱与电流计并联作为分流电阻，改变电阻值即改变分流程度，当电流计指针指示到中间值，且标准表读数（总电流强度）仍保持不变，可通过调电源电压和 R_w 来实现，这时分流电阻值就等于电流计的内阻。

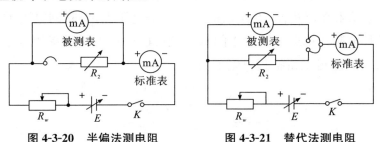

图 4-3-20　半偏法测电阻　　图 4-3-21　替代法测电阻

(2)替代法。

测量原理图见图 4-3-21。当被测电流计接在电路中时，用十进位电阻箱替代它，且改变电阻值，当电路中的电压不变时，且电路中的电流（标准表读数）亦保持不变，则电阻箱的电阻值即为被测电流计内阻。

替代法是一种运用很广的测量方法，具有较高的测量准确度。

2. 改装为大量程电流表

根据电阻并联规律可知，如果在表头两端并联上一个阻值适当的电阻 R_2，如图 4-3-22 所示，可使表头不能承受的那部分电流从 R_2 上分流通过。这种由表头和并联电阻 R_2 组成的整体（图中虚线框住

的部分)就是改装后的电流表。如需将量程扩大 n 倍,则不难得出

$$R_2 = R_g/(n-1) \tag{1}$$

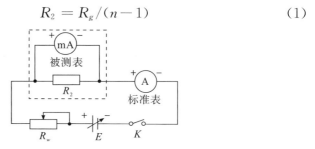

图 4-3-22 电流表改装原理图

图 4-3-22 为扩流后的电流表原理图。用电流表测量电流时,电流表应串联在被测电路中,所以要求电流表应有较小的内阻。另外,在表头上并联阻值不同的分流电阻,便可制成多量程的电流表。

3. 改装为电压表

一般表头能承受的电压很小,不能用来测量较大的电压。为了测量较大的电压,可以给表头串联一个阻值适当的电阻 R_M,如图 4-3-23 所示,使表头上不能承受的那部分电压降落在电阻 R_M 上。这种由表头和串联电阻 R_M 组成的整体就是电压表,串联的电阻 R_M 叫作扩程电阻。选取不同大小的 R_M,就可以得到不同量程的电压表。由图 4-3-23 可求得扩程电阻值为:

$$R_M = \frac{U}{I} - R_g \tag{2}$$

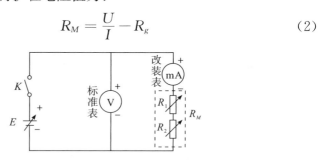

图 4-3-23 电压表改装原理图

实际的扩展量程后的电压表原理见图 4-3-23。

用电压表测电压时,电压表总是并联在被测电路上,为了不因并联电压表而改变电路中的工作状态,要求电压表应有较高的内阻。

4. 改装毫安表为欧姆表

用来测量电阻大小的电表称为欧姆表。根据调零方式的不

同,可分为串联分压式和并联分流式两种。其原理电路如图4-3-24所示。图中 E 为电源,R_3 为限流电阻,R_w 为调"零"电位器,R_x 为被测电阻,R_g 为等效表头内阻。图4-3-24(b)中,R_G 与 R_w 一起组成分流电阻。

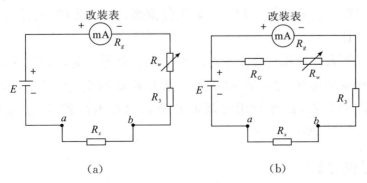

图 4-3-24　欧姆表改装原理

欧姆表使用前先要调"零"点,即 a、b 两点短路(相当于 $R_x=0$),调节 R_w 的阻值,使表头指针正好偏转到满度。可见,欧姆表的零点就在表头标度尺的满刻度(即量限)处,与电流表和电压表的零点正好相反。

在图 4-3-24(a)中,当 a、b 端接入被测电阻 R_x 后,电路中的电流为

$$I = \frac{E}{R_g + R_W + R_3 + R_x} \tag{3}$$

对于给定的表头和线路来说,R_g、R_w、R_3 都是常量。由此可见,当电源端电压 E 保持不变时,被测电阻和电流值有一一对应的关系。即接入不同的电阻,表头就会有不同的偏转读数,R_x 越大,电流 I 越小。短路 a、b 两端,即 $R_x=0$ 时

$$I = \frac{E}{R_g + R_W + R_3} = I_g \tag{4}$$

此时指针满偏。

当 $R_x = R_g + R_w + R_3$ 时

$$I = \frac{E}{R_g + R_W + R_3 + R_X} = \frac{1}{2} I_g \tag{5}$$

此时指针在表头的中间位置,对应的阻值为中值电阻,显然 $R_{中} = R_g + R_w + R_3$。

当 $R_x=\infty$（相当于 a、b 开路）时，$I=0$，即指针在表头的机械零位。

所以欧姆表的标度尺为反向刻度，且刻度是不均匀的，电阻 R 越大，刻度间隔越密。如果表头的标度尺预先按已知电阻值刻度，就可以用电流表来直接测量电阻了。

并联分流式欧姆表利用对表头分流来进行调零的，具体参数可自行设计。

欧姆表在使用过程中电池的端电压会有所改变，而表头的内阻 R_g 及限流电阻 R_3 为常量，故要求 R_w 要跟着 E 的变化而改变，以满足调"零"的要求，设计时用可调电源模拟电池电压的变化，范围取 1.3~1.6 V 即可。

【实验仪器】

DH4508 型电表改装与校准实验仪，ZX21a 电阻箱（可选用）。

【实验内容】

DH4508 型电表改装与校准实验仪的使用参见附录。

仪器在进行实验前应对毫安表进行机械调零。

1. 用中值法或替代法测出表头的内阻

按图 4-3-20 或图 4-3-21 接线。$R_g=$ _____ Ω。

2. 将一个量程为 1 mA 的表头改装成 5 mA 量程的电流表

(1)根据式(1)计算出分流电阻值，先将电源调到最小，再按图 4-3-22 接线。

(2)将标准电流表选择开关打在 20 mA 挡量程，慢慢调节电源，升高电压，使改装表指到满量程（可配合调节 R_w 变阻器），这时记录标准表读数。**注意**：R_w 作为限流电阻，阻值不要调至最小值。然后调小电源电压，使改装表每隔 1 mA（满量程的 1/5）逐步减小读数直至零点；再调节电源电压按原间隔逐步增大改装表读数到满量程，每次记下标准表相应的读数于下表。

(3)以改装表读数为横坐标，标准表两次读数的平均值与改装表读数之差 ΔI 为纵坐标，在坐标纸上作出电流表的校正曲线，并根据两表最大误差的数值定出改装表的准确度级别。

准确度级别：$K=\dfrac{\Delta I_{最大值}}{量程}\times 100$。

(4)重复以上步骤,将1 mA表头改装成10 mA电流表,可按每隔2 mA测量一次(可选做)。

(5)将面板上的R_G和表头串联,作为一个新的表头,重新测量一组数据,并比较扩流电阻有何异同(可选做)。

表 4-3-1 电流表的改装

改装表读数(mA)	标准表读数(mA)			示值误差 ΔI(mA)
	减小时	增大时	平均值	
1				
2				
3				
4				
5				

3. 将一个量程为 1 mA 的表头改装成 1.5 V 量程的电压表

(1)根据式(2)计算扩程电阻R_M的阻值,可用R_1、R_2进行实验。

(2)按图 4-3-23 连接校准电路。用量程为 2 V 的数显电压表作为标准表来校准改装的电压表。

(3)调节电源电压,使改装表指针指到满量程(1.5 V),记下标准表读数。然后每隔 0.3 V 逐步减小改装表读数直至零点,再按原间隔逐步增大到满量程,每次记下标准表相应的读数于下表。

(4)以改装表读数为横坐标,标准表两次读数的平均值与标准表读数之差 ΔU 为纵坐标,在坐标纸上作出电压表的校正曲线,并根据两表最大误差的数值定出改装表的准确度级别。

表 4-3-2 电压表的改装

改装表读数(V)	标准表读数(V)			示值误差 ΔU(V)
	减小时	增大时	平均值	
0.3				
0.6				
0.9				
1.2				
1.5				

(5)重复以上步骤,将 1 mA 表头改成 5 V 电压表,可按每隔 1 V 测量一次(可选做)。

4. 改装欧姆表及标定表面刻度

(1)根据表头参数 I_g 和 R_g 以及电源电压 E,选择 R_w 为 470 Ω,R_3 为 1 kΩ,也可自行设计确定。

(2)按图 4-3-24(a)进行连线。将 R_1、R_2 电阻箱(这时作为被测电阻 R_x)接于欧姆表的 a、b 端,调节 R_1、R_2,使 $R_中 = R_1 + R_2 = 1\ 500$ Ω。

(3)调节电源 $E = 1.5$ V,调 R_w 使改装表头指示为零。

(4)取电阻箱的电阻为一组特定的数值 R_{xi},读出相应的偏转格数 d_i。利用所得读数 R_{xi}、d_i 绘制出改装欧姆表的标度盘。如表 4-3-3 所示:

表 4-3-3 欧姆表的改装

$E = $ _____ V,$R_中 = $ _____ Ω

$Rx_i(Ω)$	$\frac{1}{5}R_中$	$\frac{1}{4}R_中$	$\frac{1}{3}R_中$	$\frac{1}{2}R_中$	$R_中$	$2R_中$	$3R_中$	$4R_中$	$5R_中$
偏转格数(d_i)									

(5)按图 4-3-24(b)进行连线,设计一个并联分流式欧姆表。试与串联分压式欧姆表比较,有何异同(可选做)。

【思考题】

是否还有其他办法来测定电流计内阻?能否用欧姆定律来进行测定?能否用电桥来进行测定而又保证通过电流计的电流不超过 I_g?

实验 6 示波器的原理和使用

示波器是一种用途广泛的电子测量仪器,能直接用来观察电信号的波形,也能用来测定电信号的电压和频率等。凡是能转化为电信号的电学量和非电学量都可以用示波器来观察。这一特性使得示波器在科研、教学及应用技术等很多领域用途极为广泛。因此,学习使用示波器在物理实验中具有非常重要的地位。

本实验的目的在于使同学们对示波器的工作原理有初步了解,并能正确使用它,以给今后实际应用打下基础。

【实验目的】

(1)了解示波器的结构和工作原理。

(2)初步掌握示波器各旋钮的作用和使用方法。

(3)学习利用示波器观察电信号的波形,测量电压、频率和相位。

【实验原理】

1. 示波器的构造和工作原理

示波器的基本结构主要包括示波管、扫描电路、同步触发电路、X 和 Y 轴放大器、电源等部分,如图 4-3-25 所示。

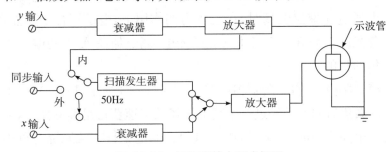

图 4-3-25　示波器基本组成框图

(1)示波管。

示波管是示波器的心脏,主要由安装在高真空玻璃管中的电子枪、偏转系统和荧光屏三部分组成。

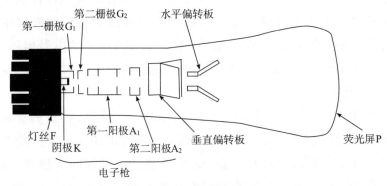

图 4-3-26　示波管的结构

①电子枪:用来发射一束强度可调且能聚焦的高速电子流,它由灯丝、阴极、控制栅极、第一阳极和第二阳极五部分组成。

阴极——是一罩在灯丝外面的小金属圆筒,表面涂有脱出功较低的钡、锶氧化物。灯丝通电后,阴极被加热,大量的电子从阴极表面逸出,在真空中自由运动从而实现电子发射。

栅极——辉度控制,是由第一栅极 G_1(又称控制极)和第二栅极 G_2(又称加速极)构成。栅极是由一个顶部有小孔的金属圆筒,它的电极低于阴极,具有反推电子作用,只有少量的电子能通过栅极。调节栅极电压可控制通过栅极的电子束强弱,从而实现辉度调节。在 G_1 的控制下,只有少量电子通过栅极,G_2 与 A_2 相连,所加相位比 A_1 高,G_2 的正电位对阴极发射的电子奔向荧光屏起加速作用。

第一阳极——聚焦:第一阳极(A_1)为圆柱形(或圆形),有好几个间壁,第一阳极上加有几百伏的电压,形成一个聚焦的电场。当电子束通过此聚焦电场时,在电场力的作用下,电子汇合于一点,结果在荧光屏上得到一个又小又亮的光电,调节加在 A_1 上的电压可达到聚焦的目的。

第二阳极——电子的加速,第二阳极(A_2)上加有 1 000 V 以上的电压。聚焦后的电子经过这个高电压场的加速获得足够的能量,使其成为一束高速的电子流。这些能量很大的电子打在荧光屏上可引起荧光物质发光。能量越大就越亮,但不能太大,否则将因发光强度过大导致烧坏荧光屏。一般来说,A_2 上的电压在 1 500 V 左右即可。

②偏转系统是由两对相互垂直的金属板构成,垂直(Y)偏转板和水平(X)偏转板,在两对金属板上分别加以直流电压以控制电子束的位置。适当调节这个电压可以把光点或波形移到荧光屏的中间部位。偏转板除了直流电压外,还有待测物理量的信号电压,在信号电压的作用下,光点将随信号电压变化而变化,形成一个反映信号电压的波形。

③荧光屏:荧光屏(P)上面涂有硅酸锌、钨酸镉、钨酸钙等磷光物质,能在高能电子轰击下发光。辉光的强度取决于电子的能量和数量。在电子射线停止作用前,磷光要经过一段时间才熄灭,这个时间称为余辉时间。余辉使我们能在屏上观察到光电的连续轨迹。光点的亮度取决于电子束的电子数量,大小由电子束的粗细决定。它们分别由"亮度"和"聚焦"旋钮来调节。

自阴极发射的电子束,经过第一栅极(G_1)、第二栅极(G_2)、第一阳极(A_1)、第二阳极(A_2)的加速和聚焦后,形成一个细电子束。垂直偏转板(常称作 y 轴)及水平偏转板(常称 x 轴)所形成的二维电场,使电子束发生位移,位移的大小与 x、y 偏转板上所加的电压有关:

(2)扫描。

①当 X、Y 轴偏转板上的电压 $U_x=0$,$U_y=0$ 时电子束打在荧光屏中心。

②当 $U_x>0$,$U_y=0$ 时,电子束将受到电场力作用,使电子束向正极板偏转,光点将由荧光屏中点移动到右边;当 $U_x<0$,$U_y=0$ 时,则光点移动到荧光屏左边。

③当 $U_x=0$,$U_y>0$ 时,光点向上移动。当 $U_x=0$,$U_y<0$ 时,则光点向下移动。

光点移动的距离与偏转板所加电压成正比,即光点沿 Y 轴方向上下移动的距离正比于 U_y,沿 X 轴方向左右移动的距离正比于 U_x。

④若在 Y 轴偏转板上加正弦波电压($U_y=U_0\sin\omega t$),X 轴偏转板不加电压($U_x=0$),光点将沿 Y 轴方向振动。由于 U_y 是按正弦规律变化的,所以光点在 Y 轴方向移动的距离也按正弦规律变化;因为 $U_x=0$,所以光点在 X 轴方向无移动,在荧光屏上只能看到一条 Y 轴方向的直线(如图 4-3-27),而不是正弦波。如何才能在荧光屏上展现正弦波呢?那就需要将光点沿 X 轴方向拉开,即必须在 X 轴偏转板上也加上电压。由于 Y 轴上加的电压的波形是随时间变化的,所以希望 X 轴光点的移动代表时间 t,且 X 轴的电压(U_x)随时间的变化的关系应是线性的(如图 4-3-27)。

用比较直观的作图法将电子束受 U_y 和 U_x 的电场力作用后的轨迹表示如图 4-3-27。在示波管的 X、Y 偏转板上分别同时加上线性电压和正弦波电压,若它们的周期相同。将一个周期分为相同的 4 个时间间隔,U_y 和 U_x 的值分别对应光点在 Y 轴和 X 轴偏离的位置。将 U_x 和 U_y 的各投影光点连起来,即得被测电压波形(正弦波)。完成一个波形后的瞬间,光点立刻反跳回到原点,完成一个周期,这根反跳线称为回扫线。因这段时间很短,线条比较暗,有的示波器采取措施(消隐电路)将其消除。

光点沿 X 轴线性变化及反跳的过程称为扫描,电压 U_x 称为扫描电压(锯齿波电压),它是由示波器内的扫描发生器(锯齿波发生器)产生的。这样,电子束不仅受到 U_y 电场力使其上下运动,同时受到 U_x 电场力使其展开成正弦波。

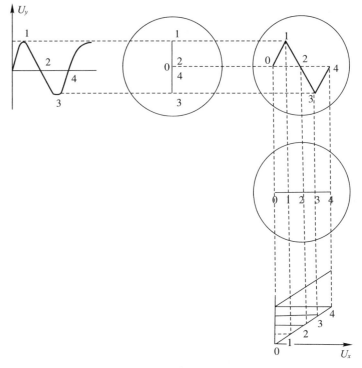

图 4-3-27　波形显示原理

上面讨论的波形因 U_y 和 U_x 的周期相等,荧光屏上出现一个正弦波,若 $f_y=nf_x, n=1,2,3,\cdots$,则荧光屏上将出现一个、两个、三个……稳定的正弦波。只有当 f_y 为 f_x 的整数倍时,波形才稳定,但 f_y 由被测电压决定的,而 f_x 由示被器内锯齿波发生器决定,两者相互无关。某些型号的示波器,为了得到稳定的波形,采用整步的方法,即把 Y 轴输入信号电压接至锯齿波发生器的电路中,强迫 f_x 跟随信号频率变化而变化(内整步),以保证 $f_y=nf_x$,荧光屏上的波形即可稳定。

(3)同步电路。

为了在荧光屏上得到稳定不动的信号波形,采用被测信号来控制扫描电压的产生时刻,称为触发扫描。调节触发电平高低,使被测信号达到某一定值时,扫描电路才开始工作,产生一个锯齿波,将被测信号显示出来。由于每次被测信号都达到这一定值时,扫描电路才工作,产生锯齿波,所以每次扫描显示的波形相同。这样,在荧光屏上看到的波形就稳定不动。

(4)电压放大与衰减。

一般示波器垂直和水平偏转板的灵敏度不高,当加在偏转板上的电压较小时,电子束不能发生足够的偏转,光点位移很小。为了便于观测,需要预先把小的输入电压经放大后再送到偏转板上,为此设置垂直和水平放大器。

当输入信号电压过大时,为避免放大器过荷失真,需在信号输入放大器前加以衰减而设置衰减器。通常衰减器有三挡:1、10、100。

(5)电源。

用以供给示波管及各部分电子线路所需的各种交直流电源。

2. 示波器的应用

(1)观察波形。

(2)测量电压。

(3)测量频率和周期。

(4)用李萨如图形测信号的频率。

如果将不同的信号分别输入 y 轴和 x 轴的输入端,当两个信号的频率满足一定关系时,荧光屏上会显示出李萨如图形。可用测李萨如图形的相位参数或波形的切点数来测量时间参数。

两个互相垂直的振动(有相同的自变量)的合成为李萨如图形。

①频率相同而振幅和相位不同时,两正交正弦电压的合成图形。设此两正弦电压分别为:

$$x = A\cos\omega t$$

$$y = B\cos(\omega t + \varphi)$$

消去自变量 t,得到轨迹方程:

$$\frac{x^2}{A^2} + \frac{y^2}{B^2} - \frac{2xy}{AB}\cos\varphi = \sin^2\varphi$$

这是一个椭圆方程。当两个正交电压的相位差 φ 取 $0\sim 2\pi$ 的不同值时,合成的图形如图 4-3-28 所示。

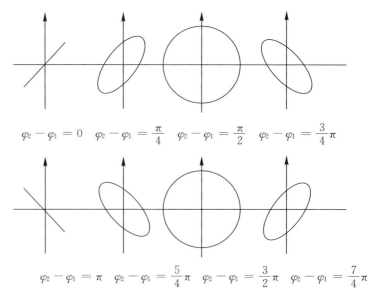

图 4-3-28　不同 φ 的李萨如图形

②两正交正弦电压的相位差一定,频率比为一个有理数时,合成的图形为一条稳定的闭合曲线。图 4-3-29 是几种频率比时的图形,频率比与图形的切点数之间有下列关系：

$$\frac{f_x}{f_y}=\frac{水平切线的切点数}{垂直切线的切点数} \tag{1}$$

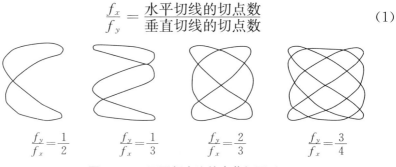

图 4-3-29　不同频率比的李萨如图形

③测量两个正弦信号的相位差。

根据椭圆的形状可确定两信号间的相位差。

设屏上光点在水平方向的振动方程为：$X=A\sin\omega t$

在垂直方向的振动方程为：$Y=B\sin(\omega t+\varphi)$

若 $X=0$,有 $\omega t=n\pi$（n 为整数）,代入 $Y=B\sin(\omega t+\varphi)$ 中,则有 $Y=\pm B\sin\varphi=\pm b$,于是两正弦信号的相位差为：

$$|\varphi| = \arcsin\frac{b}{B} = \arcsin\frac{2b}{2B} \qquad (2)$$

易知式中 $2b$ 和 $2B$ 分别为椭圆与 Y 轴交点间距离及椭圆在 Y 轴上的投影。利用上述公式可测量两电压信号在 $0\sim\pi$ 间的相位差,但不易判断相位差的正负符号。

本实验所用频率 $f=1.59$ kHz,电压 3 V 左右(有效值),$C=0.1~\mu F$,$R=1~k\Omega$。

(2)位移法。将两个同频而相位不同的正弦电压信号 u_1 和 u_2 分别送入示波器的 1、2 通道,在屏上可调出位置均关于 X 轴对称的两电压波形。由于 X 方向线段长度与相位成正比关系,故有:

$$\varphi = \frac{l}{l_0} \times 2\pi(360°) \qquad (3)$$

式(3)中,l_0 为波形一个周期的长度,l 为两波形的位移。由图中两波形的前后位置可判别出 u_2 相对 u_1 的相位超前或落后。

【实验仪器】

双踪通用示波器,信号频率发生器。

【实验内容】

1. 观察电压波形

将信号发生器的正弦波和方波电压(调为 4.00 V,1 kHz)先后输入示波器的 Y 通道(Y_1 或 Y_2)。要求在屏上调出 2~3 个周期的波形,并注意"输入选择""触发选择"键的选取及观察"电平调节"钮的作用。

2. 测电压、频率

用示波器验证 1 kHz、4.00 V(有效值)交流电压的峰—峰值和频率 f。

3. 利用李萨如图形测量正弦交流信号的频率

(1)观察李萨如图形。将待测信号源中未知频率的正弦信号输入 Y 轴输入端,再将信号发生器产生的正弦信号输入 X 轴输入端。

(2)调节 Y 轴"灵敏度选择开关"挡级和信号发生器的输出信号的强弱,使图形适中。缓慢改变后者的频率,可在示波器上逐一得到确定频率比例的李萨如图形。

观察李萨如图形并测频率。

【思考题】

(1) 记住示波器面板上三个区域上旋钮、开关、键的作用。思考如何稳定波形？如何调屏上波形高度和上下左右位置？如何改变波形数目？

(2) 在用椭圆法测相位差时，改变 2 通道的偏转因数或改变 1 通道的偏转因数，从而改变了屏上椭圆形状，对测量相位差有没有影响？为什么？

(3) 推导或解释测频率的(1)式来历。

(4) 示波器 Y 通道衰减器原理如图 4-3-30 所示。试证明当 $R_1C_1=R_2C_2$ 时，分压系数为：$\dfrac{u_2}{u_1}=\dfrac{R_2}{R_1+R_2}$，与 u_1 的频率 f 无关。由此知对非正弦波电压衰减时也不产生波形畸变。(此电路称为"脉冲分压电路")

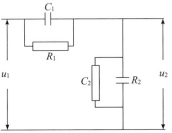

图 4-3-30　Y 通道衰减器原理

实验 7　RLC 电路

在交流电或电子电路的研究中，常需要通过电阻、电感、电容元件不同组合的电路，用来改变输入正弦信号和输出正弦信号之间的相位差，或构成放大电路、振荡电路、选频电路、滤波电路等，因此，研究 RLC 电路及其过程，在物理学、工程技术上都很有意义。

若在由电阻 R、电感和电容 C 组成的电路中接入一个正弦稳态交流电源，电路中的电流和各元件上的电压及相位将随电源频率的改变而改变，这称为电路的稳态特性。

本实验主要研究 RC、RL 和 RLC 三种串联电路中的电压值随电源频率的变化规律(称为幅频特性)以及电压与电流间的相位随电源频率的变化规律(称为相频特性)。

【实验目的】

(1)研究交流信号在 RLC 串联电路中的相频和幅频特性。
(2)学习使用双踪示波器,掌握相位差的测量方法。
(3)复习巩固交流电路中的矢量图解法和复数表示法。

【实验原理】

1. RC 串联电路的幅频和相频特性

电路如图 4-3-31 所示。由于交流电路中的电压和电流不仅有大小变化而且还有相位差别,因此常用复数及其几何表示——矢量法来研究,由复电压 $\tilde{U}$ 与复电流 $\tilde{I}$ 之比得到的阻抗 Z 也是复数即复阻抗。令 ω 表示电源的角频率,U、I、U_R、U_C 分别表示电源电压、电路中的总电流、电阻 R 上电压和电容 C 上的电压的有效值。φ 表示电流 I 和电源电压 U 之间的相位差。则 RC 总阻抗为

$$Z = R - j\frac{1}{\omega C} = \sqrt{R^2 + \left(\frac{1}{\omega C}\right)^2}\, e^{-j\frac{1}{\omega CR}} \tag{1}$$

其中,阻抗 Z 的幅值为:$|Z| = \sqrt{R^2 + \left(\frac{1}{\omega C}\right)^2}$。 (2)

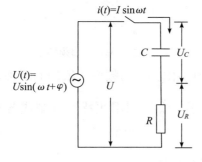

图 4-3-31 RC 串联电路

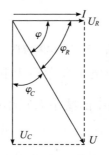

图 4-3-32 矢量图

辐角为:$\varphi = \arctan\left(\dfrac{1}{\omega CR}\right)$。 (3)

由于电阻值和频率无关,电阻两端电压与电流同相位,若用矢量法求解则应以电流为参考矢量。作 U_R、U_C 及其合成的总电压矢量图,如图 4-3-32。

总电压为: $U = \sqrt{U_R^2 + U_C^2} = I\sqrt{R^2 + \left(\dfrac{1}{\omega C}\right)^2}$。 (4)

R 两端的电压为: $U_R = U\cos\varphi = \dfrac{U}{\sqrt{1 + \left(\dfrac{1}{\omega CR}\right)^2}}$。 (5)

C 两端的电压为: $U_C = U\sin\varphi = \dfrac{U}{\sqrt{1 + (\omega CR)^2}}$。 (6)

综上可知:

(1)总阻抗在低频时趋于无穷大,随频率的增加而减小,逐渐趋近于 R 反映了电容具有"高频短路、低频开路"的性质。

(2)若总电压保持不变,U_C 与 U_R 随 ω 变化的趋势正好相反:U_C 随 ω 增加而逐渐减小,U_R 随 ω 增加而增加,高频时电压降在电阻两端,低频时电压降在电容两端。如图 4-3-33,利用此特性,可把各种频率分开,组成各种滤波电路。

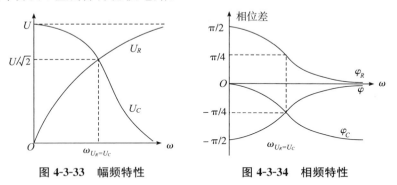

图 4-3-33 幅频特性　　图 4-3-34 相频特性

(3)总电压 U 落后于电流 I 的相位,φ 随频率的增加而增加而趋于 0,随频率的减小而减小而趋于 $-\dfrac{\pi}{2}$。利用此特性可制成各种相移电路。

2. RL 串联电路的幅频和相频特性

电路如图 4-3-35 所示。类似于 RC 串联电路,有

RL 的总阻抗为: $Z = R + j\omega L = \sqrt{R^2 + (\omega L)^2}\, e^{-j\frac{\omega L}{R}}$。 (7)

其中，阻抗 Z 的幅值为：$|Z| = \sqrt{R^2+(\omega L)^2}$。 (8)

辐角为：$\varphi = \arctan\left(\dfrac{\omega L}{R}\right)$。 (9)

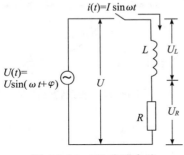

图 4-3-35　RL 串联电路　　图 4-3-36　矢量图

如图 4-3-36，总电压为：$U = \sqrt{U_R^2 + U_L^2} = I\sqrt{R^2+(\omega L)^2}$。 (10)

R 两端的电压为：$U_R = U\cos\varphi = \dfrac{U}{\sqrt{1+\left(\dfrac{\omega L}{R}\right)^2}}$。 (11)

L 两端的电压为：$U_L = U\sin\varphi = = \dfrac{U}{\sqrt{1+\left(\dfrac{R}{\omega L}\right)^2}}$。 (12)

综上可知：

(1) RL 串联电路的阻抗随频率的增加而增加，反之减小，具有"高频开路，低频短路"的性质。

(2) 幅频特性。

若总电压不变，U_L 与 U_R 随 ω 变化的趋势正好相反：U_C 随 ω 增加而逐渐减小，U_R 随 ω 增加而增加，高频时电压降在电感两端，低频时电压降在电阻两端。其曲线如图 4-3-37 所示。利用此幅频特性可组成滤波器。

(3) 相频特性。

总电压 U 的相位始终超前于电流 I 的相位，φ 随频率的增加而逐渐增加。可以看出，当 ω 从 0 逐渐增大并趋近于 ∞ 时，φ 从 0 逐渐趋近于 $\dfrac{\pi}{2}$。相频特性曲线如图 4-3-38。利用此特性可制成各种相移电路。

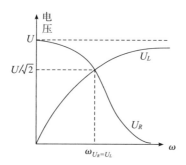
图 4-3-37 幅频特性曲线

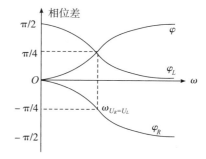
图 4-3-38 相频特性曲线

3. RLC 串联电路的相频特性

RLC 的总阻抗为：

$$Z = R + j\left(\omega L - \frac{1}{\omega C}\right) = \sqrt{R^2 + \left(\omega L - \frac{1}{\omega C}\right)^2}\, e^{j\varphi} \quad (13)$$

阻抗 Z 的幅值为：$|Z| = \sqrt{R^2 + \left(\omega L - \frac{1}{\omega C}\right)^2}$。 （14）

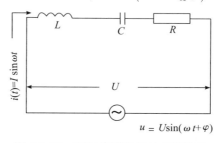
图 4-3-39 RLC 串联电路的相频特性

辐角为：$\varphi = \arctan\left(\dfrac{\omega L - \dfrac{1}{\omega C}}{R}\right)$。 （15）

R 两端的电压为：$U_R = U\cos\varphi = \dfrac{U}{\sqrt{1+\left(\dfrac{\omega L - \dfrac{1}{\omega C}}{R}\right)^2}}$。 （16）

（1）谐振频率。

当 $\omega L - \dfrac{1}{\omega C} = 0$ 时，$\varphi = 0$，并且 $U_R = U$ 为极大值。此时的频率 f 记为谐振频率 f_0，电路的这一特殊状态称为谐振态，$f_0 = \dfrac{\omega_0}{2\pi} = \dfrac{1}{2\pi\sqrt{LC}}$。

(2)相频特性。

相频特性曲线如图 4-3-40 所示。

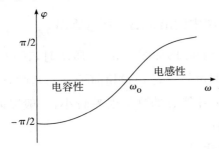

图 4-3-40　相频特性曲线

当 $\omega L-\dfrac{1}{\omega C}<0$ 时,在 $\omega<\omega_0$ 的范围内,$\varphi<0$,此时整个电路呈电容性;

当 $\omega L-\dfrac{1}{\omega C}>0$ 时,在 $\omega>\omega_0$ 的范围内,$\varphi>0$,此时整个电路呈电感性;

当 $\omega L=\dfrac{1}{\omega C}$ 时,在 $\omega=\omega_0$ 时,$\varphi=0$,此时整个电路为纯电阻。

4. 用示波器测量相位差

示波器是测量相位差比较理想的仪器,用它测量相位差有两种方法。

(1)比较法(双踪示波法)。

将 $u_R(t)$ 输入 CH1、$u(t)$ 输入 CH2,调节示波器有关旋钮,使 $u_R(t)$、$u(t)$ 出现如图 4-3-41 所示的数个周期波形图。

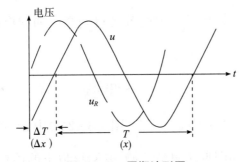

图 4-3-41　周期波形图

因为 $\omega=\dfrac{2\pi}{T}=\dfrac{\varphi}{\Delta T}$,故 $\varphi=\dfrac{\Delta T}{T}2\pi$。

其中，T 和 ΔT 分别对应于荧光屏上横轴方向的长度 x、Δx，故上式变为：

$\varphi = \dfrac{\Delta x}{x} 2\pi$，由图中读出 x、Δx，便可算出 φ。

当 $u_R(t)$、$u(t)$ 的波形如图 4-3-41 所示时，其 $u(t)$ 落后于 $u_R(t)$，此时算出的 φ 应取负号。若 $u(t)$ 超前于 $u_R(t)$，则 φ 应取正号。

为了便于观测并使 φ 的测量误差较小，一般以调出 1 个或 2 个周期的波形图为宜。

(2)李萨如图法。

将 $u_R(t)$ 信号作为垂直信号输入示波器的 CH1、将 $u(t)$ 作为水平信号输入示波器的 CH2，则在荧光屏上得到如图 4-3-42 中的某一种图形，这些是两个相互垂直的同频率的正弦振荡的合成图形，称为李萨如图形。下面推导用李萨如图形测量相位差 φ 的原理公式。我们知道，在两个互相垂直的方向上的振荡波形分别为：

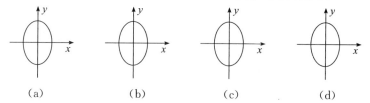

(a)　　　　(b)　　　　(c)　　　　(d)

图 4-3-42　李萨如图形

$$y = Y\sin\omega t \tag{17}$$
$$x = X\sin(\omega t + \varphi) \tag{18}$$

当 $y=0$ 时，由(17)式得 $\omega t=0$，此时(18)式变为 $x=x_0=X\sin\varphi$，由此可得 $\sin\varphi = \dfrac{x_0}{X} = \dfrac{2x_0}{2X}$，因此容易得到李萨如图形测量相位差 φ 的公式为

$$\varphi = \arcsin\dfrac{2x_0}{2X} \tag{19}$$

例如图 4-3-42(a)中 $\varphi = \pm\dfrac{\pi}{2}$，图 4-3-42(c)中 $\varphi = 0$。

注意：李萨如图形法只适合测 10 kHz 以下的信号间的相位差，频率再高时，示波器的水平放大器的相移值与垂直放大器的相移值相差过大，会造成测量误差较大。

【实验仪器】

双踪示波器,FB318 型 RLC 电路实验仪。

【实验内容】

(1)RC 串联电路幅频特性测定。

$R=500\ \Omega, C=0.500\ \mu F$,在测量不同的频率时 U 保持不变($U=1.00\ V$),f 从 $100\sim 1\,500\ Hz$ 取 10 个点,作 u_C-f 与 u_R-f 的曲线。

(2)选取 $f=1\,000\ Hz$ 所测的 u_R,u_C 值根据矢量合成求出 U 与 φ,并与实验值比较,求出相对偏差。

(3)RC 串联电路相频特性测定。

$R=500\ \Omega, C=0.500\ \mu F$,$f$ 从 $100\sim 1\,500\ Hz$ 取 10 个点,测出相应的相位差 $\Delta\varphi$,作 $\Delta\varphi f$ 曲线。

(4)RL 串联电路的幅频特性。

$L=0.01\ H, R=500\ \Omega$,电路自行设计(选作)

(5)RLC 串联电路相频特性。

$R=500\ \Omega, L=0.01\ H$ 则 $C=0.65\times 10^{-6}\ F, f_0=2\,000\ Hz$。

(6)求 φ 与 ω 的变化(选作)。

实验 8 混沌原理实验

混沌理论的主导思想是,宇宙本身处于混沌状态,在其中某一部分似乎并无关联的事件间的冲突,会给宇宙的另一部分造成不可预测的后果。混沌理论是对不规则而又无法预测的现象及其过程的分析。一个混沌过程是一个确定性过程,但它看起来是无序的、随机的。如果一个变量或一个过程的演进,或时间路径看似随机的,而事实上是确定的,那么这个变量或时间路径就表现出混沌行为。这个时间路径是由一个确定的非线性方程生成的。混沌理论有以下几个特性:

(1)随机性。体系处于混沌状态是由体系内部动力学随机性产生的不规则性行为,常称之为内随机性。这种随机性自发地产生于系统内部，与外随机性有完全不同的来源与机制，显然是确定性系统内部一种内在随机性和机制作用。体系内的局部不稳定是内随机性的特点，也是对初值敏感性的原因所在。

(2) 敏感性。系统的混沌运动，无论是离散的或连续的、低维的或高维的、保守的或耗散的。时间演化的还是空间分布的，均具有一个基本特征，即系统的运动轨道对初值的极度敏感性。这种敏感性，一方面反映出在非线性动力学系统内，随机性系统运动趋势的强烈影响；另一方面也将导致系统长期时间行为的不可预测性。气象学家洛仑兹(Lorenz, Edward Norton)提出的所谓"蝴蝶效应"就是对这种敏感性的突出而形象的说明。

(3) 分维性。混沌具有分维性质，是指系统运动轨道在相空间的几何形态可以用分维来描述。

(4) 普适性。当系统趋于混沌时，所表现出来的特征具有普适意义。其特征不因具体系统的不同和系统运动方程的差异而变化。这类系统都与费根鲍姆常数相联系。这是一个重要的普适常数 $\delta = 4.66920160910299097\cdots$

(5) 标度律。混沌现象是一种无周期性的有序态，具有无穷层次的自相似结构，存在无标度区域。只要数值计算的精度或实验的分辨率足够高，则可以从中发现小尺寸混沌的有序运动花样，所以具有标度律性质。

分实验 1：非线性电阻的伏安特性实验

【实验目的】

测绘非线性电阻的伏安特性曲线。

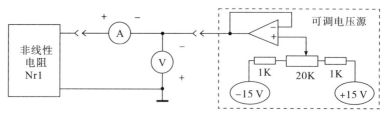

图 4-3-43　非线性电阻伏安特性原理框图

【实验原理】

有源非线性负阻元件一般满足"蔡氏电路"的特性曲线。实验中,将电路的 LC 振荡部分与非线性电阻直接断开,面板上的伏特表用来测量非线性元件两端的电压。由于非线性电阻是有源的,因此回路中始终有电流流过,R 使用的是电阻箱,其作用是改变非线性元件的对外输出。使用电阻箱可以得到很精确的电阻,尤其可以对电阻值做微小的改变,因而微小地改变输出。

【实验仪器】

混沌原理及应用实验仪。

【实验内容】

第一步:在混沌原理及应用实验仪面板上插上跳线 J01、J02,并将可调电压源处电位器旋钮逆时针旋转到头,在混沌单元 1 中插上非线性电阻 NR1。

第二步:连接混沌原理及应用实验仪电源,打开机箱后侧的电源开关。面板上的电流表应有电流显示,电压表也应有显示值。

第三步:按顺时针方向慢慢旋转可调电压源上电位器,并观察混沌面板上的电压表上的读数,每隔 0.2 V 记录面板上电压表和电流表上的读数,直到旋钮顺时针旋转到头,将数据记录于表 4-3-4 中。

【数据处理与分析】

(1)记录数据。

表 4-3-4　非线性电阻的伏安特性测量

电压(V)	……	0	0.2	0.4	0.6	0.8	1	1.2	1.4	……
电流(mA)										

(2)以电压为横坐标、电流为纵坐标用第三步所记录的数据绘制非线性电阻的伏安特性曲线如图 4-3-44 所示。

(3)找出曲线拐点,分别计算五个区间的等效电阻值。

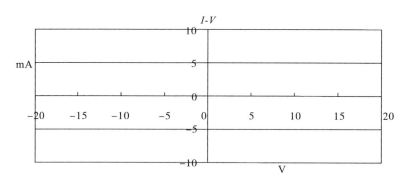

图 4-3-44 非线性电阻伏安特性曲线图

分实验 2：混沌波形发生实验

【实验目的】

调节并观察非线性电路振荡周期分岔现象和混沌现象。

【实验原理】

实验电路如图 4-3-45 所示，图中 NR1 是一个有源非线性负阻器件；电感器 L_1、电容器 C_2、一个损耗可以忽略的谐振回路；可变电阻 W_1、电容器 C_1 连接将振荡器产生的正弦信号移相输出。图 4-3-46 所示的是该电阻的伏安特性曲线，可以看出加在此非线性元件上电压与通过它的电流极性是相反的。由于加在此元件上的电压增加时，通过它的电流却减小，因而将此元件称为非线性负阻元件。

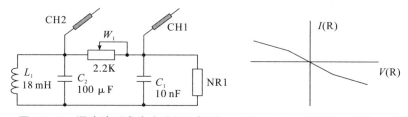

图 4-3-45 混沌波形发生实验原理框图   图 4-3-46 非线性元件伏安特性

$$C_1 \frac{dU_{C_1}}{dt} = G(U_{C_2} - U_{C_1}) - gU_{C_1},$$

$$C_2 \frac{dU_{C_2}}{dt} = G(U_{C_1} - U_{C_2}) + i_L$$

$$L\frac{\mathrm{d}i_L}{\mathrm{d}t}=-U_{C_2} \qquad (1)$$

式(1)中，U_{C_1}、U_{C_2} 是 C_1、C_2 上的电压，i_L 是电感 L_1 上的电流，$G=1/R_1$ 电导，g 为 U 的函数。如果 NR1 是线性的，则 g 为常数，电路就是一般的振荡电路，得到的解是正弦函数，电阻 W_1 作用是调节 C_1 和 C_2 的相位差，把 C_1 和 C_2 两端的电压分别输入到示波器的 x，y 轴，则显示的图形是椭圆。但是如果 NR1 是非线性的则又会看见什么现象呢？

实际电路中 NR1 是非线性元件，它的伏安特性如图 4-3-48 所示，是一个分段线性的电阻，整体呈现为非线性。gU_{C_1} 是一个分段线性函数。由于 g 总体是非线性函数，三元非线性方程组(1)没有解析解。若用计算机编程进行数据计算，当取适当电路参数时，可在显示屏上观察到模拟实验的混沌现象。

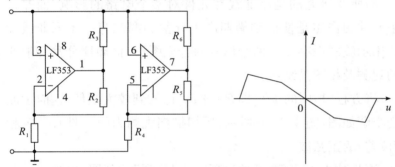

图 4-3-47 有源非线性器件　　图 4-3-48 双运放非线性元件的伏安特性

除了计算机数学模拟方法之外，更直接的方法是用示波器来观察混沌现象，实验电路如图 4-3-49 所示，图 4-3-49 中，非线性电阻是

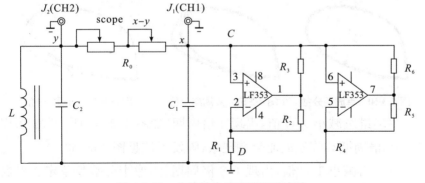

图 4-3-49 非线性电路混沌实验电路

电路的关键,它是通过一个双运算放大器和六个电阻组合来实现的。电路中,LC 并联构成振荡电路,R_0 的作用是分相,使 CH1 和 CH2 两处输入示波器的信号产生相位差,即可得到 x,y 两个信号的合成图形,双运放 LF353 的前级和后级正、负反馈同时存在,正反馈的强弱与比值 R_3/R_0,R_6/R_0 有关,负反馈的强弱与比值 R_2/R_1,R_5/R_4 有关。当正反馈大于负反馈时,振荡电路才能维持振荡。若调节 R_0,正反馈就发生变化,LF353 处于振荡状态,表现出非线性,从 C,D 两点看,LF353 与六个电阻等效一个非线性电阻,它的伏安特性大致如图 4-3-48 所示。

有源非线性负阻元件实现的方法有多种,这里使用的是一种较简单的电路采用两个运算放大器(一个双运放 LF353)和六个配制电阻来实现,其电路如图 4-3-47 所示,它的伏安特性曲线如图 4-3-48 所示,实验所要研究的是该非线性元件对整个电路的影响,而非线性负阻元件的作用是使振动周期产生分岔和混沌等一系列非线性现象。用示波器观察 x,y 两个信号的合成图形,倍周期分岔和混沌现象的观测及相图描绘:

(1)将方程(1)中的 $1/G$ 即 $R_{V1}+R_{V2}$ 值放到较大某值,这时示波器出现李萨如图,图 4-3-50 所示,用扫描挡观测为两个具有一定相移(相位差)的正弦波。

(2)逐步减小 $1/G$ 值,开始出现二个"分列"的环图,出现了分岔现象,即由原来 1 倍周期变为 2 倍周期,示波器上显示李萨如图,如图 4-3-51 所示。

图 4-3-50　单周期分岔　　图 4-3-51　双周期分岔　　图 4-3-52　四周期分岔

(3)继续减小 $1/G$ 值,出现 4 倍周期(如图 4-3-52 所示)、8 倍周期、16 倍周期与阵发混沌交替现象,阵发混沌见图 4-3-53。

(4)再减小 $1/G$ 值,出现了 3 倍周期,图像十分清楚稳定。根据 Yorke 的著名论断"周期 3 意味着混沌",说明电路即将出现混沌。

图 4-3-53 多周期分岔
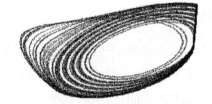
图 4-3-54 单吸引子

（5）继续减小 $1/G$，则出现单个吸引子，如图 4-3-54 所示。

（6）再减小 $1/G$，出现双吸引子，如图 4-3-55 所示。

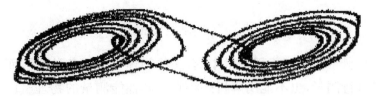
图 4-3-55 双吸引子

【实验仪器】

混沌原理及应用实验仪、数字示波器 1 台、电缆连接线 2 根。

【实验内容】

第一步：拔除跳线 J01、J02，在混沌原理及应用实验仪面板的混沌单元 1 中插上电位器 W_1、电感 L_1、电容 C_1、电容 C_2、非线性电阻 NR1，并将电位器 W_1 上的旋钮顺时针旋转到头。

第二步：用两根 Q9 线分别连接示波器的 CH1 和 CH2 端口到混沌原理及应用实验仪面板上标号 Q8 和 Q7 处。打开机箱后侧的电源开关。

第三步：把示波器的时基挡切换到 X-Y。调节示波器通道 CH1 和 CH2 的电压挡位使示波器显示屏上能显示整个波形，逆时针旋转电位器 W_1 直到示波器上的混沌波形变为一个点，然后慢慢顺时针旋转电位器 W_1 并观察示波器，示波器上应该逐次出现单周期分岔（见图 4-3-50）、双周期分岔（见图 4-3-51）、四周期分岔（见图 4-3-52）、多周期分岔（见图 4-3-53）、单吸引子（见图 4-3-54）、双吸引子（见图 4-3-55）现象。

【注意事项】

在调试出双吸引子图形时,注意感觉调节电位器的可变范围。即在某一范围内变化,双吸引子都会存在。最终应该将调节电位器调节到这一范围的中间点,这时双吸引子最为稳定,并易于观察清楚。

【思考题】

非线性负阻电路(元件),在本实验中的作用是什么?

实验 9　静电场描绘

在科学实验和工程技术中,有一些物理量由于各种原因而无法对其进行测量,也不能用解析式将它与其他能测量的物理量联系起来。为解决这样一类问题,人们以相似理论为依据模仿实际情况,研制成一个类同于研究对象的物理现象或过程的模型,通过对模型的测试实现对研究对象进行研究和测量,这种研究方法称为"模拟法"。用模拟法进行研究和测量时先要考虑在被模拟的对象与直接测量的对象之间是否存在相似性,只有在这样的条件下才能进行模拟。模拟法本质上是用一种易于实现、便于测量的物理状态或过程来模拟另一种不易实现、不便测量的物理状态或过程。其条件是两种状态或过程有两组一一对应的物理量,并且满足相同形式的数学规律。例如,用振动台模拟地震对工程结构物强度的影响;用在"风洞(高速气流装置)"中的工程结构物模型来模拟气流对工程结构物的影响;用光测弹性法模拟工程构件内应力分布等。以上的模拟称为物理模拟,它们在模拟过程中保持着物理现象或过程的本质不变。本实验介绍的是另一种模拟——数学模拟,它是指两个不同本质的物理现象或过程可以用类似的数学方程来描述的模拟。

【目的和要求】

(1)了解用稳恒电流场模拟静电场原理和条件。
(2)学习用模拟法描绘和研究静电场。
(3)加深对电场强度和电位概念的理解。

【实验原理】

静电场是由电荷分布决定的,确定静电场的分布,对于研究带电粒子与带电体之间的相互作用是非常重要的。理论上讲,如果知道了电荷的分布,就可以确定静电场的分布。在给定条件下,确定系统静电场分布的方法,一般有解析法、数值计算法和实验法。在科学研究和生产实践中,随着静电应用、静电防护和静电现象等研究的深入,常常需要了解一些形状比较复杂的带电体或电极周围静电场的分布,这时用理论方法(解析法和数值计算法)是十分困难的。

然而,对于静电场来说,要直接进行探测也是比较困难的。一是因为任何磁电式电表都需要有电流通过才能偏转,而静电场是无电流的;二是任何磁电式电表的内阻都远小于空气或真空的电阻,若在静电场中引入电表,必将使电场发生畸变,同时电表或其他探测器置于电场中会引起静电感应,使原场源电荷的分布发生变化。所以不能用直接测量静电场中电位的方法来测量电位的分布。

虽然稳恒电流场与静电场是本质不同的物理现象,但是在一定条件下导电介质中稳恒电流场与静电场的描述具有类似的数学方程,因而可以用稳恒电流场来模拟静电场。仿制所要研究的电极,用模拟实验方法研究静电场分布,在电子管、示波器和电子显微镜等电子束器件的设计和研究中,具有实用意义。

稳恒电流场与静电场是两种不同性质的场,但是它们两者在一定条件下具有相似的空间分布,即两种场遵守的规律在形式上相似,都可以引入电位 U,电场强度 $\vec{E}=-\nabla U$,都遵守高斯定律。

对于静电场,电场强度在无源区域内满足以下积分关系

$$\oint_S \vec{E} \cdot d\vec{S} = 0 \qquad \oint_l \vec{E} \cdot d\vec{l} = 0 \qquad (1)$$

对于稳恒电流场,电流密度矢量 $\vec{j}$ 在无源区域内也满足类似的积分关系

$$\oint_S \vec{j} \cdot d\vec{S} = 0 \qquad \oint_l \vec{j} \cdot d\vec{l} = 0 \qquad (2)$$

由此可见 $\vec{E}$ 和 $\vec{j}$ 在各自区域中满足同样的数学规律。在相同边界

条件下,具有相同的解析解。因此,我们可以用稳恒电流场来模拟静电场。

在模拟的条件上,要保证电极形状一定,电极电位不变,空间介质均匀,在任何一个考察点,均应有"$U_{稳恒}=U_{静电}$"或"$\vec{E}_{稳恒}=\vec{E}_{静电}$"。

下面具体到本实验来讨论这种等效性。以模拟长同轴圆柱形电缆的静电场为例说明模拟的理论根据。

1. 同轴电缆及其静电场分布

如图 4-3-56(a)所示,在真空中有一半径为 r_a 的长圆柱体 A 和一内半径为 r_b 的长圆筒形导体 B,它们同轴放置,分别带等量异号电荷。由高斯定理知,在垂直于轴线的任一截面 S 内,都有均匀分布的辐射状电场线,这是一个与坐标 Z 无关的二维场。在二维场中,电场强度 E 平行于 XY 平面,其等位面为一簇同轴圆柱面。因此只要研究 S 面上的电场分布即可。

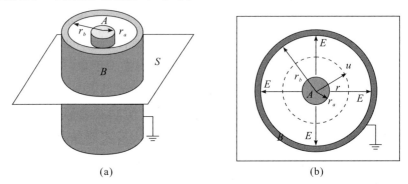

(a)   (b)

图 4-3-56　同轴电缆及其静电场分布

由静电场中的高斯定理可知,距轴线的距离为 r 处[见图 4-3-56(b)]的各点电场强度的大小为

$$E = \frac{\lambda}{2\pi\varepsilon_0 r} \tag{3}$$

式(3)中 λ 为柱面单位长度的电荷量,其电位为

$$U_r = U_a - \int_{r_a}^{r} E \cdot dr = U_a - \frac{\lambda}{2\pi\varepsilon_0}\ln\frac{r}{r_a} \tag{4}$$

设 $r = r_a$ 时,$U_b = 0$,则有 $\dfrac{\lambda}{2\pi\varepsilon_0} = \dfrac{U_a}{\ln\dfrac{r_b}{r_a}}$ (5)

由式(4)、(5)可得

$$U_r = U_a \frac{\ln \frac{r_b}{r}}{\ln \frac{r_b}{r_a}}, E_r = -\frac{dU_r}{dr} = \frac{U_a}{\ln \frac{r_b}{r_a}} \cdot \frac{1}{r} \tag{6}$$

2. 同轴圆柱面电极间的电流分布

若上述圆柱形导体 A 与圆筒形导体 B 之间充满了电导率为 σ 的不良导体，A、B 与电源电流正负极相连接(见图 4-3-57)，A、B 间将形成径向电流，建立稳恒电流场 E'_r，可以证明不良导体中的电场强度 E'_r 与原真空中的静电场 E_r 是相等的。

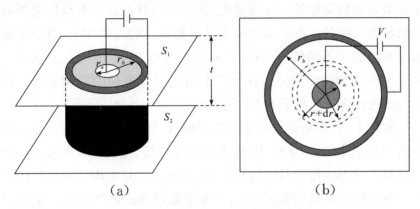

图 4-3-57 同轴电缆的模拟模型

取厚度为 t 的圆柱形同轴不良导体片为研究对象，设材料电阻率为 $\rho(\rho = 1/\sigma)$，则任意半径 r 到 $r+dr$ 的圆周间的电阻是 $dR = \rho \cdot \frac{dr}{S} = \rho \cdot \frac{dr}{2\pi rt} = \frac{\rho}{2\pi t} \cdot \frac{dr}{r}$。则半径为 r 到 r_b 之间的圆柱片的电阻为 $R_{rr_b} = \frac{\rho}{2\pi t} \int_r^{r_b} \frac{dr}{r} = \frac{\rho}{2\pi t} \ln \frac{r_b}{r}$，总电阻为（半径 r_a 到 r_b 间圆柱片的电阻）$R_{r_a r_b} = \frac{\rho}{2\pi t} \ln \frac{r_b}{r_a}$。设 $U_b = 0$，则两圆柱面间所加电压为 U_a，径向电流为

$$I = \frac{U_a}{R_{r_a r_b}} = \frac{2\pi t U_a}{\rho \ln \frac{r_b}{r_a}} \tag{7}$$

距轴线 r 处的电位为

$$U'_r = IR_{rr_b} = U_a \frac{\ln \frac{r_b}{r}}{\ln \frac{r_b}{r_a}}, E'_r = -\frac{dU'_r}{dr} = \frac{U_a}{\ln \frac{r_b}{r_a}} \cdot \frac{1}{r} \qquad (8)$$

由以上分析可见，U_r 与 U'_r，E_r 与 E'_r 的分布函数完全相同。这表明利用稳恒电流场来模拟静电场是合理的。

为什么这两种场的分布相同呢？可以从电荷产生场的观点加以分析。在导电物质中没有电流通过时，其中任一体积元（宏观小、微观大，其内仍包含大量原子）内正负电荷数量相等，没有净电荷，呈电中性。当有电流通过时，单位时间内流入和流出该体积元内的正或负电荷数量相等。这就是说，真空中的静电场和有稳恒电流通过时导电质中的场都是由电极上的电荷产生的。事实上，真空中电极上的电荷是不动的，在有电流通过的导电质中，电极上的电荷一边流失，一边由电源补充，在动态平衡下保持电荷的数量不变。所以这两种情况下电场分布是相同的。

实际上，并不是每种带电体的静电场及模拟场的电位分布函数都能计算出来，如本实验中，劈尖形电极电场、飞机机翼电极电场的电位分布就不能得出具体的解析解，只有在 σ 分布均匀而且几何形状对称规则的特殊带电体的场分布才能用理论严格计算。上面只是通过一个特例，证明了用稳恒电流场模拟静电场的可行性。

模拟方法的使用有一定的条件和范围，不能随意推广，否则将会得到荒谬的结论。用稳恒电流场模拟静电场的条件可以归纳为下列三点。

(1) 稳恒电流场中的电极形状应与被模拟的静电场中的带电体几何形状相同。

(2) 稳恒电流场中的导电介质应是不良导体，且电导率分布均匀并满足 $\sigma_{电极} \gg \sigma_{导电质}$，才能保证电流场中的电极（良导体）的表面也近似是一个等位面。

(3) 模拟所用电极系统与被模拟静电场的边界条件相同。

【实验内容】

1. 测量同心圆间的电场分布

(1)接好电路,在测试仪上层固定好白纸。调节探针位置,使上下探针在同一个铅垂线上,上探针与坐标纸相距 1~2 mm。

(2)接通电源,将电表转换开关拨向"校正",使描绘电源输出为 12 V。

(3)将电表转换开关拨向"测量",移动探针,分别取测量电位为 2.00 V,4.00 V,6.00 V,8.00 V,10.00 V 时在坐标纸上记下一系列等势点(10 个以上),并标明其电势值,注意在电极端点附近应多找几个等位点。

(4)将各等势点连成平滑的曲线,即为等势线,再绘出其电场线。

2. 测量其他电极系统重复上述步骤

【注意事项】

(1)测量过程中要保持两电极间电压不变。

(2)实验过程中要保持上下探针在同一个铅垂线上。

(3)记录纸要保持平整,并且测量过程中不能移动。

【思考题】

(1)等位线与电场线之间有何关系?

(2)本实验对静电场的描绘采用的是什么方法?为什么用此方法?

(3)描绘电场线时应注意哪些问题?

(4)在模拟同轴电缆电场分布时,电源电压加倍或减半,电极间的等势线、电力线的形状是否变化?电场强度和电势的分布和大小是否变化?

实验 10 霍尔效应

霍尔效应是一种磁电效应,是德国物理学家霍尔于 1879 年研究载流导体在磁场中受力的性质时发现的。根据霍尔效应,人们用半导体材料制成霍尔元件。霍尔元件具有对磁场敏感、结构简单、体积小、频率响应宽、输出电压变化大和使用寿命长等优点。因此,在测量、自动化、计算机和信息技术等领域得到广泛的应用。

【实验目的】

（1）了解霍尔效应现象及利用霍尔效应测磁场的基本原理。
（2）了解霍尔元件的结构以及其对材料的要求。
（3）学习用"对称测量法"来消除副效应对实验的影响，并测绘出霍尔元件的 V_H-I_s 和 V_H-I_M 的曲线。
（4）测量并绘出电磁铁缝隙内外的磁场分布。

【实验原理】

1. 霍尔效应

置于磁场中的一块长方形半导体薄片，如果使其电流方向与磁场方向垂直，则在垂直于磁场和电流的方向上会产生一个横向电势差，此现象称为霍尔效应，横向电势差称为霍尔电势差 V_H。

霍尔效应产生的机理：霍尔效应从本质上讲是运动的带电粒子在磁场中受洛仑兹力的作用而发生偏转所致。当带电粒子（电子或空穴）被约束在固体材料中时，这种偏转就会导致在垂直于电流和磁场的方向上产生正负电荷的聚集，从而形成一附加的横向电场 E_H（称为霍尔电场）。显然，该电场是阻止载流子继续向侧面偏移的（如图 4-3-58 所示，以电子为例），直到电场对载流子的作用力 $F_E = -eE_H$ 与磁场对载流子作用的洛仑兹力 $F_B = -e(v \times B)$ 大小相互抵消为止，即：$F_E + F_B = 0$。

$$eE_H = -e(v \times B) \tag{1}$$

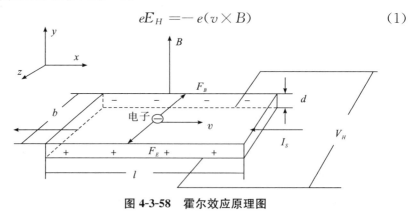

图 4-3-58 霍尔效应原理图

此时,电子在运动时将不再偏转,霍尔电势差 V_H 就是由这个电场建立起来的。

2. 利用霍尔效应测磁场

设霍尔片的长度为 l,宽为 b,厚度为 d,其载流子浓度为 n,则电流强度 I_s 与载流子的平均飘移速度 v 的关系为

$$I_s = nevbd \text{ 或 } v = I_s/(nebd) \qquad (2)$$

把式(2)代入式(1)且等式两边同乘以 b 得

$$V_H = E_H \cdot b = I_s B/(ned) = R_H I_s B/d \qquad (3)$$

式(3)中 $R_H = 1/ne$ 称为霍尔系数,它是反映材料的霍尔效应强弱的重要参数,一般写成:

$$V_H = K_H I_s B \qquad (4)$$

式(4)中 $K_H = R_H/d = \dfrac{1}{ned}$,称为霍尔元件的灵敏度。一般要求 K_H 越大越好,K_H 与载流子浓度 n 成反比,实际中由于半导体内载流子的浓度小,所以大都用半导体材料作为霍尔元件;同时 K_H 与霍尔片的厚度 d 成反比,所以霍尔片都做得很薄,本次实验用霍尔元件厚度为 0.2 mm。

半导体材料有 N 型(电子导电)和 P 型(空穴导电)两种,前者载流子是电子,带负电;后者载流子是空穴,相当于带正电的粒子,两者所产生的霍尔电压有不同的符号,据此可以判断霍尔元件的导电类型。

由式(4)可知,如果知道了霍尔元件的灵敏度 K_H(mV/mA·T)或霍尔系数 R_H(cm^3/C),再分别测出 I_s(A)、V_H(V),就可以算出磁感应强度 B,即

$$B = V_H/(K_H I_s) \text{ 或 } B = V_H d/(R_H I_s) \qquad (5)$$

如果将测得的 V_H 值进行放大,最后用电压来表示,并通过一定的换算,在电表面板上直接刻以 B 的数值,这样便制成测量磁场用的高斯(特斯拉)计。

由于霍尔效应的建立时间很短($10^{-14} \sim 10^{-12}$ s),因此通过霍尔元件的电流用直流或交流都可以。若 I_s 为交流,$I_s = I_0 \sin\omega t$,则:$V_H = K_H I_s B = K_H B I_0 \sin\omega t$。

所得的霍尔电压也是交变的。在使用交流电的情况下,式(4)仍可使用,只是式中的 I_s 和 V_H 应理解为有效值。

3. 由 R_H 求载流子浓度 n

载流子浓度 n 与霍尔系数 R_H 之间有如下关系:

$$n = \frac{3\pi}{8} \frac{1}{|R_H|e}$$

式中,$3\pi/8$ 是考虑载流子的速度统计分布所引入的修正因子(可参阅黄昆、谢希德著《半导体物理学》)。

4. 霍尔器件中的副效应及其消除方法

在实际测量过程中,还会伴随一些热磁副效应,使所测得的电压不只有霍尔电压 V_H,还会附加一些电压,给测量带来误差,这些热磁副效应有:

(1)不等位电势差 V_0。

如图 4-3-59 所示,这是由于器件的 A、A' 两电极的位置不在一个理想的等势面上,因此,即使不加磁场,只要有电流 I_s 就有电压 $V_0 = I_s r$ 产生,r 为 A、A' 所在的两等势面之间的电阻,结果在测量 V_H 时,就叠加了 V_0,使得 V_H 值偏大(当 V_0 与 V_H 同号)或偏小(当 V_0 与 V_H 异号),显然,V_H 符号取决于 I_s 和 B 两者的方向,而 V_0 只与 I_s 的方向有关,因此可以通过改变 I_s 的方向予以消除。

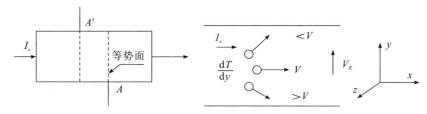

图 4-3-59　不等位电势差　　图 4-3-60　爱廷豪森效应

(2)爱廷豪森效应(Etinghausen effect)。

如图 4-3-60 所示,这是由于构成电流的载流子速度不同引起的副效应,若速度为 v 的载流子所受的洛仑兹力与霍尔电场的作用力刚好抵消,则速度大于或小于 v 的载流子在电场和磁场作用下,将各自朝对立面偏转,从而在 y 方向引起温差 $T_A - T_A'$,由此产生的温差电效应,在 A、A' 电极上引入附加电压 V_E,且 $V_E \propto I_s B$,其符号与 I_s 和 B 的方向关系跟 V_H 是相同的,因此不能用改变 I_s 和 B 方向的方法予以消除,但其引入的误差很小,可以忽略。

(3)能斯特效应(Nernst effect)。

如图 4-3-61 所示,因霍尔片两端电流电极与霍尔片的接触电阻不相等,通电后,在接点两处将产生不同的焦尔热,导致在 x 方向有温差电势,引起载流子沿电势方向扩散而产生热电流,热电流 Q 在 z 方向磁场作用下,类似于霍尔效应在 y 方向产生一附加电场 V_N,相应的电压 $V_N \propto QB$,而 V_N 的符号只与 B 的方向有关,与 I_s 的方向无关,因此可通过改变 B 的方向予以消除。

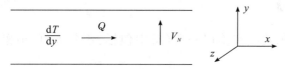

图 4-3-61　能斯特效应

(4)里纪—勒杜克效应(Righi—Lecluc effect)。

由于上述能斯特效应中构成热电流 Q 的载流子速度不同,类似于爱廷豪森效应,在 y 方向引入附加电压 V_{RL},如图 4-3-62,$V_{RL} \propto QB$,其符号只与 B 的方向有关,亦能消除。

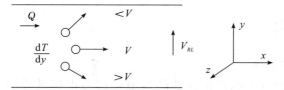

图 4-3-62　里纪—勒杜克效应

综上所述,实验中测得的 A、A' 之间的电压除 V_H 外还包含 V_0、V_N、V_{RL} 和 V_E 各电压的代数和,其中 V_0、V_N、V_{RL} 均可通过 I_s 和 B 换向对称测量法予以消除。设 I_s 和 B 的方向均为正向时,测得 A、A' 之间电压记为 V_1,即

当 $+I_s$、$+B$ 时　　$V_1 = V_H + V_0 + V_N + V_{RL} + V_E$

将 B 换向,而 I_s 的方向不变,测得的电压记为 V_2,此时 V_H、V_N、V_{RL} 和 V_E 均改号而 V_0 符号不变,即

当 $+I_s$、$-B$ 时　　$V_2 = -V_H + V_0 - V_N - V_{RL} - V_E$

同理,按照上述分析

当 $-I_s$、$-B$ 时　　$V_3 = V_H - V_0 - V_N - V_{RL} + V_E$

当 $-I_s$、$+B$ 时　　$V_4 = -V_H - V_0 + V_N + V_{RL} - V_E$

求以上四组数据 V_1、V_2、V_3 和 V_4 的代数平均值，可得

$$V_H + V_E = (V_1 - V_2 + V_3 - V_4)/4$$

由于 V_E 符号与 I_s 和 B 两者方向关系和 V_H 是相同的，故无法消除，但在非大电流，非强磁场下，$V_H \gg V_E$，因此 V_E 可略而不计，所以霍尔电压为

$$V_H = (V_1 - V_2 + V_3 - V_4)/4$$

【实验仪器】

(1)霍尔效应实验仪一台(其中包括：霍尔元件、电磁铁、双刀换向开关三个)。

(2)霍尔效应测试仪一台(其中包括：直流数字电流表两块，测量范围 $0\sim1.000$ A、$1.50\sim10.00$ mA，$3\frac{1}{2}$ 位发光管数字显示，精度不低于 0.5%；直流数字电压表一块，测量范围 ±199.9 mV，4 位发光管数字显示，精度不低于 0.5%；两组恒流源：I_s、I_M 输出)。

【实验内容】

1. 操作要点

(1)实验仪上的霍尔元件的各电极以及电磁铁线圈引线与对应的双刀换向开关之间的连线已连接好，实验过程中一定不要动它们，实验完后也不要拆掉，以免出现虚接或接错的现象损坏霍尔片。

(2)将测试仪面板上的"I_s 输出""I_M 输出"和"V_H 输入"三对插孔(接线柱)分别与实验仪上的"I_s 输入""I_M 输入"和"V_H 输出"三对相应的插孔(接线柱)正确连接(红线接正极，黑线接负极)。

注意：绝不允许将"I_M 输出"接到"I_s 输入"或"V_H 输出"处，否则一旦通电，霍尔片即遭损坏。

(3)将实验仪上的 V_H、I_s、I_M 双刀换向开关倒向同一侧。(并规定这时各量为正值，那么倒向另一侧时，各量为负值)

2. 实验内容

(1)保持 I_M 值($I_M = 0.600$ A)不变，改变 I_s 值，测出相应的 V_H

值,填入表 4-3-5,用坐标纸绘出 V_H-I_s 曲线。

表 4-3-5　V_H-I_s 关系

$K_H=$_____mV/mA·T,$I_M=0.600$ A

I_s(mA)	V_1(mV) $+I_s$、$+B$	V_2(mV) $+I_s$、$-B$	V_3(mV) $-I_s$、$-B$	V_4(mV) $-I_s$、$+B$	$V_H=|V_1-V_2+V_3-V_4|/4$(mV)
1.50					
2.00					
2.50					
3.00					
3.50					
4.00					

(2)保持 I_s 值不变($I_s=3.00$ mA),改变 I_M 值,测出相应的 V_H 值,填入表 4-3-6,用坐标纸绘出 V_H-I_M 曲线。

表 4-3-6　V_H-I_M 关系

$I_s=3.00$ mA

I_M(A)	V_1(mV) $+I_s$、$+B$	V_2(mV) $+I_s$、$-B$	V_3(mV) $-I_s$、$-B$	V_4(mV) $-I_s$、$+B$	$V_H=|V_1-V_2+V_3-V_4|/4$(mV)
0.300					
0.400					
0.500					
0.600					
0.700					
0.800					

(3)由表 4-3-5 中任一组数据求出磁感应强度 B 值,并求出 ΔB、写出结果表达式 $B=B\pm\Delta B$。

(4)当 $I_s=2.00$ mA,$I_M=0.600$ A 时,将霍尔片从电磁铁缝隙的右端移至左端(沿二维标尺),每隔 2.0 mm,读出相应的 V_H 值(表格自拟),并画出 V_H-x 曲线。

(5)条件同上,将霍尔片从电磁铁缝隙的上端移至下端,每隔 2.0 mm,读出相应的 V_H 值(表格自拟),并画出 V_H-y 曲线。

(6)由(4)、(5)的 V_H-x、V_H-y 曲线讨论说明 C 型电磁铁正对缝隙内外磁场的分布情况。

【注意事项】

(1)霍尔片及二维移动标尺易折断、变形,应注意避免挤压或碰撞。

(2)实验前应调整霍尔片方位,使之移至电磁铁缝隙中间,使得在 I_M、I_s 恒定时,达到输出 V_H 最大。

(3)为了避免电磁铁过热而受到损害或影响测量精度,除在短时间内读取有关数据通以励磁电流 I_M 外,其余时间最好把励磁电流断开。

(4)仪器不宜在强光照射、高温、强磁场、有腐蚀气体的环境下工作或存放。

【思考题】

(1)什么是霍尔效应?霍尔电压是如何产生的?

(2)如何消除副效应对实验的影响?

(3)根据霍尔系数与载流子浓度的关系,试回答金属为何不宜做霍尔元件?

实验 11 铁磁材料磁化曲线和磁滞回线测绘

铁磁材料分为硬磁和软磁两大类,其根本区别在于矫顽磁力 Hc 的大小不同。硬磁材料的磁滞回线宽,矫顽磁力大,达到 120~20 000 A/m,因而磁化后,其磁感应强度可长久保持,适宜做永久磁铁。软磁材料的磁滞回线窄,矫顽磁力 Hc 一般小于 120 A/m,但其磁导率和饱和磁感强度大,容易磁化和去磁,故广泛用于电机、电器和仪表制造等工业部门,铁磁材料的磁化曲线和磁滞回线是该材料的重要特性,亦为设计电磁机构和仪表的重要依据之一。

本实验采用动态法测量磁滞回线。需要说明的是用动态法测量的磁滞回线与静态磁滞回线是不同的,动态测量时除了磁滞损耗还有涡流损耗,因此动态磁滞回线的面积要比静态磁滞回线的面积要大一些。另外涡流损耗还与交变磁场的频率有关,所以测量的电源频率不同,得到的 B-H 曲线是不同的,这可以在实验中清楚地从示波器上观察到。

【实验目的】

(1)掌握磁滞、磁滞回线和磁化曲线的概念,加深对铁磁材料的主要物理量:矫顽磁力、剩磁和磁导率的理解。

(2)用示波法测绘基本磁化曲线和磁滞回线。

【实验原理】

1. 磁化曲线

如果在由电流产生的磁场中放入铁磁物质,则磁场将明显增强,此时铁磁物质中的磁感应强度比单纯由电流产生的磁感应强度增大百倍,甚至在千倍以上。铁磁物质内部的磁场强度 H 与磁感应强度 B 有如下的关系:

$$B = \mu H$$

对于铁磁物质而言,磁导率 μ 并非常数,而是随 H 的变化而改变的物理量,即 $\mu = f(H)$,为非线性函数。所以 B 与 H 也是非线性关系,如图 4-3-63 所示。

铁磁材料的磁化过程为:其未被磁化时的状态称为去磁状态,这时若在铁磁材料上加一个由小到大的磁化场,则铁磁材料内部的磁场强度 H 与磁感应强度 B 也随之变大,其 B-H 变化曲线如图 4-3-63 所示。但当 H 增加到一定值(H_S)后,B 几乎不再随 H 的增加而增加,说明磁化已达饱和,从未磁化到饱和磁化的这段磁化曲线称为材料的起始磁化曲线。如图 4-3-63 中的 OS 段曲线所示。

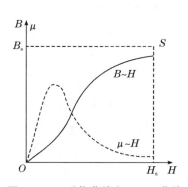
图 4-3-63 磁化曲线和 $\mu \sim H$ 曲线

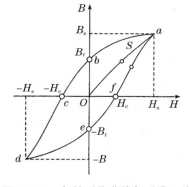
图 4-3-64 起始磁化曲线与磁滞回线

2. 磁滞回线

当铁磁材料的磁化达到饱和之后，如果将磁化场减小，则铁磁材料内部的 B 和 H 也随之减小。但其减小的过程并不是沿着磁化时的 OS 段退回。显然，当磁化场撤消，$H=0$ 时，磁感应强度仍然保持一定数值 $B=B_r$，称为剩磁（剩余磁感应强度）。

若要使被磁化的铁磁材料的磁感应强度 B 减小到 0，必须加上一个反向磁场并逐步增大。当铁磁材料内部反向磁场强度增加到 $H=H_c$ 时（图 4-3-64 上的 c 点），磁感应强度 B 才为 0，达到退磁。图 4-3-64 中的 bc 段曲线为退磁曲线。H_c 为矫顽磁力。如图 4-3-64所示，当 H 按 $O \rightarrow H_s \rightarrow O \rightarrow -H_c \rightarrow -H_s \rightarrow O \rightarrow H_c \rightarrow H_s$ 的顺序变化时，B 相应沿 $O \rightarrow B_s \rightarrow O \rightarrow B_r \rightarrow O \rightarrow -B_s \rightarrow -B_r \rightarrow O \rightarrow B_s$ 的顺序变化。图中的 Oa 段曲线称起始磁化曲线，所形成的封闭曲线 $abcdefa$ 称为磁滞回线。由图 4-3-64 可知：

（1）当 $H=0$ 时，$B \neq 0$，这说明铁磁材料还残留一定值的磁感应强度 Br，通常称 Br 为铁磁物质的剩余感应强度（剩磁）。

（2）若要使铁磁物质完全退磁，即 $B=0$，必须加一个反方向磁场 H_c。这个反向磁场强度 H_c，称为该铁磁材料的矫顽磁力。

（3）图中 bc 曲线段称为退磁曲线。

（4）B 的变化始终落后于 H 的变化，这种现象称为磁滞现象。

（5）H 上升与下降到同一数值时，铁磁材料内的 B 值并不相同，即磁化过程与铁磁材料过去的磁化经历有关。

（6）当从初始状态 $H=0$，$B=0$ 开始周期性地改变磁场强度的辐值时，在磁场由弱到强地单调增加过程中，可以得到面积由大到小的一簇磁滞回线，如图 4-3-65 所示。其中最大面积的磁滞回线称为极限磁滞回线。

（7）由于铁磁材料磁化过程的不可逆性及具有剩磁的特点，在测定磁化曲线和磁滞回线时，首先必须将铁磁材料预先退磁，以保证外加磁场 $H=0$ 时，$B=0$；其次，磁化电流在实验过程中只允许单调增加或减小，不能时增时减。在理论上，要消除剩磁 Br，只需通一反向磁化电流，使外加磁场正好等于铁磁材料的矫顽磁力即可。实际上，矫顽磁力的大小通常并不知道，因而无法确定退磁电流的大小。我们从磁滞回线得到启示；如果使铁磁材料磁化达到磁饱和，然后不断改变磁化电流的方向，与此同时逐渐减小磁化电流，以至于零。则该材料的磁化过程就是一连串逐渐缩小而最终趋于原点的环状曲线。当 H 减小到零时，B 亦同时降为零，达到完全退磁。

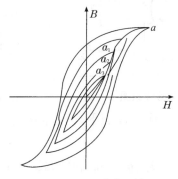

图 4-3-65　磁滞回线

实验表明，经过多次反复磁化后，B-H 的量值关系形成一个稳定的闭合"磁滞回线"。通常以这条曲线来表示该材料的磁化性质。这种反复磁化的过程称为"磁锻炼"本实验使用交变电流，所以每个状态都是经过充分的"磁锻炼"，随时可以获得磁滞回线。

我们把图 4-3-65 中原点 O 和各个磁滞回线的顶点 $a_1, a_2, \cdots, a$ 所连成的曲线，称为铁磁材料的基本磁化曲线。不同的铁磁材料其基本磁化曲线是不相同的。为了使样品的磁特性可以重复出现，也就是指所测得的基本磁化曲线都是由原始状态（$H=0, B=0$）开始，在测量前必须进行退磁，以消除样品中的剩余磁性。

在测量基本磁化曲线时，每个磁化状态都要经过充分的"磁锻炼"。否则，得到的 B-H 曲线即为开始介绍的起始磁化曲线，两者不可混淆。

3. 示波器显示 B-H 曲线的原理和线路

示波器测量 B-H 曲线的实验线路如图 4-3-66 所示。

本实验研究的铁磁物资是一个环状试样（如图 4-3-67 所示），在试样上绕有励磁线圈 N_1 匝和测量线圈 N_2 匝。若在线圈 N_1 中通过磁化电流 I_1 时，此电流在试样内产生磁场，根据安培环路定律 $HL = N_1 I_1$，磁场强度 H 的大小为：

$$H = \frac{N_1 I_1}{L} \tag{1}$$

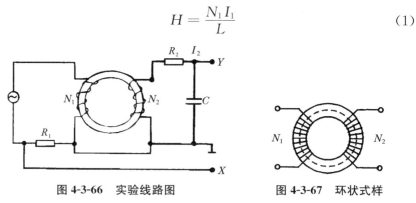

图 4-3-66　实验线路图　　图 4-3-67　环状式样

式(1)中 L 为的环状试样的平均磁路长度。(在图 4-3-67 中用虚线表示)。

由图 4-3-66 可知示波器 X 轴偏转板输入电压为：

$$U_x = I_1 R_1 \tag{2}$$

由式(1)和式(2)得：

$$U_x = \frac{L R_1}{N_1} H \tag{3}$$

上式表明在交变磁场下，任一时刻电子束在 X 轴的偏转正比于磁场强度 H。

为了测量磁感应强度 B，在次级线圈 N_2 上串联一个电阻 R_2 与电容 C 构成一个回路，同时 R_2 与 C 又构成一个积分电路。取电容 C 两端电压 U_c 至示波器 Y 轴输入，若取适当 R_2 和 C，使 $R_2 \gg \frac{1}{\omega C}$，则：

$$I_2 = \frac{E_2}{\left[R_2^2 + \left(\frac{1}{\omega C} \right)^2 \right]^{\frac{1}{2}}} \approx \frac{E_2}{R_2}$$

上式中，ω 为电源的角频率，E_2 为次级线圈的感应电动势。

因交变的磁场 H 在样品中产生交变的磁感应强度 B，则：

$$E_2 = N_2 \frac{d\phi}{dt} = N_2 S \frac{dB}{dt}$$

式中，S 为环状试样的截面积，则：

$$U_y = U_c = \frac{Q}{C} = \frac{1}{C} \int I_2 dt = \frac{1}{CR_2} \int E_2 dt = \frac{N_2 S}{CR_2} \int dB = \frac{N_2 S}{CR_2} B \tag{4}$$

上式表明接在示波器 Y 轴输入的 U_y 正比于 B。

R_2C 电路在电子技术中称为积分电路,表示输出的电压 U_c 是感应电动势 E_2 对时间的积分。为了如实地绘出磁滞回线,要求:①积分电路的时间常数 $R_2C \gg 1/2\pi f$,即要求 $R_2 \gg 1/2\pi fC$。②在满足上述条件下,U_c 的振幅很小,如将它直接加在 Y 轴偏转板上,则不能绘出大小适合需要的磁滞回线。为此,需将 U_c 经过示波器 Y 轴放大器增幅后输至 Y 轴偏转板上。这就要求在实验磁场的频率范围内,放大器的放大系数必须稳定,不会带来较大的相位畸变。事实上示波器难以完全达到这个要求,因此在实验时经常会出现如图 4-3-68 所示的畸变。适当调节 R_2 阻值可得到最佳磁滞回线图形,避免这种畸变。

这样,在磁化电流变化的一个周期内,电子束的径迹描出一条完整的磁滞回线。适当调节示波器 X 和 Y 轴增益,再由小到大调节信号发生器的输出电压,即能在屏上观察到由小到大扩展的磁滞回线图形。逐次记录其正顶点的坐标,并在坐标纸上把它联成光滑的曲线,就得到样品的基本磁化曲线。

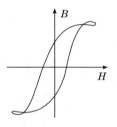

图 4-3-68　图形畸变

4. 示波器的定标

设 X 轴灵敏度为 S_x(V/格),Y 轴的灵敏度为 S_y(V/格)(上述 S_x 和 S_y 均可从示波器的面板上直接读出),则:

$$U_x = S_x X, U_y = S_y Y$$

上式中,X、Y 分别为测量时记录的坐标值(单位:格)。

综合上述分析,本实验定量计算公式为:

$$H = \frac{N_1 S_x}{LR_1} X \tag{5}$$

$$B = \frac{R_2 C S_y}{N_2 S} Y \tag{6}$$

式(5)、(6)中,各量的单位为:R_1、R_2 为 Ω,L 为 m,S 为 m^2,C 为 F,S_x、S_y 为 V/格,X、Y 为格;则 H 的单位为 A/m,B 的单位为 T。

【实验仪器】

示波器,动态磁滞回线实验仪等。

【实验内容】

实验前先熟悉实验的原理和仪器的构成。使用仪器前先将信号源输出幅度调节旋钮逆时针到底（多圈电位器），使输出信号为最小。然后调节频率调节旋钮，因为频率较低时，负载阻抗较小，在信号源输出相同电压下负载电流较大，会引起采样电阻发热。

1. 交流信号下的磁滞回线图形

显示和观察两种样品在 50 Hz 和 100 Hz 交流信号下的磁滞回线图形。

（1）按图 4-3-69 所示线路接线。

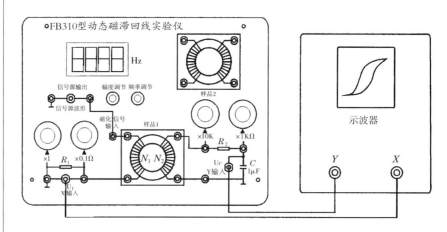

图 4-3-69 接线示意图

（2）逆时针调节幅度调节旋钮到底，使信号输出最小。

（3）调示波器显示工作方式为 $X-Y$ 方式，即图示仪方式。

（4）示波器 X 输入为 AC 方式，测量采样电阻 R_1 的电压。

（5）示波器 Y 输入为 DC 方式，测量积分电容的电压。

（6）插上环状硅钢带样品（黑色胶带作绝缘层）实验样品于实验仪样品架。

（7）接通示波器和 FB310 型动态磁滞回线实验仪电源，适当调节示波器辉度，以免荧光屏中心受损。预热 10 min 后开始测量。

（8）示波器光点调至显示屏中心，调节实验仪频率调节旋钮，频率显示窗显示 50.00 Hz。

(9)单调增加磁化电流,即缓慢顺时针调节幅度调节旋钮,使示波器显示的磁滞回线上 B 值增加缓慢,达到饱和。改变示波器上 X、Y 输入增益段开关并锁定增益电位器(一般为顺时针到底),调节 R_1、R_2 的大小,使示波器显示出典型的磁滞回线图形。

(10)单调减小磁化电流,即缓慢逆时针调节幅度调节旋钮,直到示波器最后显示为一点,位于显示屏的中心,即 X 和 Y 轴线的交点,如不在中间,可调节示波器的 X 和 Y 位移旋钮。

(11)单调增加磁化电流,即缓慢顺时针调节幅度调节旋钮,使示波器显示的磁滞回线上 B 值增加缓慢,达到饱和,改变示波器上 X、Y 输入增益波段开关和 R_1、R_2 的值,示波器显示典型的磁滞回线图形。磁化电流在水平方向上的读数为$(-5.00,+5.00)$格。

(12)逆时针调节(幅度调节旋钮到底),使信号输出最小,调节实验仪频率调节旋钮,频率显示窗显示 100.0 Hz,重复上述(3)～(5)的操作,比较磁滞回线形状的变化。表明磁滞回线形状与信号频率有关,频率越高磁滞回线包围面积越大,用于信号传输时磁滞损耗也大。

(13)换环状铁氧体(红色胶带作绝缘层)实验样品,重复上述步骤,观察 50.00 Hz 时的磁滞回线。

2. 测磁化曲线和动态磁滞回线

实验样品为环状硅钢带(黑色胶带作绝缘层)。

(1)在实验仪样品架上插好实验样品,逆时针调节幅度调节旋钮到底,使信号输出最小。将示波器光点调至显示屏中心,调节实验仪频率调节旋钮,频率显示窗显示 50.00 Hz。

(2)退磁。

①单调增加磁化电流,即缓慢顺时针调节幅度调节旋钮,使示波器显示的磁滞回线上 B 值增加变得缓慢,达到饱和。改变示波器上 X、Y 灵敏度和 R_1、R_2 的值,示波器显示典型美观的磁滞回线图形。磁化电流在水平方向上的读数为$(-5.00,+5.00)$格,此后,保持示波器上 X、Y 灵敏度和 R_1、R_2 值固定不变,以便进行 H、B 的标定。

②单调减小磁化电流,即缓慢逆时针调节幅度调节旋钮,直到

示波器最后显示为一点,位于显示屏的中心,即 X 和 Y 轴线的交点,如不在中间,可调节示波器的 X 和 Y 位移旋钮。实验中可用示波器 X、Y 输入的接地开关检查示波器的中心是否对准屏幕 X、Y 坐标的交点。

(3)磁化曲线(即测量大小不同的各个磁滞回线的顶点连线)。

单调增加磁化电流,即缓慢顺时针调节幅度调节旋钮,磁化电流在 X 方向读数为 0、0.20、0.40、0.60、0.80、1.00、2.00、3.00、4.00、5.00,单位为格,记录磁滞回线顶点在 Y 方向上读数,单位为格,磁化电流在 X 方向上的读数为(-5.00,$+5.00$)格时,示波器显示典型的磁滞回线图形。此后,保持示波器上 X、Y 灵敏度和 R_1、R_2 值固定不变。

(4)动态磁滞回线。

在磁化电流 X 方向上的读数为(-5.00,$+5.00$)格时,记录示波器显示的磁滞回线在 X 坐标为 5.0、4.0、3.0、2.0、1.0、0、-1.0、-2.0、-3.0、-4.0、-5.0 格时,相对应的 Y 坐标,在 Y 坐标为4.0、3.0、2.0、1.0、0、-1.0、-2.0、-3.0、-4.0 格时相对应的 X 坐标。

改变磁化信号的频率,进行上述实验。

【数据处理与分析】

(1)将各磁滞回线正顶点坐标,按式(5)和式(6)换算成 B,H 值,实验数据表格自拟,在毫米方格纸上将各点连成光滑曲线,即为基本磁化曲线。硅钢带铁芯实验样品和实验装置参数如下:

$L=0.130$ m,$S=1.24\times10^{-4}$ m²,$N_1=100$ T,$N_2=100$ T,R_1、R_2 值根据仪器面板上的选择值计算,$C=1.0\times10^{-6}$ F。其中,L 为铁芯实验样品平均磁路长度;S 为铁芯实验样品截面积;N_1 为磁化线圈匝数;N_2 为副线圈匝数;R_1 为磁化电流采样电阻,单位为 Ω;R_2 为积分电阻,单位为 Ω;C 为积分电容,单位为 F。S_x 为示波器 X 轴灵敏度,单位 V/格;S_y 为示波器 Y 轴灵敏度,单位 V/格。

(2)自拟实验数据表格,在毫米方格纸上描出饱和磁滞回线,并算出相应的 H_c、H_s、B_s 和 B_r 值。

【注意事项】

调好磁滞回线大小位置后,必须进行退磁,测量过程中,不能再调节示波器 X,Y 轴的增益(微调旋钮顺时针旋转到底,不能调)。

【思考题】

(1)为什么测量时必须进行退磁?如何进行?

(2)为什么磁化电流要单调增大或单调减小而不能时增时减?

(3)为什么在确定示波器的灵敏度 S_x、S_y 后,要严格保持不变?

实验 12　电涡流传感器的位移特性实验

【实验目的】

了解电涡流传感器测量位移的工作原理和特性。

【实验内容】

用铁圆片检测电涡流传感器的位移特性。

【实验仪器】

传感器检测技术综合实验台、电涡流传感器实验模块、电涡流传感器、振动源实验模块、示波器、被测物体、测微头、导线。

【实验原理】

本实验的涡流变换器为变频调幅式测量电路,电路如图 4-3-70 所示。其电路组成如下。

(1)Q_1、C_1、C_2、C_3 组成电容三点式振荡器,产生频率为 1 MHz 左右的正弦载波信号。电涡流传感器接在振荡回路中,传感器线圈是振荡回路的一个电感元件。振荡器作用是将位移变化引起的振荡回路的 Q 值变化转换成高频载波信号的幅值变化。

(2)D_1、C_5、L_2、C_6 组成了由二极管和 LC 形成的 J 形滤波器的检波器。检波器的作用是将高频调幅信号中传感器检测到的低频信号取出来。

(3)Q_2 组成射极跟随器。射极跟随器的作用是输入、输出匹配，以获得尽可能大的不失真输出的幅度值。

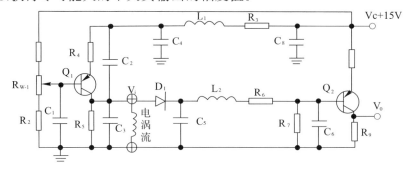

图 4-3-70　电涡流变换器原理图

电涡流传感器是通过传感器端部线圈与被测物体（导电体）间的间隙变化，来测物体的振动相对位移量和静态位移的，它与被测物之间没有直接的机械接触，具有很宽的使用频率范围（从 0～10 Hz）。当被测导体远离传感器线圈时，振荡器回路谐振为 f_0，传感器端部接线圈 Q_0 为定值且最高，对应的检波输出电压 V_0 最大；当被测导体接近传感器线圈时，线圈 Q 值发生变化，振荡器的谐振频率发生变化，谐振频率曲线变得平坦，检波出的幅值 V_0 变小。V_0 变化反映了位移 x 的变化。电涡流传感器在位移、振动、转速、探伤、厚度测量上得到应用。

【实验注意事项】

(1)实验过程中不要带电拔插导线。

(2)严禁电源对地短路。

【实验步骤】

(1)根据图 4-3-71 接线图进行接线：先将电涡流传感器安装在振动源实验模块上的测微支架上，在测微头端部装上铁质金属圆片，作为电涡流传感器的被测体；将电涡流传感器实验模块的电源单元接主台体上的＋15 V；将电涡流传感器的黄色和绿色引线分别接到电容三点式振荡器的 J1 和 GND 之间。

(2)观察传感器结构,其是一个平绕线圈。

(3)将实验模板输出端 Vout 和 GND 与电压表的"＋"和"－"极相连。电压表量程切换到选择电压 20 V 挡。

(4)使测微头与传感器线圈端部接触,打开主台体电源开关和电涡流传感器实验模块的电源开关,此时电压表读数为最小,然后每隔 0.5 mm 读一个数,直到输出几乎不变为止。将结果列入表 4-3-7：

表 4-3-7　电压表读数表

X(mm)									
V(v)									

(5)根据表 4-3-7 数据画出 V-X 曲线,根据曲线找出线性区域及进行正、负位移测量时的最佳工作点,试计算量程为 1 mm、3 mm 及 5 mm 时的灵敏度和线性度(可以用端基法或其他拟合直线)。

(6)实验完毕,关闭所有电源,拆除导线并放置好。

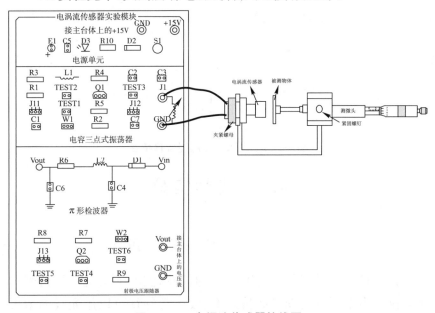

图 4-3-71　电涡流传感器接线图

【思考题】

如何提高电涡流传感器的线性范围?

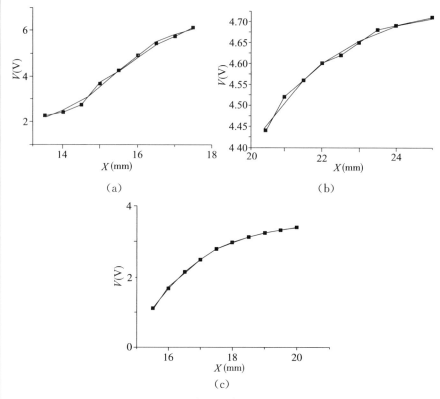

图 4-3-72 电涡流传感器位移特性

4.4 光学实验

实验 1 分光计的调节与使用

分光计是一种测量光线偏转角的仪器,实际上就是一种精密的测角仪。由于不少物理量如折射率、波长等往往可以用光线的偏折来量度,因此分光计是光学实验中的一种基本仪器。在分光计的载物台上放置色散棱镜或衍射光栅,它就成为一台简单的光谱仪器;在分光计上装上光电探测器,还可以对光的偏振现象进行定量的研究。为了保证测量的精确,分光计在使用前必须调整。分光计的调整方法对一般光学仪器的调整有一定通用性,因此学习分光计的调整方法,也是使用光学仪器的一种基本训练。

一、实验目的

了解分光计的结构,学会正确的调节和使用方法。

二、实验仪器

JJY-1′型分光计、钠光灯及电源、平行平面镜等。

三、实验原理

1. 分光计的结构

本实验使用 JJY-1′型的分光计。如图 4-4-1,该分光计由"阿贝"式自准直望远镜,可调狭缝的平行光管,可升降的载物平台及光学度盘游标读数系统等四大部分组成。

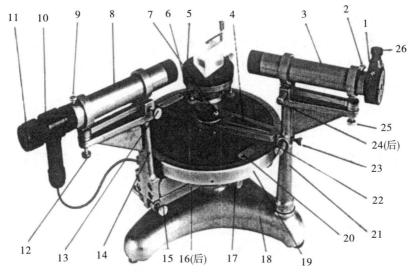

1.狭缝装置;2.狭缝装置锁紧螺钉;3.准直管;4.游标盘止动架;5.载物台;6.载物台调平螺钉(3个);7.载物台锁紧螺钉;8.望远镜;9.目镜锁紧螺钉;10.阿贝式自准直目镜;11.目镜调节手轮;12.望远镜光轴高低调节螺钉;13.望远镜光轴水平调节螺钉;14.支臂;15.望远镜微调螺钉;16.转座与度盘止动螺钉;17.望远镜止动螺钉;18.底座;19.度盘;20.游标盘;21.立柱;22.游标盘微调螺钉;23.游标盘止动螺钉;24.准直管光轴水平调节螺钉;25.准直管光轴高低调节螺钉;26.狭缝宽度调节手轮

图 4-4-1 分光计结构图

(1)"阿贝"式自准直望远镜。

如图 4-4-2,它主要由物镜、目镜、小棱镜和分划板组成。

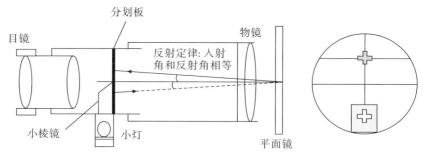

图 4-4-2 "阿贝"式自准望远镜

装有"阿贝"目镜的望远镜称"阿贝"式自准望远镜。它用以观察平行光进行的方向。与普通望远镜相似,它由物镜与目镜组成。改变物镜至目镜的距离,可以使远处不同距离的物体成像清晰。当望远镜调焦于无穷远时,则可使从无穷远处来的平行光成像最清晰。

物镜与目镜之间有分划板,分划板上有十字叉丝。目镜与叉丝,以及目镜、叉丝相对于物镜的距离均可调节,调节目镜可使叉丝位于目镜的焦平面上。

目镜是由场镜和接目镜组成的,常用的目镜有两种:一是高斯目镜,在它的场镜和接目镜间装了一片与镜筒呈 45°角的薄玻璃片,当小灯的光经玻璃片反射后可将叉丝全部照亮。二是阿贝目镜,在目镜与叉丝之间装了一个全反射小三棱镜,小灯发出的光经小三棱镜反射后将叉丝的一部分照亮,而从目镜望去该照亮的部分刚好被小三棱镜遮住,故只能看到叉丝的其他部分。

望远镜可绕分光计中心轴转动,它的倾斜度可通过倾斜度螺丝进行调节。在望远镜与中心轴相连处有望远镜锁紧螺丝,放松时可使望远镜绕中心轴转动,旋紧时可固定望远镜。

(2)平行光管。

如图 4-4-3,平行光管是产生平行光的装置。它由一个可改变缝宽的狭缝及一个会聚透镜所组成。狭缝至透镜的距离可调节。当用光源照明狭缝时,若狭缝刚好位于透镜焦平面处,则平行光管将发出平行光。平行光管与分光计底座固定在一起,它的倾斜度可以通过调整倾斜度螺丝进行调节。为了得到较精密的调整,望远镜和平行光管均装有微调机构,只要拧紧望远镜(或平行光管)

的锁紧螺丝后,再转动其微调螺丝,则望远镜(或平行光管)就能转动微小角度。

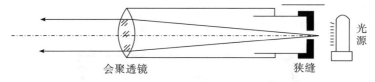

图 4-4-3 平行光管

(3)可升降的载物平台。

载物平台可放光学元件,如三棱镜、光栅等。有三只调节螺钉 a、b 和 c 可改变平台倾斜度,注意要使载物台上的 3 条等分线与其下方的 3 个调节螺钉对齐。见图 4-4-4。载物平台也有锁紧螺丝固定位置。

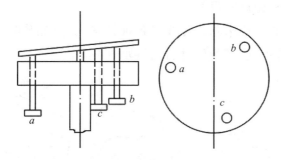

图 4-4-4 载物平台

(4)读数装置。

读数装置由游标盘和刻度盘组成。望远镜和载物台分别与刻度盘和游标盘相连,它们的相对转动角度可从读数窗中读出,为消除因刻度盘和游标盘不同轴而引起的偏心差,读数窗有 A、B 二个,它们相隔 180°,从 A、B 两窗可分别读出望远镜转过的角度,然后取平均值,其计算方法如下:

$$\varphi = \frac{1}{2}(|\theta_3 - \theta_1| + |\theta_4 - \theta_2|)$$

上式中,φ 为望远镜实际转过的角度,θ_1 和 θ_2 为开始时两个窗口的读数,θ_3 和 θ_4 为望远镜转过一个角度后,两个窗口的读数。

实验室所用分光计角游标的最小分度为 $1'$(主刻度盘上每小格为 $30'$,角游标 30 分格的弧长与刻度盘 29 分格的弧长相等),其读数方法与游标卡尺的方法一样。以游标盘上的零刻度线为准,先读出刻度盘上的度值和分值,然后再找到游标盘上与刻度盘上刚好重合的刻度线,读出它的分值,两个数值相加即为读数值。如图 4-4-5 的读数应为：

$$214°30'+11'=314°41'。$$

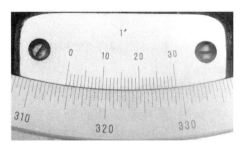

图 4-4-5　读数窗口

2. 调整分光计的目的

分光计通常用来测量光线经各种光学元件(如狭缝、光栅、棱镜等)后的偏转角度,其测角时的光路如图 4-4-6 所示。

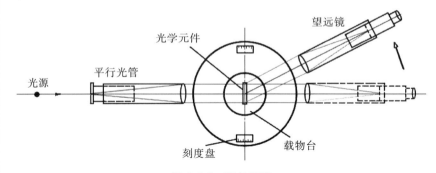

图 4-4-6　测角光路

转动望远镜,使之对准偏转光线,由读数窗所得读数变化即得角度。但是为使得所得角度与实际光线偏转角度一致,必须有以下考虑。

用分光计进行观测时,其观测系统基本上由下述三个平面构成,如图 4-4-7 所示。

(1)读值平面。这是读取数据的平面,由主刻度盘和游标盘绕中心转轴旋转时形成的。对每一具体的分光计,读值平面都是固定的,且和中心转轴垂直。

(2)观察平面。由望远镜光轴绕仪器中心转轴旋转时所形成。

只有当望远镜光轴与中心转轴垂直时,观察面才是一个平面。否则将形成一个以望远镜光轴为母线的圆锥面。

(3)待测光路平面。由平行光管的光轴和经过待测光学元件(棱镜、光栅等)反射、折射或衍射的光线共同确定的平面。调节载物台下方的三个螺丝以及平行光管下方的倾斜度螺丝,可以将待测光路平面调节到所需的方位。

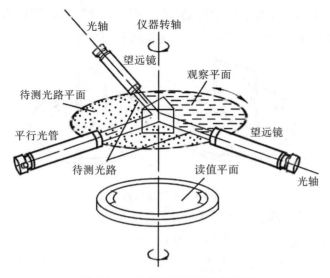

图 4-4-7　分光计观测系统示意图

因此,为了能够准确测量光线的偏转角度,应将此三个平面调节成相互平行。

所以,分光计精密调整的目的就是为了保证:①入射光线是平行光(即要求调整平行光管,使之发射平行光);②望远镜能接收平行光(即要求望远镜调焦无穷远,亦即使平行光能成像最清晰);③读值平面、观察平面和待测光路平面平行(即要求调整平行光管和望远镜的光轴与分光计中心轴垂直,同时也要调整载物台平面垂直于分光计中心轴)。

3. 分光计的调节

分光计调节的基本要求是:①望远镜调焦至无穷远,其光轴垂直于仪器主轴;②从准直管射出光为平行光束,其光轴也垂直于仪器主轴;③望远镜与平行光管共轴,能接收到平行光,在此基础上,针对不同器件(棱镜、光栅等)的观测要求,调节载物台。调节步骤如下。

(1) 目测粗调。

根据眼睛的粗略估计,调节望远镜、平行光管大致成水平状态;调节载物台下的三个水平调节螺丝,使载物台也大致成水平状态。将平行平面镜放在载物台上如图 4-4-8(a)所示的位置,使其镜面与望远镜大致垂直。然后点亮目镜小灯,并用望远镜寻找绿色反射像,若经一镜面反射找不到反射像,可据判断适当调节螺丝 b、c 和望远镜的倾斜度,直到平面镜转动 180°前后反射像都能够进入望远镜视场。这些粗调对于仪器进一步顺利调节非常重要。

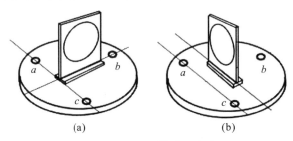

图 4-4-8　平面镜放置方法

(2) 望远镜调焦聚焦于无穷远(自准直法)。

调节目镜:调节目镜调焦手轮,直到能够看到的分划线最清晰为止。

调节物镜:调节目镜套筒,即调节分划板与物镜的距离,直到从目镜中能够清晰地看到绿色十字像,并注意利用"晃头法"消除它与分划板之间的视差,眼睛左右移动时,绿色十字反射像与叉丝无相对位移。如图 4-4-9 所示。

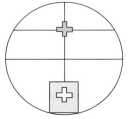

图 4-4-9　分划板示意图

(3) 调整望远镜的光轴与分光计中心转轴垂直,载物平台与分光计中心转轴垂直。

若望远镜及载物台均已调成与分光计中心转轴垂直,则平面镜放在载物台任意位置上,都应看到如图 4-4-9 所示图像。将平台转过 180°观察(如图 4-4-9 所示),也应如此。

仔细观察两个绿色十字像相对于分划板上面一条水平线的位置,如图 4-4-10,如属一个偏上一个偏下,则使用"各半法"调节,即分别调整望远镜和载物台的倾斜度。先调节望远镜的倾斜度螺丝,使绿色十字像移近分划板上面十字线距离 h 的一半,然后再调节载物台下方的倾斜度螺丝,使十字像与十字丝重合。然后将载物台(连同平面镜)整体旋转 180°,利用同样的方法重复调节,直到无论平面镜那一面对准望远镜时,十字像都能与上面十字线重合为止。这时望远镜光轴和分光计的中心轴相垂直,常称这种方法为逐次逼近各半调整法。

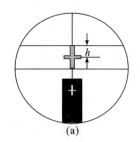 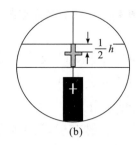 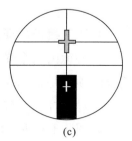

图 4-4-10　各半调节法

以上调节说明望远镜的光轴与分光计的中心轴垂直了,还不能决定载物平台平面垂直于中心转轴,还需将平面镜改放在与 ac 平行的直径上,见图 4-4-8(b),调节螺钉 b,使十字像与十字丝重合。注意此时不能再调螺钉 a、c 及望远镜倾斜螺丝了。

望远镜和载物台调好后,它们的倾斜螺丝都不能再动了。

(4)调节平行光管发出平行光,并使其光轴与分光计转轴垂直。

调整平行光管产生平行光:取下载物台上的平面镜,关掉望远镜中照明小灯,用汞灯照亮狭缝,从望远镜中观察来自平行光管的狭缝像,同时调节平行光管狭缝与透镜间距离,使得能够在望远镜中看到清晰的狭缝的像,并与分划线无视差。这时说明平行光管已发出平行光,然后调节缝宽使望远镜视场中的缝宽约 1 mm。

调节平行光管的光轴与分光计中心轴相垂直:转动狭缝(但前后不能移动)成水平状态,调节平行光管倾斜螺丝,使狭缝水平像被分划板上中央十字线的水平线上、下平分,如图 4-4-11(a)所示,这时平光管的光轴已与分光计中心轴相垂直。再把狭缝转至铅直位置并需保持狭缝像最清晰而且无视差,如图 4-4-11(b)所示。至此,分光计就已全部调好了。

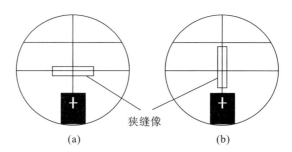

图 4-4-11 平行光管调节

4. 测三棱镜的顶角

三棱镜由两个光学面 AB 和 AC 及一个毛玻璃面 BC 构成。三棱镜的顶角是指 AB 与 AC 的夹角 A。

(1) 反射法测三棱镜的顶角。

如图 4-4-12 所示,光束照射在棱镜的顶角尖处 A,而被棱镜的两个光学面 AB 和 AC 所反射,两反射光形成的夹角为 $\varphi = \angle 1' + \angle 2' + A$,顶角 $A = \angle 1 + \angle 2$。由反射定律可知,$\angle 1 = \angle 1'$,$\angle 2 = \angle 2'$。因此,$A = \frac{1}{2}\varphi$,只要测出 φ 就可以得到顶角 A。由图可知,有

$$A = \frac{1}{2}\varphi = \frac{1}{4}(|\theta_3 - \theta_1| + |\theta_4 - \theta_2|) \tag{1}$$

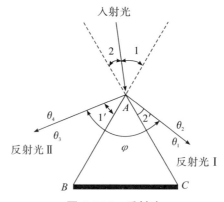

图 4-4-12 反射法

式(1)中,θ_1 和 θ_2、θ_3 和 θ_4 分别为两反射光的位置读数。

(2) 自准直法测三棱镜的顶角。

如图 4-4-13 所示。调节望远镜,使其分别与 AB 面、AC 面垂直,望远镜两处位置的夹角 φ 于顶角 A 之间有 $\varphi + A = 180°$,即

$$A = 180° - \varphi = 180° - \frac{1}{2}(|\theta_3 - \theta_1| + |\theta_4 - \theta_2|) \tag{2}$$

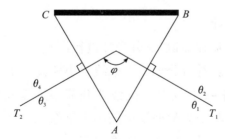

图 4-4-13 自准直法

5. 用最小偏向角法测定棱镜玻璃的折射率

如图 4-4-14 所示,在三棱镜中,入射光线与出射光线之间的夹角 δ 称为棱镜的偏向角,这个偏向角 δ 与光线的入射角有关: $i_1' + i_2 = A$, $\delta = i_1 - i_1' + i_2' - i_2$。

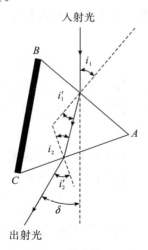

图 4-4-14 最小偏向角法

折射率 $n = \dfrac{\sin i_1}{\sin i_1'} = \dfrac{\sin i_2'}{\sin i_2}$,要使 δ 最小,必须有 $\dfrac{\partial \delta}{\partial i_1} = 0$,综合以上各式,可知 $i_1' = i_2 = \dfrac{1}{2}A$ 时,有最小偏向角 $\delta_{\min} = 2i_1 - A$。因此,可得折射率为

$$n = \frac{\sin\dfrac{\delta_{\min} + A}{2}}{\sin\dfrac{A}{2}} \tag{3}$$

【实验内容】

1. 调整分光计

按光学实验基础知识,对分光计进行调整。

(1)调节目镜,看清分划板上准线及小棱镜上十字。

(2)在载物平台上放上三棱镜并调节望远镜及平台,使在望远镜中看到三棱镜两个光学面反射的小十字像。

(3)调节望远镜物镜,使十字像清晰。

(4)调整望远镜与分光计主轴垂直。

2. 测顶角

分别用反射法和自准直法测量三棱镜顶角。

3. 测折射率

用最小偏向角法测定棱镜玻璃的折射率。

【注意事项】

(1)调节望远镜光轴与平面镜大致垂直时,应注意采用目测粗调的方法,这样可以比较容易观察到由平面镜反射回来的绿色"＋"亮线。

(2)用自准法测量三棱镜顶角时,应注意三棱镜的放置位置,并调节好三棱镜两侧面反射回来的绿色"＋"亮线都和分划板刻线上交叉点重合。

(3)用反射法测量三棱镜顶角时,应注意三棱镜顶角应刚好对准狭缝亮线。

【思考题】

(1)分光计主要由哪几部分组成?各部分作用是什么?

(2)分光计的调整主要内容是什么?每一要求是如何实现的?

(3)分光计底座为什么没有水平调节装置?

(4)望远镜对准三棱镜 AB 面时,A 窗口读数是"293度21分30秒",写出这时 B 窗口的可能读数和望远镜对准面 AC 时 A、B 窗口的可能读数值。

(5)为什么可用适合于观察平行光的望远镜来调节平行光管发出平行光?

(6)如果望远镜中看到绿色十字像在分划板上方的十字丝上面,而当平台转过180°后看到的绿色十字像在十字丝的下面,试问这时应该如何调节望远镜和载物台的倾斜度?反之,如果平台转过180°后,看到的绿色十字像仍然在十字丝上面,这时应如何调节望远镜和载物台?

【附录】 圆刻度盘的偏心差

我们知道,圆度盘是绕仪器主轴转动的,由于仪器制造时不容易做到圆度盘中心准确无误地与主轴重合,这就不可避免地产生偏心差。当用圆刻度盘测量角度时,为了消除圆度盘的偏心差,必须由相差180°的两个游标分别读数。圆度盘上的刻度均匀地刻在圆周上,当圆度盘中心与主轴重合时,由相差180°的两个游标读出的转角刻度数值相等。而当圆度盘偏心时,由两个游标读出的转角刻度数值就不相等了;所以如果只用一个游标读数就会出现系统误差。如图4-4-15所示,用弧 AB 的刻度读数,则偏大,弧 $A'B'$ 的刻度读数又偏小。由平面几何很容易证明

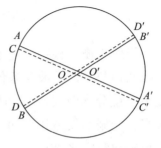

图 4-4-15 偏心差

$$\frac{1}{2}(\widehat{AB}+\widehat{A'B'})=\widehat{CD}=\widehat{C'D'}$$

假定望远镜转过的实际角度是 φ,这时从两个游标盘上角度分别为:

望远镜位置	处于 AA' 位置时	处于 BB' 位置时	转过的角度
游标1	θ_1	θ'_1	$\varphi_1=\theta'_1-\theta_1$
游标2	θ_2	θ'_2	$\varphi_2=\theta'_2-\theta_2$

故望远镜转过的实际角度为:$\varphi=\frac{1}{2}(\varphi_1+\varphi_2)=\frac{1}{2}[(\theta'_1-\theta_1)+(\theta'_2-\theta_2)]$。

另外在计算望远镜转过的角度时要注意望远镜是否经过了刻度盘的零点(0°刻度线)。

例如,当望远镜由位置Ⅰ转到位置Ⅱ时测得的数据为:

望远镜位置	Ⅰ	Ⅱ
游标1	$175°45'(\theta_1)$	$295°43'(\theta_1')$
游标2	$355°45'(\theta_2)$	$155°43'(\theta_2')$

游标1未过零点,望远镜转过的角度:$\varphi_1 = \theta_1' - \theta_1 = 119°58'$。

游标2经过零点,则这时应该这样计算:$\varphi_2 = (360° + \theta_2') - \theta_2 = 119°58'$。

实验2 光栅衍射实验

衍射光栅是根据多缝衍射原理制成的一种分光元件,它能产生谱线间距与它们的波长差值成正比的匀排光谱,所得光谱线的亮度比用棱镜分光时要小些,但光栅的分辨本领比棱镜大,其谱线清晰、狭窄。光栅不仅适用于可见光,还能用于红外和紫外光波,常被用来精确地测定光波的波长及进行光谱分析。以衍射光栅为色散元件组成的摄谱仪和单色仪是物质光谱分析的基本仪器之一。光栅衍射原理也是晶体X射线结果分析和近代频谱分析与光学信息处理的基础。

光栅在结构上有平面光栅、阶梯光栅和凹光栅等几种,同时又分为透射光栅和反射光栅两种。它们都相当于一组数目很多、排列紧密均匀的平行狭缝,透射式刻痕光栅是用金刚石刻刀在一块平面玻璃上刻出大量相互平行、宽度和间隔相等的刻痕而制成的,而反射光栅则把刻缝刻在磨光的硬质合金上。

本实验所用的是全息光栅,它是利用全息技术,即利用两束具有一定夹角的平行激光束照在感光板上,得到的一组等距、等宽的平行干涉条纹,感光的部分成为不透明的条纹,而未感光的部分成透光的狭缝。每相邻狭缝间的距离 d 称为光栅常数。全息光栅属于一种透射式平面光栅。

【实验目的】

（1）观察光栅的衍射光谱，理解光栅衍射基本规律。
（2）进一步熟悉分光计的调节和使用。
（3）学会测定光栅的光栅常数、角色散率和汞原子光谱部分特征波长。

【实验原理】

1. 衍射光栅、光栅常数

图4-4-16(a)中 a 为透明狭缝宽度，b 为光栅刻痕（不透明）宽度。$d=a+b$ 为相邻两狭缝上相应两点之间的距离，称为光栅常数。若在光栅片上每厘米刻有 n 条刻痕，则光栅常数 $d=1/n(\text{cm})$。它是光栅基本参数之一。

2. 光栅方程、光栅光谱

如图4-4-16，根据夫琅禾费衍射理论，当一束波长为 λ 的单色平行光垂直入射到光栅平面时，光线通过每一条狭缝之后都将产生衍射，缝与缝之间的衍射光线又将产生干涉。而这种干涉条纹定域于无穷远处。若用透镜将它们会聚起来，将在透镜的焦平面上形成一系列被相当宽的暗区分开、间距不等的对称分布的明条纹，这些明条纹就是衍射和干涉的结果。

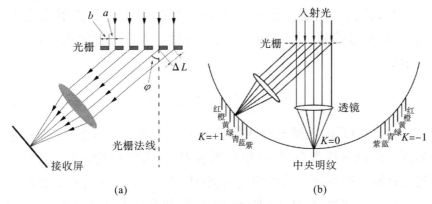

图 4-4-16 光栅示意图

由图4-4-16(a)，相邻两缝对应点射出的光束的光程差为：

$$\Delta L = (a+b)\sin\varphi = d\sin\varphi \tag{1}$$

式(1)中 φ 为衍射角。

当衍射角 φ 满足光栅以下方程光会加强。

$$d\sin\varphi_k = k\lambda \quad (k = 0, \pm 1, \pm 2, \cdots) \quad (2)$$

式(2)中，λ 为入射光波长，k 为明条纹(光谱线)级数，φ_k 为 k 级明条纹的衍射角。

当 $k=0$ 时，称为零级光谱，对应于中央明条纹；当 $k=1$ 时为一级光谱；$k=2$ 时，为二级光谱；以此类推。式中±号表示它们对称地分布在中央明条纹的两侧，光谱的强度随着级数的增大而迅速减弱。

由光栅方程可以看出，光栅常数越小，各级明条纹的衍射角就越大，即各级明条纹分得越开。对给定长度的光栅，总缝数愈多，明条纹愈亮。对光栅常数一定的光栅，入射光波长越大，其各级明条纹的衍射角也越大。如果光源中包含几种不同波长的白光(或复色光)，则中央零级明条纹处仍然重叠为白光(或复色光)，其他各级条纹都按波长不同而依次排列成一组彩色的谱线。称为光栅光谱。

3. 角色散率(简称色散率)

从光栅方程可知衍射角 φ 是波长的函数，这就是光栅的角色散作用。衍射光栅的色散率定义为：

$$D = \frac{\Delta\varphi}{\Delta\lambda} \quad (3)$$

上式表示，光栅的色散率为同一级的两谱线的衍射角之差 $\Delta\varphi$ 与该两谱线波长差 $\Delta\lambda$ 的比值。通过对光栅方程的微分，D 可表示成：

$$D = \frac{k}{d\cos\varphi} \text{(弧度/Å)} \quad (4)$$

由上式可知，光栅光谱具有以下特点：光栅常数 d 愈小(即每毫米所含光栅刻线数目越多)角色散愈大；高级数的光谱比低级数的光谱有较大的角色散；衍射角 φ 很小时，式(4)中的 $\cos\varphi \approx 1$，色散率 D 可看作一常数，此时 $\Delta\varphi$ 与 $\Delta\lambda$ 成正比，故光栅光谱称匀排光谱。

4. 光栅常数与汞灯特征谱线波长的测量

根据式(2)可知，如果光栅常数 d 和波长 λ 中有一个为已知时,测得任意一条谱线的衍射角 φ_k 及其对应的级数 k,就能计算出另外一个。

【实验仪器】

分光计,光栅,汞灯,平面镜等。

【实验内容】

1. 分光计的调整与汞灯衍射光谱观察

(1)按要求认真调好分光计。即要求望远镜聚焦于无穷远,且其光轴与分光计中心轴相垂直;平行光管产生平行光,其光轴垂直于分光计中心轴。

(2)调节光栅,使入射光垂直于光栅平面,且其平面与分光计中心轴平行。方法如下:照亮平行光管狭缝,使望远镜的黑十字竖线与狭缝像重合,然后按图 4-4-17 所示将光栅放置在分光计的载物台上,光栅平面要与载物台下两螺丝的连线垂直平分。用小灯照亮望远镜的绿十字窗,被光栅反射的亮十字应出现在分划板上。选调载物台下的一个调平螺丝 a_1 或 a_3,使亮十字与分划板上方的十字线重合(不可为此动望远镜,光栅也无须转 180°)。此时,通过望远镜应该能够看到如图 4-4-18 所示的图像,与望远镜同轴的平行光管光轴自然也垂直于光栅平面。

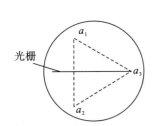
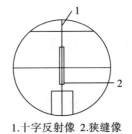

1.十字反射像 2.狭缝像

图 4-4-17 光栅在小平台上的位置   **图 4-4-18** 调节光栅望远镜看到的图像

(3)调节光栅使其刻痕与分光计中心轴平行。

转动望远镜观察汞灯的衍射光谱,中央($k=0$)零级为白色。望远镜转至左、右两边时,均可看到分立的四条彩色谱线。每条谱线的高度都应当被通过分划板中心的水平准线所均分,否则必须调节

图 4-4-18 中的调平螺丝 a_3；以校正光栅痕线的倾斜，直到各条谱线等高为止，如图 4-4-19 所示。但要注意，调节 a_3 后有可能会影响光栅平面与分光计中心轴的平行，所以要用望远镜复查上一步的十字重合，直至两个条件都满足为止。

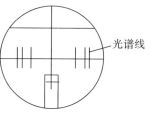

图 4-4-19 谱线等高

(4) 调节平行光管的狭缝宽度，狭缝宽度以能够分辨出两条紧靠的黄色谱线为准。

注意：光栅调好后，游标盘（连同载物台）应该固定，测量时只能转动望远镜（连同刻度盘），不再转动和碰动光栅。

2. 光栅常数与光波波长的测量

(1) 以汞灯的绿色光谱线的波长 $\lambda = 546.1$ nm 为已知。测出其第一级（$k=1$）光谱的衍射角 φ。由公式计算出光栅常数、不确定度，并写出最终表达式 $d = \bar{d} \pm \Delta d$。

注意 +1 级与 -1 级的衍射角相差不能超过几分，否则应该重新检查平行光管光轴是否垂直于光栅平面。

(2) 以绿色谱线测量计算所得的光栅常数为已知，按上述步骤分别测出紫色和两条黄色谱线的衍射角，由公式计算出其波长。

3. 求色散率

从汞光谱的相邻两条黄色谱线测出 $\Delta\varphi$ 和 $\Delta\lambda$，求得光栅的色散率 D。

【数据处理与要求】

(1) 列表记录所有数据，表格自拟。
(2) 算出光栅常数 d 及其不确定度。
(3) 算出待测波长及其不确定度。
(4) 算出色散率。

【注意事项】

(1) 分光计应按操作规程正确使用。
(2) 手指不能触及全息光栅的表面（涂有感光胶的一面）。若要移动全息光栅,必须手拿金属基座移动。

(3)不要用眼睛直观点燃的汞灯,以免紫外线对眼睛造成伤害。

【思考题】

(1)光栅光谱和棱镜光谱有哪些不同之处?

(2)当准直管的狭缝太宽、太窄时将会出现什么现象?为什么?

(3)从理论上分析,应取哪一级的波长测量值,其相对误差最小?

(4)当用钠光($\lambda=589.3$ nm)垂直入射到每毫米内有 500 条刻痕的平面透射光栅上时,最多可以看到第几级光谱?

(5)中央明条纹两侧的谱线不等高是何原因?应如何调整?

实验 3 薄透镜焦距的测定

光学仪器种类繁多,其中透镜是光学仪器中最基本的元件。焦距是反应透镜特性的一个重要参量。在不同场合下使用,需要选择不同焦距的透镜或透镜组。焦距大小与成像的位置、大小、虚实均有关。所以学会测定透镜焦距,并掌握透镜成像的规律,是分析和研究一切光学成像系统的基础。测定透镜焦距的方法很多,应该根据不同的透镜,不同的精度要求和具体的条件选择合适的方法。

【实验目的】

(1)掌握光学系统同轴等高的调节。

(2)掌握测量薄透镜焦距的几种方法,加深对透镜成像规律的认识。

【实验原理】

无论是凸透镜还是凹透镜,其中心均有一定的厚度。我们把此厚度比其焦距足够小的透镜,称为薄透镜。薄透镜的概念是相对的,在一定的近似范围内,许多透镜均可当作薄透镜来处理,使问题简化了许多。这一类透镜的焦距是指从透镜光心到焦点的距离。在近轴光线的条件下,薄透镜成像的规律可以表示为

$$\frac{1}{u}+\frac{1}{v}=\frac{1}{f} \tag{1}$$

式(1)中,u 表示物距;v 表示像距;f 为透镜的焦距。当物为实物、像为实像、焦点为实焦点时 u、v 和 f 为正值;反之 u、v 和 f 分别取负值。凸透镜具有使光线会聚的作用,焦距 f 为正值。当凸透镜对实物成实像时,物距、像距均为正值,则有

$$f=\frac{u \cdot v}{u+v} \tag{2}$$

凹透镜具有使光线发散的作用,其焦距为负值。当凹透镜对虚物成实像时,其成像公式为

$$-\frac{1}{u}+\frac{1}{v}=-\frac{1}{f} \tag{3}$$

则有

$$f=\frac{u \cdot v}{v-u} \tag{4}$$

此处,f、u 和 v 分别为凹透镜的物距、像距和焦距的绝对值。

1. 凸透镜焦距的测量原理

(1)自准法(平面镜法)。

如图 4-4-20 所示,将物 AB 放在凸透镜的前焦面上,这时物上任一点发出的光线经过透镜后成为平行光,被平面镜反射后再经过透镜会聚到透镜的前焦平面上,得到一个大小与原物相同的倒立的实像 $A'B'$。此时,物到透镜的距离即为透镜的焦距 f。

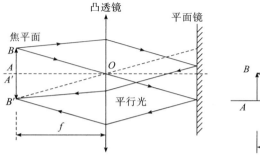

图 4-4-20 自准法测凸透镜焦距

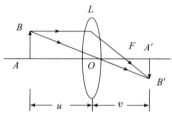

图 4-4-21 物距像距法测凸透镜焦距

(2)物距像距法。

如图 4-4-21 所示,物 AB 发出的光线经凸透镜 L 折射后将成

像在 L 的另一侧。只要测出物距 u 和像距 v，代入式(2)，即可得到焦距 f。

(3)共轭法(二次成像法)。

如图 4-4-22 所示，保持物 AB 和像屏间的距离 $D(D>4f)$ 不变，移动凸透镜 L 至 O_1 时，像屏上会得到一个倒立放大清晰的实像 A_1B_1，再移动 L 至 O_2 处，像屏上又会出现一个清晰、倒立缩小的实像 A_2B_2。按透镜成像公式有：

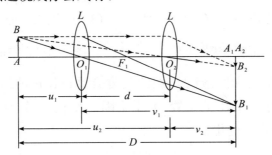

图 4-4-22 共轭法测凸透镜焦距

在 O_1 处： $\dfrac{1}{u_1}+\dfrac{1}{v_1}=\dfrac{1}{f}, \dfrac{1}{u_1}+\dfrac{1}{D-u_1}=\dfrac{1}{f}$ (5)

在 O_2 处： $\dfrac{1}{u_2}+\dfrac{1}{v_2}=\dfrac{1}{f}, \dfrac{1}{u_1+d}+\dfrac{1}{D-u_1-d}=\dfrac{1}{f}$ (6)

由式(5)和(6)可得：
$$u_1=\frac{D-d}{2} \quad (7)$$

将式(7)代入式(5)，简化后可得：
$$f=\frac{D^2-d^2}{4D} \quad (8)$$

从式(8)中可知，只要测出 D 和 d，就能算出凸透镜焦距 f。这种方法不需要知道透镜光心 O 的精确位置，只需保证在两次成像过程中，固定透镜的底座标线与透镜的光心偏差值不变即可。因此，用这种方法来测焦距，较好地解决了上述自准法和物距像距法测焦距中因透镜底座上标线与透镜光心的不共面，给测量带来的系统误差。

2. 凹透镜焦距的测量原理

(1)物距像距法。

由于凹透镜为发散透镜，它所成的虚像不能在像屏上显示出来,它的物距、像距也无法直接测量,因此不能用测量凸透镜焦距的方法来直接测量凹透镜焦距。若将一凸透镜与凹透镜组成复合会聚透镜,便可在像屏上得到实像,测出物距和像距后,就可以算出凹透镜的焦距。

如图 4-4-23 中,先用凸透镜 L_1 使物 AB 成缩小倒立的实像 A_1B_1,将凹透镜 L_2 插放在 L_1 与 A_1B_1 之间,若 $O_2A_1 < |f_凹|$,则 A_1B_1 相当于凹透镜 L_2 的虚物,这虚物 A_1B_1 经凹透镜 L_2 成一实像 A_2B_2。所以物距 $u_2 = O_2A_1$,像距 $v_2 = O_2A_2$,代入凹透镜成像公式(4)即可求出凹透镜焦距 $|f_凹| = \dfrac{u_2 \cdot v_2}{v_2 - u_2}$。图 4-4-23 中的像 A_2B_2 是 AB 经凸透镜 L_1 和凹透镜 L_2 组成的复合透镜作用的结果。若改变 L_2 的位置,则像 A_2B_2 的位置、大小也随之变化,可知复合透镜焦距 $f_复$ 值的大小也在变化。

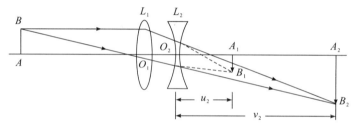

图 4-4-23 物距像距法测凹透镜焦距

(2)自准法。

凹透镜对光束有发散作用,要由它获得一束平行光,则需借助一凸透镜才能实现。如图 4-4-24 所示,先由凸透镜 L_1 将点光 S 成像于 S' 处,在透镜 L_1 和像点 S' 之间,放入待测凹透镜 L_2 和平面镜 M。若 L_1 的光心 O_1 到 S' 之间距离 $O_1S' > |f_凹|$,移动 L_2 的位置,当 $O_2S' = |f_凹|$ 时,由 S 发出的光束经 L_1 和 L_2 后变成平行光,通过平面镜

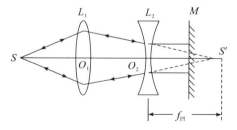

图 4-4-24 自准法测凹透镜焦距

M 的反射,又在 S 处成一清晰的实像。若光源为一定形状的发光物屏,则当 $O_2S'=|f_凹|$ 时,其像必然成在物屏上,故只需确定 S' 位置和凹透镜光心 O_2 的位置,就可算出凹透镜焦距 $f_凹$。

【实验仪器】

凸透镜,凹透镜,平面反射镜,光源,物屏,像屏,光具座和光源等。

【实验内容】

1. 光具座上各光学元件同轴等高的调整

薄透镜成像公式仅在近轴光线的条件下才能成立。所以要让各光学元件的主光轴重合,且该光轴与光具座导轨平行。这就是"同轴等高"的调整,它是光学实验中必不可少的步骤,应熟练地掌握这一方法。

(1)粗调。先把光具座上所有的光学元件靠拢,调节各光学元件上下左右,使它的中心大致在一条与导轨平行的直线上,物平面与像平面互相平行,且与导轨垂直。这些靠目视判断完成的工作,称为粗调过程。

(2)细调(依据成像规律的调整)。

①利用自准法调整:调节透镜上下及左右位置,使物、像中心重合。②利用共轭法调整:调节物屏与像屏间距 $D>4f$,将凸透镜从物屏缓慢移向像屏,在这过程中,像屏上会出现一次大的和一次小的清晰实像,当两次像的中心重合时,则说明此光学系统已达到了同轴等高的要求。采用此法调节时应注意用"大像追小像"。③两个或两个以上透镜的调整:可采用逐个调整的方法,先调好凸透镜,记下像中心在屏上的位置,再加上凹透镜调节,使凹透镜的像的中心与前者重合就可以了。

2. 用自准法测凸透镜焦距

如图 4-4-20 所示,慢慢地改变透镜 L 至物屏的距离,直至在物屏上看到与物等大清晰的像为止。(**注意**:正确区分物体发出的光线经凸透镜焦距表面反射所成的像。)记下此时物屏和透镜 L 在光

具座上的位置 S 和 O。则有 $f=|S-O|$。测量时,为克服对成像清晰程度的判断误差,常采用左右逼近法读数。将透镜 L 自左向右移动,当像刚清晰时,记下透镜 L 的位置;再将透镜 L 自右往左移动,当像刚清晰时,记下透镜 L 的位置。最后取两次读数的平均值作为透镜 L 的位置值。重复上述测量 6 次。

3. 用共轭法测量凸透镜焦距

如图 4-4-22 所示,放置物屏及像屏,使它们间距 $D>4f$。移动透镜 L,分别读出成清晰大像和小像时,透镜 L 在光具座上的位置 O_1 和 O_2。算出 $d=|O_1-O_2|$。重复测量 6 次。

注意:若 D 取得太大,会使一个像缩得过小,以致难确定成像最清晰时凸透镜所在的位置。

4. 用物距像距法测量凹透镜焦距

(1)如图 4-4-23 中,将凸透镜 L_1 置于 O_1 处,移动像屏,出现缩小清晰的像后,记下像 A_1B_1 的位置 A_1。

(2)在 L_1 与像 A_1B_1 之间插入凹透镜 L_2,记下 L_2 的位置 O_2,移动像屏直至屏上出现清晰的像 A_2B_2,记下像屏位置 A_2。由此得到:$u_2=|O_2-A_1|$ 和 $v_2=-|O_2-A_2|$,代入成像公式中,便可算出 $f_{凹}$。

(3)保持凸透镜 L_1 位置不变,按上述步骤重复测量 3 次。

(4)保持物屏不变,改变凸透镜 L_1 的位置,重复测量 3 次。

5. 用自准法测量凹透镜焦距

(1)如图 4-4-24 所示,调整物屏 S 与凸透镜 L_1 的间距 SO_1 使 $f_{凸}<SO_1<2f_{凸}$,移动像屏,使光点 S 经透镜 L_1 成清晰像 S'。

(2)在 O_1S' 之间放入凹透镜 L_2 和平面镜 M,并在导轨上移动它们,直至物屏上出现清晰的像。则 $f_{凹}=|O_2-S'|$。

(3)保持物屏和 L 的位置不变,重复测量 3 次。

(4)保持物屏不变,改变 L 的位置,再测量 3 次。

【数据处理与要求】

(1)有关数据表格自拟。

(2)分别计算出用自准法和共轭法测得的同一凸透镜焦距及其不确定度,并对结果进行比较分析。

(3)分别计算出用物像法和自准法测得的同一凹透镜焦距及其不确定度,并对结果进行比较分析。

【注意事项】

光学元件易破碎,使用时要轻拿轻放,不能用手触摸光学面。对光学元件表面清洁时,应用擦镜纸或专用工具来进行。

【思考题】

(1)设计一简单方法来区分凸透镜和凹透镜(不允许用手触摸)。
(2)用共轭法测凸透镜焦距 f 时,为什么要使物和像屏间距 $D>4f$?
(3)在自准法测凸透镜焦距的实验中,移动凸透镜位置时为什么在物屏上先后出现两次成像现象?

实验 4 等厚干涉

光的干涉是重要的光学现象之一。由同一光源发出的光分成两束光,让它们经历不同路程后再相会在一起,一般就会产生干涉现象。当光程差小于光源的相干长度时,干涉现象越明显。在科研和生产实践中,常常利用光的干涉法做各种精密的测量,如薄膜厚度、微小角度、曲面的曲率半径等几何量,也普遍应用于磨光表面质量的检验。在干涉现象中,对相邻两干涉条纹来说,形成干涉条纹的两束光的光程差的变化量等于相干光的波长。因而测量干涉条纹数目和间距的变化,就可以知道光程差的变化,从而推出以光波波长为单位的微小长度变化或者微小的折射率差值等,所以应用甚广。"牛顿环"和"劈尖"是十分典型的例子。

【实验目的】

(1)观察等厚干涉现象,了解等厚干涉的特点。
(2)学习用等厚干涉法测量平凸镜的曲率半径和薄膜厚度等物理量的方法。
(3)熟练使用读数显微镜。

【实验原理】

1. 牛顿环

将一块曲率半径较大的平凸透镜的凸面置于一光学平玻璃板上，在透镜凸面和平玻璃板间就形成一层空气薄膜，其厚度从中心接触点到边缘逐渐增厚。当以平行单色光垂直入射时，入射光将在空气层上下表面反射且在空气层上表面相遇后产生干涉。在反射光中形成一系列以接触点 O 为中心的明暗相间的同心圆形干涉条纹，即牛顿环。如图 4-4-25 所示。各明环(或暗环)处空气薄层的厚度相等，故称等厚干涉。

明、暗环的干涉条件分别是：

$$\delta = 2e + \frac{\lambda}{2} = k\lambda \quad k = 1, 2, 3, \cdots \tag{1}$$

$$\delta = 2e + \frac{\lambda}{2} = (2k+1)\frac{\lambda}{2} \quad k = 0, 1, 2, 3, \cdots \tag{2}$$

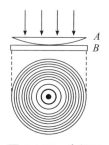
图 4-4-25　牛顿环

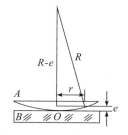
图 4-4-26　牛顿环原理图

其中 $\lambda/2$ 项是由于两束相干光中其中一束从光疏媒质（空气）到光密媒质（玻璃）交界面上反射时，发生"半波损失"引起的。

牛顿环半径 r 与厚度 e 的关系见图 4-4-26。由几何关系有：
$R^2 = r^2 + (R-e)^2$

即：$r^2 = 2eR - e^2 \tag{3}$

R 为透镜 A 的曲率半径。但由于 $R \gg e$，所以上式近似为：$e = \frac{r^2}{2R}$。代入明暗环公式分别有：

$$r^2 = (2k+1)R\frac{\lambda}{2} \quad (\text{明环}) \tag{4}$$

$$r^2 = kR\lambda \quad (\text{暗环}) \tag{5}$$

实验中我们利用暗环公式。在利用钠光所形成的暗环来测定透镜曲率半径 R 时,应注意该公式认为接触点 O 处($r=0$)是点接触,且接触处无脏物存在。但是,实际上接触处是很小的面接触且存在脏物,所以 O 处是一块模糊的斑迹。由于脏物的存在,在暗环公式中就多一项光程差,于是有:

$$2(e+a)+\frac{\lambda}{2}=(2k+1)\frac{\lambda}{2} \tag{6}$$

其中 a 为脏物的线度。

暗环半径为: $r^2 = k\lambda R - 2Ra$ (7)

线度 a 不能直接测量,但可按下述方法消除:

对于第 m 圈暗环半径: $r_m^2 = m\lambda R - 2Ra$ (7)

对于第 n 圈暗环半径: $r_n^2 = n\lambda R - 2Ra$ (8)

两式相减得: $R = \dfrac{r_m^2 - r_n^2}{(m-n)\lambda} = \dfrac{d_m^2 - d_n^2}{4(m-n)\lambda}$ (9)

d 为暗环的直径。因暗环中心不易确定,故取暗环的直径替换。实验时波长 λ 是已知的,所以只要测量出第 m 圈和第 n 圈的直径 d_m 和 d_n,利用上式就可以计算出透镜 A 的曲率半径 R。

2. 劈尖

将两片很平的玻璃叠合在一起,并在其一端垫入薄片时,两玻璃片之间就形成一楔形空气薄层(空气劈),如图 4-4-27(a)所示。在单色光束垂直照射下,经空气劈上、下表面反射后两束反射光是相干的,干涉条纹是间隔相等且平行于两玻璃交线的明暗交替的条纹,如图 4-4-27(b)所示。

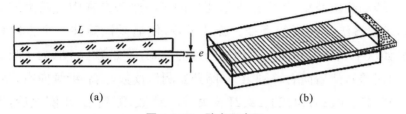

图 4-4-27 劈尖示意图

相邻两明条纹处或暗条纹处在空气劈中对应的厚度差总是等于 $\dfrac{\lambda}{2}$,若劈尖到待测薄膜厚度 e 处的距离为 L,在这段距离中明条纹或暗条纹条数为 N，显然，在忽略劈尖脏物线度等的情况下，厚度 $e=N\frac{\lambda}{2}$，而 $N=nL$（n 为单位长度上明条纹或暗条纹的数目），所以 $e=nL\cdot\frac{\lambda}{2}$。

由此可见，在已知单色光照射下，测量出干涉条纹的线密度 n 和劈尖到待测薄膜边缘间的距离 L，便可测出待测厚度 e。

【实验内容】

1. 利用牛顿环测量透镜曲面的曲率半径

(1) 调整测量装置。

①点亮钠灯，预热 15 min。调节 45°角反光镜，使显微镜中可以看到较强黄光。

②牛顿环三个紧固螺丝不能压紧，以免接触压力过大使平凸透镜或平板玻璃的表面发生形变、甚至破裂。

③调焦时，显微镜筒应自下而上缓慢上升，直到看清楚干涉条纹时为止。往下移动显微镜筒时，眼睛一定要离开目镜侧视，防止镜筒压坏牛顿环。

④因为读数显微镜存在空回误差，它是指测微鼓轮在正转途中突然反转时滑动部件并不立即随之反向移动的现象，是由于连接测微鼓轮的旋转螺杆和连接滑动部件的滑动螺母耦合时存在空气间隙所引起的。因此在测量时，注意测微鼓轮应沿一个方向转动，中途不可倒转。

(2) 测量平凸透镜的曲率半径。

转动测微鼓轮，依次记下欲测量的各级暗条纹在中心两侧的位置，求出各级牛顿环的直径。旋转手轮，使显微镜筒往一个方向移动，如从牛顿环中心向左移到相当远的一圈，譬如第 55 圈（为了减少空回误差），然后向右移到第 50 圈开始测量读数，然后继续向右移到 49、48、47、46、25、24、23、22、21 圈并一一读数，测到第 21 圈之后，仍向右移，通过中心，继续右移，依次读出第 21~25、46~50 圈的读数，记录于下表。依照上述步骤再重复测量两次，仍在上述圈数处读数，记录于下表，用加权平均法处理数据。

表 4-4-1　数据记录

实验中取 $m-n=25$，已知钠黄光波长 $\lambda=589.3$ mm

m			50	49	48	47	46
读数 (mm)	左	1					
		2					
		3					
	右	1					
		2					
		3					
n			25	24	23	22	21
读数 (mm)	左	1					
		2					
		3					
	右	1					
		2					
		3					

2. 用劈尖干涉法测量微小厚度(或微小直径)

(1)将被测薄片(或细丝)夹在两块平板玻璃之间,置于显微镜载物台上,改变薄片在平板玻璃之间的位置,观察干涉条纹的变化。

(2)利用读数显微镜测量劈尖状薄膜长度 L 和干涉条纹密度 n,并求出平均值 $\overline{L}$ 和 $\overline{n}$,为减小测量误差,可以每隔 10 条,读一次数据,连续读 6~8 个数据,用逐差法处理,表格自行设计。

【注意事项】

(1)在测量牛顿环直径的过程中,应特别注意空程误差的影响。

(2)拿取牛顿环装置时,切忌触摸光学表面,如有不洁要用专门的擦镜纸擦拭。

(3)钠灯严禁时开时关,即点燃或熄灭后均要间断 5 min 以上时间,防止损坏钠灯。

【思考题】

(1)实验中如何避免读数显微镜存在的空回误差?

(2)如何借助牛顿环装置用已知波长标定未知波长?

(3)在实验中,若叉丝中心没有通过牛顿环的中心,以叉丝中心对准暗环中央所测出的并不是牛顿环的直径,而是弦长,以弦长代替直径代入公式进行计算,仍能得出同样的结果。请从几何的角度证明之。

(4)如果牛顿环中心不是暗斑而是亮斑,是什么原因起的?对测量结果有无影响?

(5)在牛顿环实验中,如果平板玻璃上有微小的凸起,将导致牛顿环条纹发生畸变。该处的牛顿环将局部内凹还是外凸?为什么?

【附录】

读数显微镜的使用方法

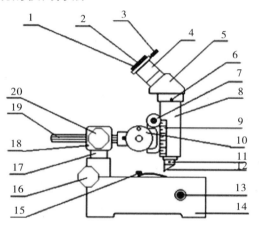

1.目镜;2.目镜座;3.锁紧螺钉;4.目镜管;5.棱镜盒;6.锁紧手柄;7.手轮;8.镜管;9.标尺;10.测微鼓轮;11.物镜;12.反光镜;13.小手轮;14.底座;15.压板;16.大手柄;17.支架;18.十字孔支杆;19.支杆;20.小手柄

图 4-4-28 读数显微镜结构图

读数显微镜的长度测量装置是根据螺旋测微原理制成的,用来精确测量读数显微镜滑动部件横向或纵向移动的距离。实验用读数显微镜的长度测量装置由量程为 50 mm 的毫米刻度尺(又称主尺)和被分为 100 等份的测微鼓轮(又称螺尺)组成,测微鼓轮每旋转一周将带动读数显微镜的滑动部件在固定支架上移动 1 mm,其最小分度为 0.01 mm。读数时,先读滑动部件上主尺读数基准线所在的主尺读数(只读到毫米位),再读固定支架上螺尺读数基准线所在的螺尺读数(估读一位)。测量时,所有相关点的位置读数必须在测微鼓轮往某个方向的某次转动过程中逐一读出,以消除读数显微镜长度测量装置存在的系统误差——空回误差。使用时,将牛顿环装置固定在工作台面上,转动手轮调节物距使干涉条纹——牛顿环清晰,转动测微鼓轮进行测量。为提高测量精度,应采用多次测量求平均值的方法。若观测时分划板成像不清,应调节目镜,十字丝横线不水平可调节目镜座,然后用锁紧螺钉固定。

实验5　迈克耳逊干涉仪的调整与使用

迈克尔逊干涉仪是美国物理学家迈克尔逊(A. A. Michelson)和莫雷(E. W. Morley)合作,为研究"以太"漂移实验而设计制造出来。迈克耳逊干涉仪是根据光的干涉原理制成的一种精密光学仪器,在近代物理和计量技术中有着广泛的应用。它可以测量微小长度、光波的波长、光源的相干长度、透明体的折射率,还可以研究如温度、压强、电场、磁场及媒质运动等物理因素对光的传播的影响等等。

【实验目的】

(1)了解迈克尔逊干涉仪的光学结构及干涉原理,学习其调节和使用方法。

(2)了解定域干涉和非定域干涉的形成条件及条纹形状。

(3)学习利用点光源产生的同心圆干涉条纹测定单色光的波长的方法。

【实验原理】

1. 干涉仪的光路

迈克尔逊干涉仪的光路如图 4-4-29 所示,M_1、M_2 是一对精密磨光的平面反射镜,均可沿导轨前后移动。G_1、G_2 是材料、厚度和折射率完全相同的一对平行玻璃板,与 M_1、M_2 均呈 45°角。G_1 的背面镀有半反射、半透射膜,当光入射到 G_1 上时,在半透膜上分成强度几乎相同的两束光,因此 G_1 称为分光板。反射光(1)射到 M_1,经 M_1 反射后,透过 G_1,射向 E;透射光(2)射到 M_2,经 M_2 反射后,再经 G_1 反射射向 E。由于光线(1)前后共三次通过 G_1,而光线(2)只通过一次

G_1，但又通过了两次 G_2，它们在玻璃中的光程便相等了，于是计算这两束光的光程差时，只需计算两束光在空气中的光程差就可以了，所以 G_2 称为补偿板。将 M_2 关于半透射、半反射膜所成的像看成 M_2'，光线(2)可以看成入射到 M_2' 上，于是光线(1)、(2)如同从 M_1 与 M_2' 反射来的，因此迈克尔逊干涉仪中所产生的干涉和 $M_1 \sim M_2'$ 间"形成"的空气薄膜的干涉等效。

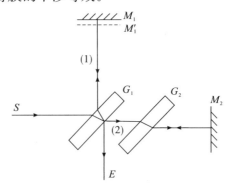

图 4-4-29 光路示意图

2. 干涉条纹的图样

(1)点光源照明——非定域干涉条纹。

用凸透镜会聚的激光束是一个很好的点光源，它向空间发射球面波，从 M_1 和 M_2 反射后可看成由两个光源 S_1 和 S_2 发出的(见图 4-4-30)，S_1(或 S_2)至屏的距离分别为点光源 S 从 G_1 和 M_1(或 M_2 和 G_1)反射(或透射)光至屏的光程，S_1 和 S_2 的距离为 M_1 和 M_2' 之间距离 d 的 2 倍，即 $2d$。虚光源 S_1 和 S_2 发出的球面波在它们相遇的空间处处相干，这种干涉是非定域干涉。若用平面屏观察干涉花样，在不同的地点或不同方向可以观察到圆、椭圆、双曲线、直线等不同形状的干涉图样。在迈克尔逊干涉仪的实际情况下，由于干涉光是由平面镜反射形成的虚光源发出的，因而放置观察屏的空间是有限的，只有圆形和直线形干涉条纹容易出现。通常将观察屏 E 放置在垂直于连线 S_1S_2 的延长线上，对应的干涉图样是一组同心圆，圆心在 S_1S_2 延长线和屏的交点上。

平面上任意一点 P 的光程差为 $\Delta L = S_1P - S_2P$，当 $r \ll z$，有 $\theta \approx \dfrac{r}{z}$，$\Delta L = 2d\cos i$，$\cos i = 1 - 2\sin^2\dfrac{\theta}{2} \approx 1 - \dfrac{\theta^2}{2}$，所以

$$\Delta L = 2d\left(1 - \frac{r^2}{2z^2}\right) \tag{1}$$

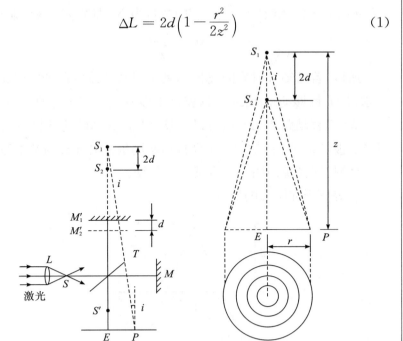

图 4-4-30 点光源产生的非定域干涉

(1)当光程差 $\Delta L = k\lambda (k=0, \pm 1, \pm 2, \cdots)$ 时,有亮纹,其轨迹为圆,有

$$2d\left(1 - \frac{r^2}{2z^2}\right) = k\lambda \tag{2}$$

由上式可知,若 z,d 不变,则 r 越小 k 越大,即靠近中心的条纹干涉级次高,靠近边缘(r 越大)的条纹级次越低。

(2)令 r_k、r_{k-1} 分别为两个相邻干涉环的半径,根据式(2)则可得干涉条纹间距为

$$\Delta r = r_k - r_{k-1} \approx \frac{\lambda z^2}{2r_k d} \tag{3}$$

由此可知,干涉圆环的半径 r_k 越小,则 Δr 越大,即干涉条纹是中心稀疏边缘密集;d 越小,Δr 越大,即 M_1 和 M_2' 之间的距离越小条纹越疏,距离越大条纹越密;波长 λ 越长,Δr 越大。

(3)缓慢移动 M_1 镜,改变 d,可以看见干涉条纹"吞"或"吐"的现象。对于圆心处,有 $r=0$,式(2)变成 $2d=k\lambda$。若 M_1 镜移动了距离

Δd，所引起干涉条纹"吞"或"吐"的数目为 N，即 $2\Delta d = N\lambda$，则有

$$N = \frac{2\Delta d}{\lambda} \tag{4}$$

所以，若已知入射光的波长 λ，就可以从条纹"吞"或"吐"的数目 N 求得 M_1 镜移动距离 Δd。这就是干涉测长的基本原理。反之，若已知 M_1 镜移动距离 Δd，就可以从条纹"吞"或"吐"的数目 N 求得入射光的波长 λ。这就是利用干涉仪精密测量光波波长的基本原理。

（2）扩展光源照明——定域干涉条纹。

①等倾干涉图像的形成。

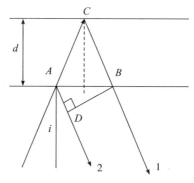

图 4-4-31　等倾干涉

如果经过精心调节使 $M_1 // M_2'$，当 M_1 和 M_2' 互相平行时，入射角为 i 的光线经 M_1 和 M_2' 反射成为 1 和 2 两束光（图 4-4-31），光束 1 和 2 互相平行，两光束的光程差为：

$$\begin{aligned}\Delta L &= AC + CB - AD \\ &= 2d/\cos i - 2d\tan i \cdot \sin i \\ &= 2d(1/\cos i - \sin^2 i/\cos i) \\ &= 2d\cos i\end{aligned} \tag{5}$$

由公式（5）可见，当 d 一定时，光程差只随角 i 而改变，亦具有同一入射角的光线，经上下两表面反射形成的两条相干光，将有相等的光程差，它们在无穷远处形成干涉条纹，若用透镜会聚，将在透镜焦平面看到一组同心圆，每个圆各自对应一恒定的倾角 i，所以这种干涉称为等倾干涉。若

$$\Delta L = 2d\cos i = 2k\lambda,(k = 0, \pm 1, \pm 2, \cdots) \tag{6}$$

形成亮条纹。若

$$\Delta L = 2d\cos i = (2k+1)\lambda \tag{7}$$

形成暗条纹。

1)当 d 一定时，i 角越小，则 $\cos i$ 越大，光程差越大，形成的干涉条纹级次越高。在圆心处 $i=0$，$\cos i=1$，这时光程差最大，形成的干涉条纹级次最高。

2)由公式(6)或(7)还可得出相邻条纹的间距

$$\Delta L = \lambda/(2d\sin i) \tag{8}$$

由此可见：条纹非等间距排列。

3)当移动 M_1(或 M_2)使 M_1 和 M_2' 的距离 d 增大时，圆心干涉级数越来越高，我们就可以看到圆条纹一条一条从中心"吐"出来，反之当 d 减小时，圆条纹一条一条地向中心"吞"进去。每当"吐"出或"吞"进一条条纹时，d 就增加或减小 $\lambda/2$，所以测出"吞"或"吐"的条纹数目 N，由已知波长 λ 就可求得 M_1(或 M_2)移动的距离，这就是利用干涉测长法；反之，若已知镜子移动的距离，则就可求得波长，它们的关系为：

$$\Delta d = N\frac{\lambda}{2} \tag{9}$$

(3)等厚干涉图像的形成。

当 M_1 和 M_2' 有一很小角度 α 时(如图 4-4-32)。M_1 和 M_2' 之间形成楔形空气薄层，就会出现等厚干涉条纹。等厚干涉纹定域在镜面附近，如用眼睛观察，眼睛必须聚焦在镜面附近。

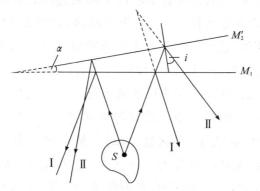

图 4-4-32　等厚干涉

经过 M_1 和 M_2' 镜反射的光线，其光程差仍可近似地表示为：

$$\Delta L = 2d\cos i \tag{10}$$

由于 i 是有限的（决定于反射镜对眼睛的张角，一般比较小），$\Delta L = 2d\cos i \approx 2d(1-i^2/2)$。在镜 M_1 和 M_2' 相交处附近 ΔL 中的第二项 di^2 可以忽略，光程差 ΔL 的变化主要决定于 d 的变化，所以在楔形空气薄层厚度相同的地方光程差相同，观察到的条纹是平行于两镜相交线的等间隔的直线条纹。在远离 M_1 和 M_2' 相交处，di^2 项（与波长大小可比）不能忽略，而同一根干涉条纹上光程差相等，为使 $\Delta L = 2d(1-i^2/2) = k\lambda$，必须用增大 d 来补偿由于 i 的增大而引起的光程差的减小，所以干涉条纹在 i 逐渐增大的地方要向 d 增大的移动，使得干涉条纹逐渐变成弧形，而且条纹弯曲的方向是凸向两镜相线的方向即两端向背离 M_1 和 M_2' 交线的方向弯曲。

3. 相干性

光源的相干性，可以由时间相干性和空间相干性来描述。迈克耳逊干涉仪是测量时间相干性的典型仪器。为简单起见，我们观察干涉环的圆心变化规律。对于某一特定的光源，调节干涉仪的平面镜 M_1 使 d 不断增加，观察干涉环一个个不断冒出来的同时，干涉环的清晰度越来越差，当 d 增加到某一距离 d' 时，基本看不到干涉条纹时，我们称 $2d' = \Delta L$ 为光源的相干长度。这个相干长度所对应的时间 $t = \Delta L/c$（c 为光速）叫相干时间。

光源的时间相干性有两种解释。一种认为光源所发出的光波是有限长的波列，当迈克耳逊干涉仪中两束光的光程差大于波列的长度时，一列波由分光板 G_1 分成两个波列，分别由 M_1、M_2 反射回到 E 处不再相遇，这时就不能产生干涉现象。只有两束光的光程差小于波列的长度时，经 M_1、M_2 反射后才有可能在 G_1 处相遇，从而观察到干涉现象，所以波列的长度就表征了相干长度。另一种解释是，实际光源所发出的光不可能是绝对单色的，总有一定的波长范围，可用谱线宽 $\Delta\lambda$ 表示，也就是说，对于某一单色光的中心波长 λ_0 来说，这个单色光是由波长为 $\lambda_0 \pm \Delta\lambda/2$ 范围内的光波组成。由光的干涉原理可知，每一波长的光波都有自己的干涉纹，随 d 的增加，各波长的干条涉纹就逐渐错开，总的干涉花样的清晰度越来越差，当错开了一个中心波长 λ_0 时，干涉条纹就看不清了。这样两

种解释结合起来就把光源的单色性和时间相干性联系起来了,可用数学关系表示:

$$\Delta L = \frac{\lambda_0^2}{\Delta \lambda} \tag{11}$$

光源的单色性愈好,即 $\Delta\lambda$ 愈小,相干长度愈长。相干时间 t 与 $\Delta\lambda$ 的关系可以写成

$$t = \frac{\Delta L}{c} = \frac{\lambda_0^2}{c\Delta\lambda} \tag{12}$$

在实际光源中,氦氖激光器发出的激光单色性好,对 6328 Å 的谱线,$10^{-5} \sim 10^{-6}$ Å 只有 $10^{-5} \sim 10^{-6}$ Å,因此相干长度从几米到几千米的范围。常用的钠灯,汞灯 $\Delta\lambda$ 为几个到零点几个 Å,相干长度只有几到几十毫米,白光相干长度只有波长的数量级。

因为白光是复色光,其相干长度很短,只有波长 Å 的数量级,故一般不易发生干涉。只有当 $d=0$ 附近且不超过几个波长的情况下,才能看到干涉纹。在 M_1 和 M_2' 的交点处 $d=0$,这时对于各种波长的光来说 $\Delta L=\lambda/2$,E 处可见黑色的直线,称为中央花纹,两旁有十几条对称分布的彩色花纹,d 稍微增大,明暗纹相互重叠,结果就看不到干涉条纹。因此只有用白光才能判断出中央花纹,并找出 $d=0$ 的位置。

【实验仪器】

迈克耳逊干涉仪,多束光纤激光源,钠光灯,白炽灯,凸透镜,毛玻璃屏。

1. 迈克耳逊干涉仪结构

如图 4-4-33 所示,迈克耳逊干涉仪的导轨固定在稳定的底座上,由三只调平螺丝支承,丝杆螺距为 1 mm,粗调手轮带动丝杆转动一周,经与丝杆啮合的开合螺母,通过防挡板及顶块带动移动镜在导轨上滑动 1 mm,实现粗动。移动距离的毫米数可在机体侧面毫米刻度尺上读得。不足 1 mm 部分,通过读数窗在刻度盘上读数。刻度盘圆周共刻 100 等分,因此旋转粗调手轮,使刻度盘转一个分度,表示移动镜前进(或后退)0.01 mm。转动微动手轮,可使移动镜实

现微动。微动手轮每转一周,粗动手轮旋转一个分度。微动手轮圆周上刻 100 分度,故每一分度对应 0.0001 mm。移动镜和参考镜倾角可分别用镜背后三颗滚花螺钉来调节。各螺钉的调节范围是有限度的,螺钉旋得过松,镜面在移动时可能震动,而使镜面倾角变化。旋得太紧,干涉条纹形状不规则,因此必须使螺钉在对干涉条纹有影响的范围内进行调节,防止旋得过紧过松。调节水平微动螺钉,可使干涉图样水平移动。调节垂直微动螺钉,可使干涉条纹在垂直方向上移动。

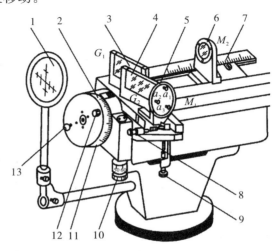

1. 观察屏;2. 粗动手轮;3. 分束板;4. 补偿板;5. 固定反射镜;
6. 活动反射镜;7. 导轨标尺;8. 水平微调;9. 垂直微调;
10. 微动手轮;11. 刻度鼓轮;12. 锁紧螺钉;13. 粗调手柄

图 4-4-33 迈克耳逊干涉仪结构示意图

2. 多束光纤激光电源

采用 550 mm 中功率激光管和高传输性光纤,通过精密光学分束机构分至 7 束激光,每束光纤长度为 4 m,可以拉伸到不同的工作台作为点光源。这样一台多束光纤激光电源可以配用 7 台迈克耳逊干涉仪,光纤输出端可以固定在干涉仪左端,从而使激光源与干涉仪的位置相对固定。

【实验内容】

先熟悉干涉仪的结构及各部分的作用和读数方法。然后进行调整和测量。

1. 迈克耳逊干涉仪的调整

（1）目测调整干涉仪底座三个螺丝，使干涉仪大致水平。打开激光电源，调整激光束使其和 M_1 基本垂直。

（2）取下观察屏，透过分束板可以看到两组光点，调整 M_1、M_2 背后三颗滚花螺钉，使两组光点中最亮的两个光点重合（**注意**：均匀调节 M_1、M_2 背后三颗滚花螺钉，不要过紧或过松），这时 M_1、M_2 大致是互相垂直了。

（3）装上观察屏，这时可以观察到干涉条纹。仔细调整 M_1、M_2 后面滚花螺钉，使 M_1 严格与 M_2 垂直。最后调整水平、垂直微动螺钉，使干涉圆环圆心至适当位置，旋转微动手轮观察条纹变化。

2. 测 He-Ne 激光波长

慢慢转动微动手轮，使 M_2 前后移动，可观察到条纹一个一个地"冒出"或"陷入"，反复练习，并注意体会空程误差，待操作熟练后开始测量。记下初始读数 d_0，转动微动手轮，每当"冒出"（或"陷入"）100 个圆环时记下 d_1，连续测量 9 次，记下 9 个 d_i 值。并记下条纹粗细和疏密的变化情况。

3. 观察白光的干涉现象（选做）

在观察激光等倾干涉的基础上，移动 M_2 使条纹变宽，当屏上仅出现 1~2 个圆条纹时，再用微动手轮仔细地调整直到条纹消失，此时将光源换成白色光源，用眼睛直接向 G_1 看去，可看到白光的彩色干涉条纹（若看不到，可稍稍转动微动手轮）。转动微动手轮，记下观察到的现象，并分别记下彩色条纹从出现到消失的两个位置读数 d_1、d_2（可反复多测几次），则 $\Delta d = |d_2 - d_1|$，依据公式计算白光的相干长度和相干时间。

4. 观察钠光干涉，测量钠光的相干长度（选做）

移去白光光源，放上钠灯，用眼睛直接向分束镜 G_1 内观察。移动 M_2，随着 d 的改变，会反复出现干涉条纹清晰度时而变差，时而又变好的现象。继续移动 M_2，直到看不清干涉条纹为止，记下 M_2 移动的距离 Δd，钠黄光的相干长度 $\Delta L = 2\Delta d$。

【数据处理与要求】

(1)列表记录测量数据,用逐差法处理,求 Δd 的平均值。

(2)按 $\Delta d = N\lambda/2$,求 λ,并与标准值相比较,计算百分误差。

【注意事项】

(1)迈克尔逊干涉仪的分光板、补偿板和反射镜的表面绝对不能沾污或用手抚摸,如有灰尘,只能用吹气球吹去。

(2)迈克尔逊干涉仪各调整控制机构极其精密,其调整范围均有一定限度,调整时应仔细、认真、轻缓,严禁盲目乱调。

(3)调节螺旋测微计时用手调节其套筒,严禁调节棘轮旋柄。

(4)不能用眼睛直视激光,以免损伤眼睛。

(5)光纤为传光介质,不能用手压折。

(6)由于激光束光能分布为高斯分布,各光纤输出存在强弱,属于正常现象。

(7)做实验时,不要随意离开座位,往返走动,以免引起震动影响其他同学实验。

【思考题】

(1)根据迈克耳逊干涉仪的光路,说明各光学元件的作用。

(2)什么是非定域干涉?简述调出非定域干涉条纹的条件及步骤。

(3)结合实验调节中出现的现象总结一下迈克耳逊干涉仪调节的要点及规律。

(4)迈克耳逊干涉仪实验干涉条纹与牛顿环实验干涉条纹同为圆条纹,二者有什么区别?

实验 6　偏振光的观察与应用

1809 年,法国工程师马吕斯(Etienne Louis Malus)在实验中发现了光的偏振现象。对光的偏振现象研究,使人们对光的传播(反射、折射、吸收和散射等)的规律有了新的认识。特别是近年来利用光的偏振性所开发出来的各种偏振光元件、偏振光仪器和偏振光技术在现代科学技术中发挥了极其重要的作用,在光调制器、光开关、光学计量、应力分析、光信息处理、光通信、激光和光电子学器件等应用中,都大量使用偏振技术。本实验要求学习产生和鉴别各种偏振光并对其进行观察、分析和研究,从而了解和掌握偏振片、1/4波片和1/2波片的作用及应用,加深对光的偏振性质的认识。

分实验 1:偏振光的观察与分析

【实验目的】

(1)掌握布鲁斯特角的测量方法。
(2)验证马吕斯定律。
(3)掌握产生和检验线偏振光,椭圆偏振光,圆偏振光的原理和方法,进一步理解偏振光的干涉原理。

【实验原理】

1. 反射偏振

如图 4-4-34 所示,当一束平行的自然光从空气射到折射率为 n 的透明介质(如玻璃、水等)界面时,如果入射角 i_0 满足关系 $\tan i_0 = n$,则从界面上反射回来的光为平面偏振光,其振动平面垂直于入射平面,而透射光则为部分偏振光。

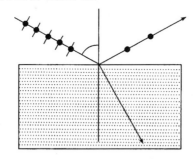

图 4-4-34 反射偏振现象

2. 偏振光的干涉——波片

如图 4-4-35 所示,偏振片 P_1、P_2 的振动方向相互垂直时,自然光不能通过,呈现全黑暗现象(消失现象);而当正交的偏振光镜 P_1、P_2 之间放一块晶体切片(各向异性晶体),使其光轴方向与入射光传播方向垂直,如图 4-4-36 所示,光线 P_1 正入射这一系统时,发现第二块偏振光片 P_2 中有光透过,这里晶片起什么作用呢?

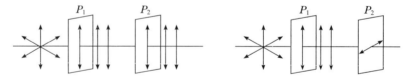

图 4-4-35　偏振光的产生与检验

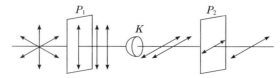

图 4-4-36　晶片的作用

由于晶片是双折射晶体,偏振光垂直晶体光轴入射之后将会分解为平行光轴的 e 光和垂直于光轴的 o 光,其振幅分别为 o 光:$a=A\sin\theta$,e 光:$b=A\cos\theta$(图4-4-37)。由于 o 光、e 光在晶体内传播的速度不同(e 光落后于 o 光),线偏振光通过厚度为 d 的晶片后将产生相位差 $\Delta\varphi$

$$\Delta\varphi = \frac{2\pi}{\lambda}(n_o - n_e)d \tag{1}$$

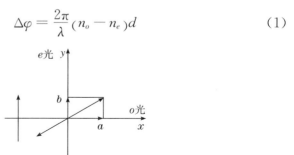

图 4-4-37　o 光和 e 光的获得

式(1)中,λ 为入射光波长;n_o,n_e 分别为 o 光和 e 光在晶体内的折射率;d 为晶体切片的厚度。

设 o 光初相位为零,因此

$$o \text{ 光振动}: x = a\sin\omega t, \tag{2}$$

$$e \text{ 光振动}: y = b\sin(\omega t - \Delta\varphi) \tag{3}$$

两个相位差 $\Delta\varphi$ 的垂直振动的合成为

$$\frac{x^2}{a^2} + \frac{y^2}{b^2} - 2\frac{xy}{ab}\cos\Delta\varphi = \sin^2\Delta\varphi \tag{4}$$

这是一般的椭圆方程,显然,随着相位差 $\Delta\varphi$ 的不同椭圆度亦不同。现在讨论晶片厚度对偏振光干涉现象的影响:

(1) 1/4 波片。当晶片厚度使得 o 光、e 光有 $\lambda/4$ 的光程差时,$\Delta\varphi = \frac{2\pi}{\lambda} \cdot \frac{\lambda}{4} = \frac{\pi}{2}$ 时,则有 $\frac{x^2}{a^2} + \frac{y^2}{b^2} = 1$。即两个线偏振光的合成为一正椭圆,或者说出射光矢量的终点描出的轨迹为一正椭圆,正椭圆的长短半轴分别为 a 和 b。使得 o 光、e 光产生 $\lambda/4$ 光程差的晶片为 1/4 波片。如果线偏振光与晶体光轴成 $45°$ 角入射至 1/4 波片,此时 $\theta = 45°$,则 $a = b = \frac{A}{\sqrt{2}}$,所以有 $x^2 + y^2 = a^2 = b^2$,即出射光为圆偏振光。

(2) 1/2 波片。当晶体的厚度为 o 光、e 光产生 $\lambda/2$ 光程差的晶片为 1/2 波片。此时,$\Delta\varphi = \frac{2\pi}{\lambda} \cdot \frac{\lambda}{2} = \pi$,则有 $x = -\frac{a}{b}y$。即出射光仍然为偏振光,但其振动平面相对于入射光的振动面转过 2θ 角。

3. 透射光强分析

如图 4-4-38(a) 所示,经起偏器 N_1 后,变成振幅为 A 的平面偏振光,在通过晶片 K,射到检偏器 N_2 上。图 4-4-38(b) 表示透过 N_2 迎着光线观察到的振动情况,其中 N_1、N_2 及 ZZ' 分别表示起偏器主截面、检偏器主截面和晶片的光轴在同一平面上的投影,α 和 β 分别为 N_1、N_2 的主截面与晶片的光轴 ZZ' 的夹角。从晶片透过两平面偏振光的振幅分别为:

$$A_o = A\sin\alpha; A_e = A\cos\alpha \tag{5}$$

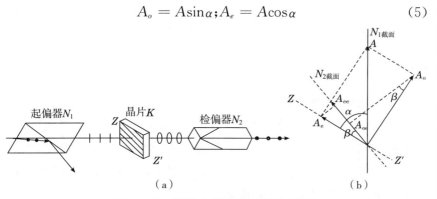

图 4-4-38 迎着光线观察到的振动情况

它们的相位差为 δ。穿过 N_2 后,只存在振动平行于 N_2 主截面

的分量 A_{ex} 和 A_{ox}，其大小为

$$A_{ox} = A_o \sin\alpha \cdot \sin\beta, A_{ex} = A_e \cos\alpha \cdot \cos\beta, \qquad (6)$$

可见，这两束光是同频率、不等振幅，振动在同一平面内的相干光，因此，透射光的光强（按双光束干涉的光强计算方法）为：

$$\begin{aligned} I_2 &= A_{ox}^2 + A_{ex}^2 + 2A_{ox}A_{ex}\cos\delta \\ &= I_1\left[\cos^2(\alpha-\beta) - \sin 2\alpha \sin 2\beta \sin^2\frac{\delta}{2}\right] \end{aligned} \qquad (7)$$

式(7)中 $I_1 = A^2$，它是从起偏器 N_1 透射的平面偏振光的光强，从上式可以看出：

(1) 当 α（或 β）$= 0$、$\pi/2$ 或 π 时，有

$$I_2 = I_1 \cos^2(\alpha-\beta) \qquad (8)$$

即透射光强只与 N_1、N_2 两主截面交角的余弦平方成正比，和没有晶片时一样。

(2) 当 N_1、N_2 正交时，$(\alpha-\beta) = \pi/2$，则

$$I_2 = I_1 \sin^2 2\alpha \sin^2\frac{\delta}{2} \qquad (9)$$

如果晶片是半波片，则 $\delta = \pi$，$I_2 = I_1\sin^2 2\alpha$。当 $\alpha = \pi/4, 3\pi/4, 5\pi/4, 7\pi/4$ 时，$I_2 = I_1$，即有光透过 N_2，发生了相长干涉；当 $\alpha = 0$，$\pi/2, 3\pi/2, 2\pi$ 时，$I_2 = 0$，无光透过 N_2，发生了相消干涉。由此可见，当 1/2 波片旋转一周时，视场内将出现四次消光现象。

【实验仪器】

偏振光定量实验仪，数字检流计，光具座。

【实验内容】

1. 布鲁斯特角的测定

一束 He-Ne 激光通过起偏片，使其振动方向在水平平面内，并照射到铅直放置的平面玻璃上，绕铅直方向旋转该平面玻璃，当入射角 i 满足 $\tan i = n$ 时，反射光消失，此时与平面玻璃相连的测角指针指示所谓角度即为布鲁斯特角。

2. 验证马吕斯定律

将 He-Ne 激光器和两个偏振方向已知的偏振片 P_1、P_2 及光电

池共轴放在光具座上，接上数字检流计，旋转 P_2 一周，观察透过 P_2 的光强（由检流计读数表示）规律，记录现象并解释之。使 P_1、P_2 处于偏振方向一致的方位，记录检流计的读数 I_0，然后旋转 P_2，使 P_1 与 P_2 偏振方向的夹角依次为 15°、30°、60°、75°、90°，记下数字检流计相应的读数 I，验证公式 $I = I_0 \cos^2 \theta$。

3. 验证 1/2 波片的作用

在光具座上用激光束照射偏振片 P_1，然后在 P_1 后放 1/2 波片，使波片光轴与起偏片的偏振方向依次成 15°、30°、60°、75°、90°角，分别使偏振片 P_2 旋转一周，检查通过 1/2 波片后出射光的偏振方向。记录现象并总结规律。

4. 用 1/4 波片获得椭圆偏振光和圆偏振光

让偏振片 P_1 产生的平面偏振光通过 1/4 波片，使波片的光轴与偏振光的振动平面夹角为 α。再用偏振片 P_2 旋转一周检偏，观察透射光强的变化。令 α 分别为 15°、30°、45°、75°、90°，画出对应的透射光强的分布曲线。说明透过 1/4 波片后光的偏振状态。

【数据处理与要求】

本实验是一个以观察分析为主的实验。应将实验中观察到的现象作详细的记录、分析和总结。

【注意事项】

从元件盒中取出各元件、器件时，轻轻拿取，不能用手摸元件、器件的表面，拿出后不能随便乱放，使用完毕应按规定位置放入盒中。

【思考题】

(1) 给你一台 He-Ne 激光器、布鲁斯特角测定旋具和白玻璃片，如何确定一块偏振片的偏振方向？

(2) 如何区别椭圆偏振光和部分偏振光、圆偏振光和自然光？

分实验2：小型旋光仪的使用

【实验目的】

(1) 观察线偏振通过旋光物质的旋光现象。

(2) 了解旋光仪的结构原理，用旋光仪测定糖溶液的旋光率和浓度。

【实验原理】

当线偏振光通过某些物质的溶液（特别是含有不对称碳原子物质的溶液，如蔗糖溶液等）后，偏振光的振动面将旋转一定的角度 φ，这种现象称为旋光现象，能产生旋光现象的物质称为旋光物质，例如石油、酒石酸和朱砂（HgS）等。当观察者迎着光线观看时，振动面顺时针方向旋转的物质为右旋（或正旋）物质；振动面反时针方向旋转的物质称为左旋（或负旋）物质。

对固体旋光物质来说，放置角度 φ 与光透过该物质的厚度 d 成正比，即：

$$\varphi = \alpha d \tag{1}$$

式(1)中 α 称为固体（或晶体）的旋光率，它在数值上等于偏振光通过厚度为 1 mm 的固体（或晶体）片后振动面的旋转角度。

对于溶液来说，旋转角度 φ 与偏振光通过的溶液长度 L 和溶液中旋光性物质的浓度 C 成正比，即：

$$\varphi = \alpha C L \tag{2}$$

式(2)中，α 称为该物质的旋光率，它在数值上等于偏振光通过单位长度(1 dm)、单位浓度(1 g/mL)的溶液后引起振动面旋转的角度。C 用 g/mL 表示，L 用 dm 表示。实验表明，同一旋光物质对不同波长的光有不同的旋光率；在一定温度下，它的旋光率与入射光波长的平方成反比，即随波长的减少而迅速增大。这个现象称为旋光色散。故在一般手册中所给出的各种旋光物质的旋光率是在 20 ℃时、用钠黄光的 D 线($\lambda = 589.3$ nm)来测定的。

若已知待测定旋光性溶液的浓度 C 和液柱的长度 L，则测出旋

转的角度 φ 就可由式(2)算出其旋光率 α。由式(2)可知,若 L 不变,依次改变浓度 C,测出相应的旋转角度 φ,并画出 φ-C 旋光曲线,则得到一条直线,其斜率为 αL。从直线的斜率也可以算出旋光率 α(忽略温度对于旋光率的影响)。反之,通过测量 φ,可确定溶液中所含旋光物质的浓度 C。通常可根据测出的旋转角度 φ,从该物质的旋光曲线上查出对应的浓度 C。

【实验仪器】

小型旋光仪,钠光灯,蔗糖溶液。

测量物质旋转角或旋光度的装置称为旋光仪,本实验用半荫型小型旋光仪,其光学系统如图 4-4-39 所示,光源 S(钠光灯)位于透镜 L_1 的焦点上,光线通过 L_1 成平行光射向偏振器 P 和石英半波片 K,K 用玻璃 R_1 保护(防止灰尘和损坏),然后光穿过试样管 T,保护玻璃 R,检偏振器 A,由透镜把石英半波片 K 成像于光栏处,通过目镜 O 进行观察,放大镜 D 用于读数。

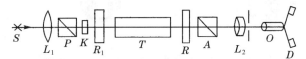

图 4-4-39 半荫型小型旋光仪的光学系统

因为人的眼睛难以准确地判断视场是否最暗,故多采用半荫法,用比较视场中相邻两光束的强度是否相同来确定旋光度。具体装置见图 4-4-40,在起偏振器 P 后再加一很窄的的石英半波片 K,它和起偏振器 P 的一部分在视场中重叠,把视场分为三部分。同时在石英半波片 K 旁装上一定厚度的玻璃片,以补偿由石英半波片 K 产生的光强变化。取 K 的光轴

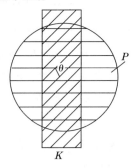

图 4-4-40 石英半波片放在中间将视场分为三部分

平行于自身表面并与 P 的偏振轴成一角度 θ(仅几度)。由光源发出的光经起偏振器后变成偏振光,其中一部分光再经过 K(其厚度恰使在石英半波片 K 内分成的 e 光和 o 光的位相差为 π 的奇数倍,出

射的合成光仍为线偏振光),其振动面相对于入射光的偏振面转了 2θ,故进入试样管的光是振动面间在夹角为 2θ 的两束线偏振光。

在图 4-4-41 中,如果以 OP 和 OA 分别表示起偏振器和检偏振器的偏振化方向,OP' 表示透过石英半波片 K 后的偏振光的振动方向,β 表示 OP 与 OA 的夹角,β' 表示 OP' 与 OA 的夹角;再以 A_P 和 A_P' 分别表示通过起偏振器和其加石英半波片的偏振光在检偏振器偏振化方向的分量;则由图 4-4-41 可知,当转动检偏振器时,A_P 和 A_P' 的大小将发生变化,反映在从目镜中见到的视场上将出现亮暗的交替变化(见图 4-4-41 的下半部)。图中列出四种显著不同的情形:

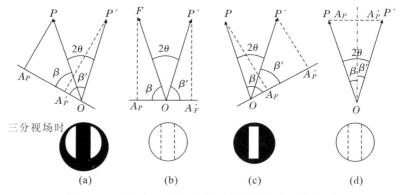

图 4-4-41　转动检偏器时,目镜中视场的亮暗变化图

a. $\beta' > \beta$, $A_P > A_P'$,通过检偏振器观察时,与石英半波片 K 对应的部分为暗区,与起偏振器对应部分为亮区,视场被分为清晰的三部分。当 $\beta' = \pi/2$ 时,亮暗的反差最大。

b. $\beta = \beta'$, $A_P = A_P'$,故通过检偏振器观察时,视场中三部分界线消失,亮度相等,较暗。

c. $\beta > \beta'$, $A_P' > A_P$,视场又分为三部分,与石英半波片 K 对应的部分为亮区,与起偏振器对应的部分为暗区。当 $\beta = \pi/2$ 时,亮暗的反差也最大。

d. $\beta = \beta'$, $A_P = A_P'$,视场中三部分界线消失,亮度相等,较亮。

由于在亮度不太强的情况下,人眼辨别亮度微小差别的能力较大,故常取图 4-4-41(b)所示的视场作为参考视场,并将此时检偏振器的偏振化方向所指的位置取作刻度盘的零点。

在旋光仪中放上试样管后,透过起偏振器和石英半波片的两束偏振光均通过试样管,它们的振动面转过相同的角度 φ,并保持两振动面之间的夹角 2θ 不变。若转动检偏振器,使视场仍旧回到图4-4-41(b)所示的状态,则检偏振器转过的角度即为被测试溶液的旋光度。

旋光仪外形图如图 4-4-42 所示,N 为钠光灯,P 为起偏振器,打开盖子 C 就看到盛溶液的试样管 T,检偏振器固定在一刻度盘 A 上,B 是旋转螺旋,用以转动检偏振器与刻度盘 A,利用刻度盘两旁的游标,可使读数准确到 $0.05°$,O 是目镜,D 是读数用的放大镜(**注意**:试样管长度有三种,分别为 100、200、220 mm)。

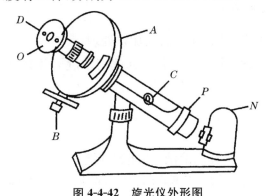

图 4-4-42 旋光仪外形图

【实验内容】

1. 调整旋光仪

(1)调节旋光仪的目镜,使看清视场中三部分的分界线。

(2)确定旋光仪的零点,旋转 B 使 A 盘转动,观察并熟悉视场明暗变化的规律,找到视场亮度相等时的两个位置,取其亮度相等、整体较暗的一个位置,即是旋光仪的零点。记下此时刻度盘上的相应两个游标的读数。重复测定零点五次,得出检偏振器在刻度盘上零点位置的平均读数。

2. 测定蔗糖溶液使振动面旋转的角度 φ

(1)用 200 mm 长的试样管,将其两端的护玻片擦干净,注入浓度已知的蔗糖溶液,并将试样管放入盒子内(打开盖子 C)。设该溶液的浓度为 100 mL 中含糖 10 g。转动检偏振器,使视场亮度相等,读出这时检偏振器的位置,算出 φ,重复 5 次取其平均值。

(2)将另一装有未知浓度的蔗糖溶液的 T 管,其长为 100 mm,按上法测振动面的旋转角 φ,仍重复五次取平均值。

(3)计算:从所得的结果来计算蔗糖溶液的浓度 C 及其旋光率 α。蔗糖溶液的旋光率 α 的不确定度,可用合成公式来计算,并表示实验结果。

注意:由于旋光率与所用光波波长、温度以及浓度均有关系,故测定(或计算)旋光率时就应对上述各量作出记录或加以说明,测量温度可取实验室室温。

【数据处理与要求】

(1)数据表格自拟,并对数据加以处理。

(2)计算:从所得的结果来计算蔗糖浓度 c 及其旋光率 α,并计算其不确定度。

【注意事项】

(1)试样管 T 应装满溶液,不能有气泡。

(2)注入溶液后,盖子要旋紧,以免蔗糖溶液洒漏,还要把管及其两端玻片擦净,以免影响透光。

(3)T 管的两端经精密磨制,以保证其长度为确定值并透光良好,使用时应十分小心,以防损坏。

【思考题】

(1)怎样计算物质的旋光率?它与入射光波长有什么关系?

(2)为什么半荫型旋光仪中会出现两个零点位置?为什么一个灵敏而另一个则不灵敏?应该选择哪一个做零点位置?

4.5 近代物理实验

实验1 密立根油滴实验

电子电量是物理学的基本常数之一,为了进一步证实基本电荷的存在,在测定了电子荷质比之后,当务之急是要直接测出电子的电量值。1917年密立根(Millikan, Robert Andrews)用实验的方法测定了电子电量值,证实了基本电荷的存在,同时用无可辩驳的事实证实了物体带电的不连续性。

【实验目的】

(1)通过对带电油滴在重力场、静电场中运动的测量,测定电子电量值,验证物体带电的不连续性。

(2)掌握密立根油滴实验的设计思想,实验方法及实验技巧。

【实验原理】

如图4-5-1所示,用喷雾器将油喷入两块相距为 d 的水平放置的平行极板之间,油在喷射撕裂成油滴时由于摩擦作用而带电,油滴(油滴视为小球体)在极板间同时受到以下几个力的作用:

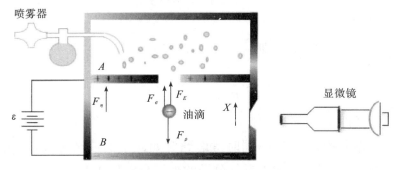

图 4-5-1 密立根油滴实验示意图

重力 $F_\rho = mg = \rho g V = \rho g \dfrac{4}{3}\pi r^3$,电场力 $F_E = Eq$,浮力 $F_\sigma = \sigma g V = \sigma g \dfrac{4}{3}\pi r^3$,根据斯托克斯定理黏滞力

$$F_\eta = 6\pi\eta\upsilon r \text{(与运动方向相反)} \tag{1}$$

式(1)中,m 为油滴质量,g 为重力加速度,ρ 为油滴密度,σ 为空气密度,E 为电场强度,q 为油滴带电量,r 为油滴半径,η 为空气对小液滴的黏滞系数,υ 为油滴的运动速度。

当平行极板未加电压时,油滴将受重力作用加速下降,由于空气黏滞阻力与油滴运动速度 υ 成正比,油滴将受到黏滞阻力作用,又因空气的悬浮和表面张力作用,油滴总是呈小球状。当黏滞阻力与重力平衡时,油滴将以极限速度 υ_g 匀速下降,此时,黏滞力、浮力、重力达成平衡,则有

$$F_\eta + F_\sigma = F_\rho \tag{2}$$

由式(1)代入式(2),可得

$$r = \left[\frac{9\eta\upsilon_g}{2(\rho-\sigma)g}\right]^{\frac{1}{2}} \tag{3}$$

(1)动态法。

若油滴向上运动,并以速度 υ_E 做匀速运动。此时,黏滞力、浮力、重力、电场力达成平衡,则有

$$F_\rho + F_\eta = F_E + F_\sigma \tag{4}$$

由式(1)、(2)、(3)、(4),可得

$$q = \frac{6\pi\eta r(\upsilon_E + \upsilon_g)}{E} = \frac{9\sqrt{2}\pi}{E\sqrt{(\rho-\sigma)g}}\eta^{\frac{3}{2}}(\upsilon_E + \upsilon_g)\upsilon_g^{\frac{1}{2}} \tag{5}$$

(2)静态平衡法。

若油滴悬浮不动,即 $\upsilon_E = 0$,则式(5)改写为

$$q = \frac{9\sqrt{2}\pi}{E\sqrt{(\rho-\sigma)g}}\eta^{\frac{3}{2}}\upsilon_g^{\frac{3}{2}} \tag{6}$$

上式即是(1)的特殊情况。

根据斯托克斯定律,同时考虑到对如此小的油滴来说,空气已不能视为连续媒质,加上空气分子的平均自由程和大气压强 P 成正比等因素,则有黏滞系数修正后变为

$$\eta = \frac{\eta_0}{\left(1 + \dfrac{b}{rP}\right)} \tag{7}$$

黏滞力修正后为

$$F_\eta = 6\pi \frac{\eta_0}{\left(1+\dfrac{b}{rP}\right)} v_g r \tag{8}$$

其中,η_0 为较大物体在空气中的黏滞系数,P 为容器内的大气压强,b 为修正常数。

因此,式(3)改写为

$$r = -\frac{b}{2P} + \sqrt{\left(\frac{b}{2P}\right)^2 + \frac{9\eta_0 v_g}{2(\rho-\sigma)g}} \tag{9}$$

实验中使油滴匀速运动,上升和下降的距离均为 l,分别测出油滴匀速上升时间 t_g 和下降时间 t_E,则有

$$v_g = \frac{l}{t_g},\ v_E = \frac{l}{t_E}, \tag{10}$$

两极板内表面距离为 d,所加直流电压为 U,则电场强度为

$$E = \frac{U}{d} \tag{11}$$

将式(7)、(8)、(9)、(10)、(11)分别代入式(5)和(6),可得

动态法测油滴携带的电荷量为

$$q = \frac{9\sqrt{2}\pi dl^{\frac{3}{2}}\eta_0^{\frac{3}{2}}}{U\sqrt{(\rho-\sigma)g}}\left(\frac{1}{t_E}+\frac{1}{t_g}\right)\frac{1}{\sqrt{t_g}}\left(1+\frac{b}{rP}\right)^{-\frac{3}{2}} \tag{12}$$

静态平衡法测油滴携带的电荷量为

$$q = \frac{9\sqrt{2}\pi dl^{\frac{3}{2}}\eta_0^{\frac{3}{2}}}{U\sqrt{(\rho-\sigma)g}} t_g^{-\frac{3}{2}}\left(1+\frac{b}{rP}\right)^{-\frac{3}{2}} \tag{13}$$

值得说明的是,由于空气黏滞阻力的存在,油滴先经一段变速运动后再进入匀速运动。但变速运动的时间非常短(小于 0.01 s),与仪器计时器精度相当,所以实验中可认为油滴自静止开始运动就是匀速运动。运动的油滴突然加上原平衡电压时,将立即静止下来。

在给定的实验条件下,η、l、ρ、g、d 均为常数,因此式(12)、(13)可以大大简化。

为了求得电子电荷,需测量多个油滴的带电量 q,求其最大公约数,该最大公约数就是电子电荷 e 的值。测量后发现,在实验误差范围内,油滴带电量只能是一系列的特定值

$$q = ne, n = 1, 2, \cdots \quad (14)$$

e 为一确定的量:

$$e = \frac{q}{n}, n = 1, 2, \cdots \quad (15)$$

表 4-5-1 公式中有关参数的推荐值

$b(\text{m}\cdot\text{Pa})$	$d(\text{m})$	$l(\text{m})$(6 格)	$g(\text{m}\cdot\text{s}^{-2})$	$p(\text{Pa})$	$\eta(\text{kg}\cdot\text{m}^{-1}\cdot\text{s}^{-1})$
8.21×10^{-3}	5.00×10^{-3} (6.00×10^{-3})	1.50×10^{-3}	9.794	1.013	1.83×10^{-5}

表 4-5-2 上海产中华牌 701 型钟表油密度随温度变化值

温度 t(℃)	0	10	20	30	40
密度 $\rho(\text{kg}\cdot\text{m}^{-3})$	991	986	981	976	971

【实验仪器】

密立根油滴仪、喷雾器、CCD 显示系统。密立根油滴仪由油滴盒、显微镜、照明装置、显示器和电源等组成。

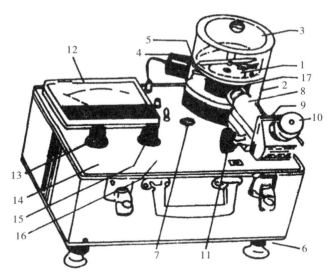

1.油滴盒；2.防风罩；3.油雾室；4.油滴照明灯室；5.导光棒；6.调平螺丝；7.水准泡；
8.显微镜；9.目镜头；10.接目镜；11.调焦手轮；12.电压表；13.平衡电压调节旋钮；
14.平衡电压换向开关；15.升降电压调节旋钮；16.升降电压换向开关；
17.紫外线灯；18.紫外线灯按钮开关(装在显微镜右侧面板上)

图 4-5-2 油滴仪面板图

1. 油滴盒

油滴盒是由两块经过精细研磨的圆形铝板,中间垫有 5 mm 的胶木圆环组成。

圆形铝板直径 45 mm,上板中央开有 $\varphi=0.4$ mm 的进油小孔,这样可以保证当平行铝板间加上直流电压时,两极间在相当大范围内为均匀电场。胶木圆环的四周每隔 120°开有一个小孔,分别为进光孔、观察孔和石英玻璃窗,正对进光孔和观察孔处的胶木圆环内壁贴有白色反光纸,用来改善油滴盒内的亮度,以利于在显微镜中观察油滴。

油滴盒安装在油雾室下部,四周罩一圆型有机玻璃罩。如图 4-5-3 所示。油滴盒的水平可通过整机下部两调平螺丝调整,水平与否通过水准仪判断。

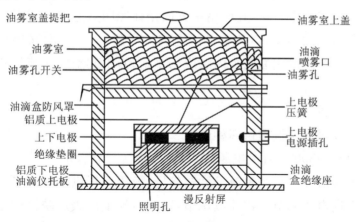

图 4-5-3　油滴盒

2. 显微镜

MOD-4 油滴仪配有放大倍数为 30 倍的显微镜。通过胶木圆环上的观察孔观察平板电极间油滴的运动情况。显微镜目镜中装有分划板,如图 4-5-4 所示。其水平、垂直方向上的长度均为 3 mm。垂直方向上的刻度用来测量油滴运动距离时使用,水平方向上的刻度可用来观察油滴是否作布朗运动。显微镜目镜筒外附有定位环,其位置出厂时已调好,使用过程中不得任意调整。目镜必须插到底,以保证显微镜的放大倍数为 30 倍,否则会给实验结果带来一定的系统误差。

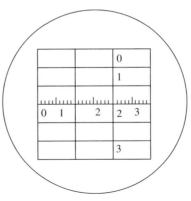

图 4-5-4　分划板

3. 照明装置

照明装置包括照明灯室及导光棒。灯室内装有聚光灯泡。松开灯室外的锁紧螺母,调整灯室位置,可使显微镜视场清晰明亮。进光孔内装有导光棒,其作用一方面是让照明灯泡的光线尽可能从进光孔射入油滴盒,以改善油滴盒内的亮度;另一方面又要尽可能减少灯室热量造成油滴盒内温度场不均匀,引起空气对流导致油滴不稳定。

4. 电源

密立根油滴仪提供四种电源

(1) 0～500 V 直流电源。

由交流 280 V 经整流、滤波、倍压、稳压后提供。输出电压高低通过平衡电压调节旋钮连续调节,通过直流电压表反映该输出电压值高低。该电压经平衡电压换向开关加至油滴盒的平行电极板上。当平衡电压换向开关位于"+"时,下极板为正电位;位于"-"时,上极板为正电位;位于中间位置时,电压表上虽有电压指示,但极板上无电压。调节平衡电压调节旋钮,可以使带有不同电量的油滴在油滴盒内平板电极间某处静止不动(油滴平衡)。

(2) 0～250 V 直流电源。

由交流 250 V 经整流滤波获得。输出电压高低由升降电压调节旋钮调节,再经升降电压换向开关加到平板电极上,用以控制油滴在两板间的升和降。当升降电压换向开关倒向"↑"或"↓"侧,表示升降电压和平衡电压叠加后加至平板电极上。位于中间位置时,极板上无升降电压。顺时针转动升降电压调节旋钮,油滴升降速度变快,反之变慢。因升降电压仅用以改变油滴在平板电极间的位置,所以直流电压表不指示该电压值。

(3)直流电源。

由交流电源经半波整流、滤波并经简单的稳压后提供给聚光灯泡使用。

(4)1 500 V 直流电源。

由倍压电路提供的直流 1 500 V 电源,供 GP3Hg-2 汞灯使用。按下紫外灯按钮开关汞灯点亮,发出 2537Å 的紫外光。紫外光通过石英玻璃窗照射油滴,从而改变油滴的带电量。

(5)计时器。

仪器配有液晶显示的 E7-1 电子秒表作为计时用,其精度为 0.01 s。

【实验内容】

1. 测量前的调整与练习

(1)调整仪器成水平。

(2)打开电源开关,调整显微镜的接目镜可以看到清晰的分划板的像,同时检查视场内的亮度,若发现视场较暗或亮度不均,可松开灯室外锁紧螺母,调整灯室位置待视场明亮且亮度一致时,旋紧灯室锁紧螺母。

(3)两极间不加电压,拿喷雾器,用食指堵住出气孔,用力挤压气囊,向油雾室喷入少量实验用油,调整显微镜调焦手轮,在现场内可见大量清晰明亮的油滴自上而下运动,观察下落油滴的轨迹是否和分划板的竖直刻线平行,否则松开目镜紧固螺丝转动目镜,待二者平行时,旋紧目镜紧固螺丝。

(4)将平衡电压换向开关倒向"+"侧或"−"侧,升降电压换向开关位于中间位置。调节平衡电压输出,预置两板间电压为某值,向油雾室喷入少量实验用油,用眼睛盯住视场中缓缓移动的某一油滴,仔细调整平衡电压,使油滴静止不动。去掉平衡电压,油滴下落。待油滴下落至某一刻线处,再加上平衡电压、升降电压使油滴向上运动。如此反复直至可以熟练掌握控制油滴为止。

(5) 练习测量油滴运动某一距离所用时间。

2. 测量

(1) 选择宜于测量的油滴。

选择平衡电压在 150~350 V，匀速运动 2 mm 所用时间在 10~30 s 的油滴为待测油滴。

(2) 用升降电压将已选为待测的平衡油滴调整到分划板的第一条水平刻线处，去掉升降电压、平衡电压，待油滴下落至第二条水平刻线处（油滴已做匀速运动）开始计时，至倒数第二条水平刻线终止计时。注意此时应尽快在两板间加上平衡电压，否则油滴极易丢失，影响多次测量。所计时间即为油滴匀速运动 2 mm 所用时间 t_g。

(3) 对上述平衡油滴同法重复测量 5~10 次，注意每测量一次，需重新调整一下平衡电压，以减小偶然误差及因油滴挥发而引起平衡电压的变化。分别记录油滴匀速下落 2 mm 所用时间，计算电子电量值 e。

(4) 分别对 5 颗不同的带电油滴进行测量，求电子电量的平均值及测量误差。

【数据处理与分析】

如果物体带电是不连续的，那么由实验测得的油滴带电量必然存在最大公约数，这个最大公约数就是电子电量值 e。然而由于受学生实验技能的限制，测量误差一般较大。而且由于每颗油滴所带的基本电荷(e)的个数(n)不同，实验求得的带电量 q 也不同，直接求最大公约数很不方便，这里用"反向验证法"来计算，即将基本电荷的理论值 $e = 1.602 \times 10^{-19}$ 库仑去除每颗油滴的带电量 $\bar{q}$，把得到的商四舍五入取整，作为油滴所带基本电荷的个数 n，再把电量 $\bar{q}$ 除以 n 求得基本电荷 e 的值。实验结果误差很小，证明了电荷的不连续性。

【注意事项】

(1) 做好本实验的关键在于选择合适的待测油滴。何谓合适的待测油滴呢？实验发现：①若两板间的电压一定，对一定量的带电油滴在板间所受的电场力一定。带电量愈多，匀速下落 l 所用的时间 t_g 愈短。②若 t_g 一定，油滴带电量愈多，油滴平衡时的平衡电压愈低。③油滴体积大，在显微镜视场内愈亮，易于观察，匀速下落距离 L 所用时间短。体积小的油滴在视场中暗淡，不易观察，相对来说下落距离 L 所用时间较长，同时易受外界条件的影响。

综上所述，为了提高测量的准确度，必须兼顾诸因素的影响，选择宜于测量的油滴。既要考虑平衡电压高低、带电量的多少，还要兼顾下落一定距离所用时间的长短，易于观察等要求。平衡电压选择高一些，有利于减小电压的测量误差，油滴的带电量多，带来误差的半个电子分配给 n 个电子时误差必然很小，但这种油滴下落一定距离所用的时间 t_g 较短，增加了时间的测量误差。选择下落时间长一些的油滴，虽有利于减小时间的测量误差，但当 n 较大时，平衡电压又太低，势必增加电压的测量误差。因此实验时一般选取平衡电压在 150～350 V，匀速下落 2 mm 所用时间在 10～30 s 的油滴为宜。

(2) 测量油滴下落 2 mm 所用时间最好选择在上下电极的中间部分。太靠近上电极，此处离进油孔近，油雾下落有气流，加上边缘效应电场不均匀，将影响测量结果的准确性。太靠近下电极，测量完毕稍不留意油滴会丢失，影响多次测量。

(3) 电极水平调整不好，油滴会前后左右漂移，甚至漂出视场。

(4) 必须选用挥发性小的实验用油。

(5) 平板电极进油孔很小，切勿喷入过多的油，更不得将油雾室去掉，对准进油孔喷油，以免堵塞油孔。

(6) 不得随意打开油滴盒，喷雾器的喷油嘴系玻璃制品，喷油后应妥善放置，严防损坏。

【思考题】

(1) 若油滴平衡调整不好对实验结果有何影响？为什么每测量一次 t_g 均要对油滴进行一次平衡调整？

(2) 何谓合适的待测油滴，其选取原则是什么？

(3)本实验的设计思想、实验技巧对实验素质和能力的提高有什么帮助?

(4)实验中,油滴在水平方向运动甚至消失的原因是什么?

实验 2　弗兰克-赫兹实验

1913年,丹麦物理学家波尔(N. Bohr)提出了一个氢原子模型,并指出原子内部存在量子化的能级。该模型在预言氢光谱的观察中取得了显著的成功。1914年,即波尔理论发表后的第二年,德国物理学家弗兰克(F. Frnck)和赫兹(G. Hertz)采用慢电子轰击原子的方法,利用两者的非弹性碰撞将原子激发到较高能态,令人信服地证明了原子内部量子化能级的存在,给波尔理论提供了独立于光谱研究方法的直接实验证据。因此,他们获得了1925年度诺贝尔物理学奖。

通过本实验,学习弗兰克和赫兹为揭示原子内部量子化能级所作的巧妙构思以及采用的实验方法,可以了解气体放电现象中低能电子与原子间相互作用的机理,电子与原子碰撞的微观过程是怎样与实验中的宏观量相联系的,并可用于研究原子内部的能量状态与能量交换的微观过程。

【实验目的】

(1)本实验通过对氩原子第一激发电位的测量,证明原子能级的存在。

(2)了解电子与原子碰撞和能量交换过程的微观图像,及影响这个过程的主要物理因素。

(3)分析灯丝电压、拒斥电压的改变对 $F-H$ 曲线的影响。

【实验原理】

波尔的原子模型理论认为,原子是由原子核和以核为中心沿各种不同直径的轨道旋转的一些电子构成的,如图4-5-5。对于不同的原子,这些轨道上的电子数分布各不相同。一定轨道上的电子,具有一定的能量。当电子处在某些轨道上运动时,相应的原子就处在一个稳定的能量状态,简称为定态。当某一原子的电子从低能量的轨道跃迁到较高能量的轨道时(例如图 4-5-5 中从Ⅰ到Ⅱ),我们就说该原子进入受激状态。如电子从轨道Ⅰ跃迁到轨道Ⅱ,该原子进入第一受激态,如从Ⅰ到Ⅲ则进入第二受激态,等等。波尔原子模型理论指出:

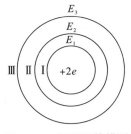

图 4-5-5　氦原子的模型

(1)原子只能处在一些不连续的稳定状态(定态)中,其中每一定态相应于一定的能量 $E_i(i=1,2,3,\cdots,m,\cdots,n)$。

(2)当一个原子从某定态 E_m 跃迁到另一定态 E_n 时,就吸收或辐射一定频率的电磁波,频率的大小决定于两定态之间的能量差 E_n-E_m,并满足以下关系:

$$h\nu=E_n-E_m。$$

上式中,普朗克常数 $h=6.63\times10^{-34}$ J·s。

原子在正常情况下处于基态,当原子吸收电磁波或受到其他有足够能量的粒子碰撞而交换能量时,可由基态跃迁到能量较高的激发态。从基态跃迁到第一激发态所需要的能量称为临界能量。当电子与原子碰撞时,如果电子能量小于临界能量,则发生弹性碰撞,电子碰撞前后能量不变,只改变运动方向。如果电子动能大于临界能量,则发生非弹性碰撞,这时电子可把数值为 $\Delta E=E_n-E_1$ 的能量交给原子(E_n 是原子激发态能量,E_1 是基态能量),其余能量仍由电子保留。

如初始能量为零的电子在电位差为 U_0 的加速电场中运动,则电子可获得的能量为 eU_0;如果加速电压 U_0 恰好使电子能量 eU_0 等于原子的临界能量,即 $eU_0=E_2-E_1$,则 U_0 称为第一激发电位,或临界电位。测出这个电位差 U_0,就可求出原子的基态与第一激发态之间的能量差 E_2-E_1。

实验原理如图 4-5-6 所示,在充氩的弗兰克-赫兹管中,电子由阴极 K 发出,阴极 K 和第一栅极 G_1 之间的加速电压 V_{G_1K} 及与第二栅极 G_2 之间的加速电压 V_{G_2K} 使电子加速。在板极 A 和第二栅极 G_2 之间可设置减速电压 V_{G_2A},管内空间电压分布见图 4-5-7。

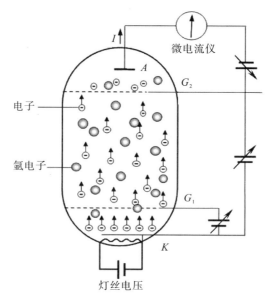

图 4-5-6　弗兰克-赫兹实验原理图

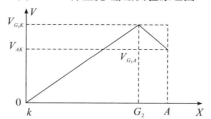

图 4-5-7　弗兰克-赫兹管内空间电位分布原理图

注意: 第一栅极 G_1 和阴极 K 之间的加速电压 V_{G_1K} 约 1.5 V 的电压,用于消除阴极电压散射的影响。

图 4-5-8 所示的曲线反映了氩原子在 KG_2 空间与电子进行能量交换的情况。当灯丝加热时,阴极的外层发射电子,电子在 G_1 和 G_2 间的电场作用下被加速而取得越来越大的能量。但在起始阶段,由于电压 V_{G_2K} 较低,电子的能量较小,即使在运动过程中,它与原子相碰撞(为弹性碰撞)也只有微小的能量交换。这样,穿过第二栅极的电子所形成的电流 I_A 随第二栅极电压 V_{G_2K} 的增加而增大(见图 4-5-8 中 oa 段)。

当 V_{G_2K} 达到氩原子的第一激发电位时,电子在第二栅极附近与氩原子相碰撞(此时产生非弹性碰撞)。电子把从加速电场中获得的全部能量传递给氩原子,使氩原子从基态激发到第一激发态,而电子本身由于把全部能量传递给了氩原子,它即使穿过第二栅极,也不能克服反向拒斥电压而被折回第二栅极。所以板极电流 I_A 将显著减小(如图 4-5-8 ab 段)。氩原子在第一激发态不稳定,会跃迁回基态,同时以光量子形式向外辐射能量。以后随着第二栅极电压 V_{G_2K} 的增加,电子的能量也随之增加,与氩原子相碰撞后还留下足够的能量,这就可以克服拒斥电压的作用力而到达板极 A,这时电流又开始上升(如图 4-5-8 bc 段),直到 V_{G_2K} 是 2 倍氩原子的第一激发电位时,电子在 G_2 与 K 间又会因第二次非弹性碰撞失去能量,因而又造成了第二次板极电流 I_A 的下降(如图 4-5-8 cd 段),这种能量转移随着加速电压的增加而呈周期性的变化。若以 V_{G_2K} 为横坐标,以板极电流值 I_A 为纵坐标就可以得到谱峰曲线,两相邻谷点(或峰尖)间的加速电压差值 $U_{n+1}-U_n$,即为氩原子的第一激发电位值。

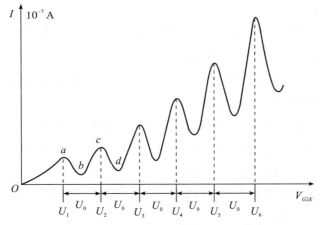

图 4-5-8 弗兰克-赫兹管的 I_A-V_{G_2K} 曲线

这个实验就说明了弗兰克-赫兹管内的电子缓慢地与氩原子碰撞,能使原子从低能级被激发到高能级,通过测量氩原子的第一激发电位值(11.5 V 是一个定值,即吸收和发射的能量是完全确定,不连续的),说明了波尔原子能级的存在。

【实验仪器】

弗兰克-赫兹实验仪,示波器。

【实验内容】

1. 准备

(1)熟悉实验装置结构及使用方法。

(2)按照实验要求设计并连接实验线路,检查无误后开机。

开机后的初始状态如下:①实验仪的"1 mA"电流挡位指示灯亮,表明此时电流的量程为1 mA;②实验仪的"灯丝电压"的挡位指示灯亮,表明此时修改的电压为灯丝电压;最后一位在闪动,表明现在修改位为最后一位(可通过按"←""→"来移动被修改位);③"手动"指示灯亮。表明仪器工作正常。

2. 测量氩原子的第一激发电位

(1)选择手动方式进行实验,按机箱盖标牌上给定的参数,输入实验参数。

(2)调节电压值 V_{G_2K} 开始进行测量,记录数据 I_A,做 I_A-V_{G_2K} 曲线图,求氩原子的第一激发电位。

注意:测试过程当中,电压值 V_{G_2K} 必须单调增加(最大值为80 V),不能中途减小电压值。

(3)改变灯丝电压(调整建议控制在标牌参数的±0.3 V范围内)、拒斥电压,重复进行实验,分析灯丝电压 U_H、拒斥电压 V_{G_2A} 的改变对 $F-H$ 实验曲线的影响。

(4)手动操作完毕后,需将 V_{G_2K} 的电压立即降为零,否则会缩短 $F-H$ 管的寿命。

(5)数据记录表格:

$V_{G_1K}=$ _____

V_{G_2K}(V)		0.5	1	1.5	……	80
I_A(10^{-7} A)	$U_{H_1}=$					
	$V_{G_2A}=$					
	$U_{H_2}=$					
	$V_{G_2A}=$					

【注意事项】

(1)所有仪器应在接线检查无误后才能开启电源。

(2)管子的"灯丝电压"只能在实验室提供数据之间选用,电压过高阴极发射能力过强,管子易老化;过低会使阴极中毒,损坏管子。

(3)仪器出现报警声(长笛声)时,要立即关掉电源。

【思考题】

(1)什么是能级?波尔的能级跃迁理论是如何描述的?

(2)实验原理及方法。

(3)为什么 $I_A-V_{G_2K}$ 曲线上的各谷点电流随 V_{G_2K} 的增大而增大?

(4)在 $I_A-V_{G_2K}$ 曲线上,为什么对应板极电流 I_A 第一个峰的加速电压 V_{G_2K} 不等于 11.5 V?

【附录】

1. 智能弗兰克-赫兹实验仪面板及基本操作介绍

(1)智能弗兰克-赫兹实验仪前面板功能说明。

智能弗兰克-赫兹实验仪前面板如图 4-5-9 所示,以功能划分为八个区:

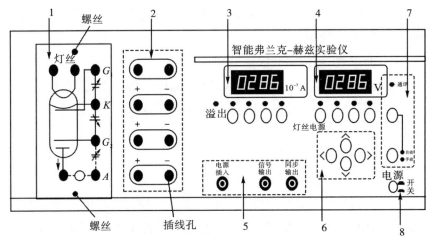

图 4-5-9 弗兰克-赫兹实验仪面板图

区(1)是智能弗兰克-赫兹管各输入电压连接插孔和板极电流插座。

区(2)是弗兰克-赫兹管所需激励电压的输出连接插孔,其中左侧输出孔为正极,右侧为负极。

区(3)是测试电流指示区:四位七段数码管指示电流值;四个电流量程挡位选择按键用于选择不同的最大电流量程挡;每一个量程选择同时备有一个选择指示灯指示当前电流量程挡位。

区(4)是测试电压指示区:四位七段数码管指示当前选择电压源的电压值;四个电压源选择按键用于不同的电压源;每一个电压量程选择都备有一个选择指示灯指示当前选择的电压源。

区(5)是测试信号输入输出区:电流输入插座输入弗兰克-赫兹管极电流;信号输出和同步输出插座可将信号送示波器显示。

区(6)是调整按键区,用于:改变当前电压设定值;设置查询电压点。

区(7)是工作状态指示区:通信指示灯指示实验仪与计算机的通信状态;启动按键与工作方式按键共同完成多种操作,详细说明见相关栏目。

区(8)是电源开关。

(2)智能弗兰克-赫兹实验仪后面板说明。

智能弗兰克-赫兹实验仪后面板上有交流电源插座,插座上自带有保险管座;如果实验仪已升为微机型,则通信插座可联计算机,否则,该插座不可使用。

(3)弗兰克-赫兹实验仪连线说明。

在确认供电电网电压无误后,将随机提供的电源连线插入后面板的电源插座中;按图 4-5-10 连接面板上的连线。务必反复检查,切勿连错。

(4)开机后的初始状态。

开机后,实验仪面板状态显示如下:

①实验仪的"1 mA"电流挡位指示灯亮,表明此时电流的量程为 1 mA 挡;电流显示值为 000.0 μA(若最后一位不为0,属正常现象)。

②实验仪的"灯丝电压"挡位指示灯亮,表明此时修改的电压为灯丝电压;电压显示值为 000.0 V;最后一位在闪动,表明现在修改位为最后一位;

③"手动"指示灯亮,表明此时实验操作方式为手动操作。

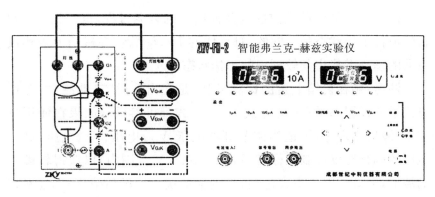

━━━ 黑线
-·-·- 红线
----- 蓝线

图 4-5-10 智能弗兰克-赫兹实验仪连线图

(5) 变换电流量程。

如果想变换电流量程,则按下在区(3)中的相应电流量程按键,对应的量程指示灯点亮,同时电流指示的小数点位置随之改变,表明量程已变换。

(6) 变换电压源。

如果想变换不同的电压,则按下在区(4)中的相应电压源按键,对应的电压源指示灯随之点亮,表明电压源变换选择已完成,可以对选择的电压源进行电压值设定和修改。

(7) 修改电压值。

按下前面板区(6)上的←/→键,当前电压的修改位将进行循环移动,同时闪动位随之改变,以提示目前修改的电压位置。

按下面板上的↑/↓键,电压值在当前修改位递增/递减一个增量单位。

注意:①如果当前电压值加上一个单位电压值的和值超过了允许输出的最大电压值,再按下↑键,电压值只能修改为最大电压值。②如果当前电压值减去一个单位电压值的差值小于零,再按下↓键,电压值只能修改为零。

(8) 建议工作参数。

警告: $F-H$ 管很容易因电压设置不合适而遭到损害,所以,一定要按照规定的实验步骤和适当的状态进行实验。

由于 $F-H$ 管的离散性以及使用中的衰老过程,每一只 $F-H$ 管的最佳工作状态是不同的,对具体的 $F-H$ 管应在机箱上盖建议参数的基础上找出其较理想的工作状态。

注意:贴在机箱上盖的标牌参数,是在出厂时"自动测试"工作方式下的设置参数(手动方式、自动方式都可参照),如果在使用过程中,波形不理想,可适当调节灯丝电压、V_{G_1K} 电压、V_{G_2A} 电压(灯丝电压的调整建议控制在标牌参数的 ± 0.3 V 范围内)以获得较理想的波形,但灯丝电压不宜过高,否则会加快 $F-H$ 管衰老;V_{G_2K} 不宜超过 85 V,否则管子易击穿。

2. 手动测试

下面是用智能弗兰克-赫兹实验仪实验主机单独完成弗兰克-赫兹实验的介绍。

(1)认真阅读实验教程,理解实验内容。

(2)按 1.(3)条的要求完成连线连接。

(3)检查连线连接,确认无误后按下电源开关,开启实验仪。

(4)检查开机状态,应与 1.(4)条一致。

(5)开机预热:电流量程、灯丝电压、V_{G_1K} 电压、V_{G_2A} 电压设置参数见仪器机箱上盖的标牌参数,将 V_{G_2K} 设置为 30 V,实验仪预热 10 min。

(6)参见 1.(8)设置各组电源电压值和电流量程。

操作方法参见 1.(6)条和 1.(7)条。需设定的电压源有:灯丝电压 V_F、V_{G_1K}、V_{G_2A} 设定状态参见 1.8 条或随机提供的工作条件。

(7)测试操作与数据记录。

测试操作过程中每改变一次电压源 V_{G_2K} 的电压值,$F-H$ 管的板极电流值便随之改变。此时记录下区(3)显示的电流值和区(4)显示的电压值数据,以及环境条件,待实验完成后,进行实验数据分析。

改变电压 V_{G_2K} 的电压值的操作方法参见 1.(6)条和 1.(7)条叙述的方法进行。

电压源 V_{G_2K} 的电压值的最小变化值是 0.5 V。为了快速改变 V_{G_2K} 的电压值,可按 1.(7)条叙述的方法先改变调整位的位置,再调整电压值,可以得到每步大于 0.5 V 的调整速度。

(8)示波器显示输出。

测试电流也可以通过示波器进行观测。

将区(5)的"信号输出"和"同步输出"分别连接到示波器的信号通道和外同步通道,调节好示波器的同步状态和显示幅度,按 2.(7)的方法操作实验仪,在示波器上既可看到 $F-H$ 管板极电流的即时变化。

(9)重新启动。

在手动测试的过程中,按下区(7)中的启动按键,V_{G_2K} 的电压值将被设置为零,内部存储的测试数据被清除,示波器上显示的波形被清除,但 V_F、V_{G_1K}、V_{G_2K}、电流挡位等的状态不发生改变。这时,操作者可以在该状态下重新进行测试,或修改状态后再进行测试。

3. 自动测试

智能弗兰克-赫兹实验仪除可以进行手动测试外,还可以自动测试,实验仪将自动产生 V_{G_2K} 扫描电压,完成整个测试过程;将示波器与实验仪相连接,在示波器上可看到 $F-H$ 管板极电流随 V_{G_2K} 电压变化的波形。

(1)自动测试状态设置。

自动测试时 V_F、V_{G_1K}、V_{G_2A} 及电流挡位等状态设置的操作过程,$F-H$ 管的连线操作过程与手动测试操作过程一样,可看 2.(1)至 2.(6)条的介绍(若仪器已经开机预热,就不用再预热)。

如果通过示波器观察自动测试过程,可将区(5)的"信号输出"和"同步输出"分别连接到示波器的信号通道和外同步通道,调节好示波器的同步状态和显示幅度。

建议工作状态与手动测试情况下相同。

(2)V_{G_2K} 扫描终止电压的设定。

进行自动测试时,实验仪自动产生 V_{G_2K} 扫描电压。实验仪默认 V_{G_2K} 扫描电压的初始值为零,V_{G_2K} 扫描电压大约每 0.4 s 递增 0.2 V。直到扫描终止电压。

要进行自动测试,必须设置电压 V_{G_2K} 的扫描终止电压。

首先,将面板区(7)中的"手动/自动"测试键按下,自动测试指示灯亮；在区(4)按下 V_{G_2K} 电压源选择键，V_{G_2K} 电压源选择指示灯亮；在区(6)用 ↑/↓，←/→ 完成 V_{G_2K} 电压值的具体设定。V_{G_2K} 设定终止值建议以不超过 85 V 为好。

(3) 自动测试启动。

自动测试状态设置完成后，在启动自动测试过程前应检查 V_F、V_{G_1K}、V_{G_2K}、V_{G_2A} 的电压设定值是否正确，电流量程选择是否合理，自动测试指示灯是否正确指示，如有不正确的项目，请按 3.(1)条、3.(2)条重新设置正确。

如果所有设置都正确、合理，将区(4)的电压源选为 V_{G_2K}，再按面板上区(7)的"启动"键，自动测试开始。

在自动测试过程中，通过面板的电压指示区［区(4)］，测试电流指示区(3)，观察扫描电压 V_{G_2K} 与 $F-H$ 管板极电流的相关变化情况。

如果连接了示波器，可通过示波器观察扫描电压 V_{G_2K} 与 $F-H$ 管板极电流的相关变化的输出波形。

在自动测试过程中，为避免面板按键误操作，导致自动测试失败，面板上除"手动/自动"按键外的所有按键都被屏蔽禁止。

(4) 测试过程。

在自动测试过程中，只要按下"手动/自动"键，手动测试指示灯亮，实验仪就中断了自动测试过程，回复到开机初始状态。所有按键都被再次开启工作。这时可进行下一次的测试准备工作。

本次测试的数据依然留在实验仪主机的存储器中，直到下次测试开始时才被消除。所以示波器仍会观测到部分波形。

(5) 自动测试过程正常结束。

当扫描电压 V_{G_2K} 的电压值大于设定的测试终止电压值后，实验仪将自动结束本次自动测试过程，进入数据查询工作状态。

测试数据保留在实验仪主机的存储器中，供数据查询过程使用，所以，示波器仍可观测到本次测试数据所形成的波形。直到下次测试开始时才刷新存储器的内存。

(6) 自动测试后的数据查询。

自动测试过程正常结束后，实验仪进入数据查询工作状态。这时面板按键除区(3)部分还被禁止外,其他都已开启。

区(7)的自动测试指示灯亮,区(3)的电流量程指示灯指示于本次测试的电流量程选择挡位;区(4)的各电压源选择按键可选择各电压源的电压值指示,其中,V_F、V_{G_1K}、V_{G_2A}三电压源只能显示原设定电压值,不能通过区(6)的按键改变相应的电压值。

改变电压源 V_{G_2K} 的指示值,就可查阅到本次测试过程中,电压源的扫描电压值为当前显示值时,对应的 $F-H$ 管板极电流值的大小,该数值显示于区(3)的电流指示表上。

(7)结束查询过程回复初始状态。

当需要结束查询过程时,只要按下区(7)的"手动/自动"键,区(7)的手动测试指示灯亮,查询过程结束,面板按键再次全部开启。原设置的电压状态被消除,实验仪存储的测试数据被清除,实验仪回复到初始状态。

4. 实验仪与计算机联机测试

本节的介绍仅对已被升级成为微机型的智能弗兰克-赫兹实验仪有效。

在与计算机联机测试的过程中,实验仪面板上的区(7)的自动测试指示灯亮,通信指示灯闪亮;所有按键都被屏蔽禁止;在区(3)、区(4)的电流、电压指示表上可观察到即时的测试电压值和 $F-H$ 管的板极电流值,电流电压选择指示灯指示了目前的电流挡位和电压源选择状态;如果连接了示波器,在示波器上可看到测试波形;在计算机的显示屏上也能看到测试波形。

在与计算机联机测试的过程结束后,实验仪面板上区(7)的自动测试指示灯仍维持亮。按下区(7)的"手动/自动"键,区(7)的手动测试指示灯亮,面板按键再次全部开启;实验仪存储的测试数据被清除,实验仪回复到初始状态。这时可使用实验仪再次进行手动或自动测试。

实验 3 用光电效应测量普朗克常数

光电效应是指一定频率的光照射在金属表面时会有电子逸出的现象。光电效应实验对于认识光的本质及早期量子理论的发展，具有里程碑式的意义。

光电效应的应用极为广泛。用光电效应的原理制成的光电管、光电倍增管及光电池等各种光电器件，是光电自动控制、有声电影、电视录像、传真和电报等设备中不可缺少的器件。

【实验目的】

(1) 通过光电效应实验，进一步理解光的量子性。

(2) 测量光电管的电流，找出不同光频率下的截止电压。

【实验原理】

光电效应的实验原理如图 4-5-11 所示。入射光照射到光电管阴极 K 上，产生的光电子在电场的作用下向阳极 A 迁移构成光电流，改变外加电压 U_{AK}，测量出光电流 I 的大小，即可得出光电管的伏安特性曲线。

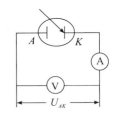

图 4-5-11 光电效应原理图

光电效应的基本事实是：

(1) 对应于某一频率，光电效应的 $I-U_{AK}$ 关系如图 4-5-12 所示。从图中可见，对一定的频率，有一电压 U_0，当 $U_{AK} \leqslant U_0$ 时，电流为零，这个相对于阴极负值的阳极电压 U_0，被称为截止电压。

(2) 当 $U_{AK} \geqslant U_0$ 时，I 迅速增加，然后趋于饱和，饱和光电流 I_M 的大小与入射光的强度 P 成正比。

(3) 光电效应存在一个阈频率（或称截止频率）ν_0，入射光的频率低于 ν_0 时，不论光强如何大，都没有光电子产生。如图 4-5-12 所示。

(4) 光电子的动能与光强度无关，但与入射光的频率 ν 成线性关系。如图 4-5-12 所示。

(5) 光电效应是瞬时效应。一经光的照射，立即产生光电子，所

需时间至多为 10^{-9} s 的数量级。

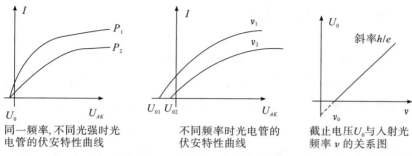

图 4-5-12　光电效应特性曲线图

按照爱因斯坦的光量子理论,光能并不像电磁波理论所想象的那样,分布在波阵面上,而是集中在被称之为光子的微粒上,但是这种微粒仍然保持着频率(或波长)的概念,频率为 v 的光子具有能量 $E=hv$,h 称为普朗克常数。当光子照射到金属表面上时,一次为金属中的电子全部吸收,而无需积累能量的时间。电子把这能量的一部分用来克服金属表面对它的吸引力,余下的就变为电子离开金属表面后的动能,按照能量守恒原理,爱因斯坦(Albert Einstein)提出了著名的光电效应方程:

$$hv = \frac{1}{2}mv_0^2 + W \tag{1}$$

式(1)中,W 为金属的逸出功,$\frac{1}{2}mv_0^2$ 为光电子获得的初始动能。

由该式可知,入射到金属表面的光频率越高,逸出的电子动能越大,所以即使阳极电位比阴极电位低时也会有电子落入阳极形成光电流,直至阳极电位低于截止电压,光电流才为零,此时有:

$$eU_0 = \frac{1}{2}mv_0^2 \tag{2}$$

阳极电位高于截止电压后,随着阳极电位的升高,阳极对阴极发射的电子的收集作用越强,光电流随之上升;当阳极电压高到一定程度,已把阴极发射的光电子几乎全收集到阳极,再增加 U_{AK} 时 I 不再变化,光电流出现饱和,饱和电流 I_M 的大小与入射光强度 P 成正比。

光子的能量 $hv_0 < W$ 时,电子不能脱离金属,因而没有光电流产

生。产生光电流的最低频率(截止频率)是 $\nu_0 = W/h$。

将式(2)代入式(1)可得：
$$eU_0 = h\nu - W \tag{3}$$

此式表明，截止电压 U_0 是频率 ν 的线性函数，直线斜率 $k = k/e$，只要用实验方法得出不同的频率对应的截止电压，就可以由作图法、线性方程组或最小二乘法等求出普朗克常数 h。

理论上，测出各频率的光照射下阴极电流为零时对应的 U_{AK}，其绝对值即该频率的截止电压，然而实际上由于光电管的阳极反向电流、暗电流、本底电流及极间接触电位差的影响，实测电流并非阴极电流，实测电流为零时对应的 U_{AK} 也并非截止电压。这些干扰主要有：

(1) 光电管制作过程中阳极往往被污染，沾上少许阴极材料，入射光照射阳极或入射光从阴极反射到阳极之后，都会造成阳极光电子发射，U_{AK} 为负值时，外电场对这些光电子是一个加速电场，阳极发射的电子向阴极迁移构成了阳极反向电流。

(2) 当光电管不受任何光照射，在外加电压下仍有微弱电流流过，我们称之为光电管的暗电流。形成暗电流的主要原因之一是阴极与阳极之间绝缘电阻(包括管座以及光电管玻璃壳内外表面等的漏电阻)，另一点是阴极在常温下的热电子发射等。

(3) 仪器中光电管暗盒的作用就是防止外界杂散光进入光电管，但它不能百分之百防止。杂散光照射光电管产生的光电流称为本底电流。

【实验内容】

本实验仪器采用了新型结构的光电管，由于其结构的特殊性，使光不能直接照射到阳极，由阴极反射照到阳极的光也很少，加上采用新型的阴、阳极材料及制造工艺，使得阳极反向电流大大降低，因此本实验中不考虑反向电流的存在。

由于暗电流和本底电流的存在，实验中我们采用"补偿法"测量截止电压。

(1) 将电压选择键置于 $-2 \sim +2\,\text{V}$ 挡；将"电流量程"选择键置

于 10^{-13} A 挡。

(2) 将测试仪电流输入电缆断开,电流调零后重新接上。

(3) 将直径为 4 mm 的光阑和滤光片装在光电管暗箱光输入口上。

(4) 由低到高调节电压 U_{AK},使电流为零后,保持 U_{AK} 不变,遮挡汞灯光源,此时测得的电流 I_0 为电压接近截止电压时的暗电流和本底电流。重新让汞灯照射光电管,调节电压 U_{AK} 使电流值至 I_0,此时的 U_{AK} 值即为该光波的截止电压。

(5) 遮挡汞灯光源,换滤光片,重复以上步骤测出每个光波长的截止电压记录于下表。

光波长 λ(nm)		365.0	404.7	435.8	546.1	577.0
频率 ν($\times 10^{14}$ Hz)		8.214	7.408	6.879	5.490	5.196
截止电压 U_0(V)	第一次					
	第二次					
	第三次					
	第四次					
	第五次					

【数据处理与要求】

利用表格中数据在坐标纸上作 $U_0-\nu$ 直线,由图求出直线斜率 k。求出直线斜率 k 后,可用 $h=ek$ 求出普朗克常数,并与 h 的公认值 h_0 比较,求出相对误差:$E=\left|\dfrac{h-h_0}{h_0}\right|\times 100\%$。式中 $e=1.602\times 10^{-19}$ C, $h_0=6.626\times 10^{-34}$ J·S。

【注意事项】

(1) 必须认真阅读仪器使用说明,弄清仪器上各开关、部件等的作用与性能,认真预习实验后,方可动手实验。

(2) 滤色片是经精选和精加工的组合滤色片,更换时应避免污染。使用前用镜头纸擦净以保证良好的透光性,滤色片需加平整套,以免不必要的折射光带来的实验误差。

(3) 更换滤色片时必须先将光源出射光孔遮住。实验后用遮光罩盖住光电管暗盒进光窗,避免强光直接照射阴极。

(4)光电管入射窗口不要面对其他强光源,以免缩短光电管寿命。

【思考题】

(1)什么是截止频率?什么是截止电压?实验中如何利用光电效应测量普朗克常数?

(2)入射光照射光电管阴极的不同位置时,测出的截止电压有变化吗?为什么?

(3)实验过程中应采取哪些措施减小测量截止电压的误差?

(4)影响实验结果准确度的主要原因是什么?

实验4　用超声光栅测定液体中的声速

1922年,L. N. 布里渊(Léon Brillouin)在理论上预言了声光衍射;1932年P. J. W. 德拜(Debye)和P. J. 希尔斯(Hillis)等科学工作者观察到了声光衍射现象。1935年拉曼(Raman. C. V)和奈斯(Nath)发现,在一定条件下声光效应的衍射类似于普通光栅的衍射。这就是著名的拉曼-奈斯声光衍射。1966年到1976年,声光衍射理论、新声光材料及高性能声光器件的设计和制造工艺都得到快速发展。1970年,实现了声表面波对导光波的声光衍射,并成功研制表面(或薄膜)声光器件。1976年后,随着声光技术的发展,声光信号处理已成为光信号处理的一个分支。

超声波通过介质时会造成介质的局部压缩和伸长而产生弹性应变,该应变随时间和空间作周期性变化,使介质出现疏密相间的现象,如同一个相位光栅。当光通过这一受到超声波扰动的介质时就会发生衍射现象,这种现象称之为声光效应。这种现象是光波与介质中声波相互作用的结果,它提供了一种调控光束频率强度和方向的方法。本实验利用该物理现象,进行在液体介质中的声速测量。

【实验目的】

(1)了解产生超声光栅的原理。

(2)了解声波如何对光信号进行调制。

(3)掌握一种利用超声光栅测量超声波在液体中传播速度的方法。

【实验原理】

如图 4-5-13 所示,锆钛酸铅陶瓷片(PZT 晶片)振荡发出超声波,超声波纵波在盛有液体的玻璃槽中传播时,其声压使液体被周期性地压缩与膨胀,其密度会发生周期性的变化,形成疏密波。稀疏作用会使液体密度减小、折射率减小。压缩作用会使液体密度增大、折射率增大,因此液体密度的周期性变化,导致其折射率也呈周期性变化。如果它被一个反射板或液槽的一个玻璃面反射,又会反向传播。如图 4-5-14,在一定条件下,前进波与反射波叠加而形成超声频率的纵向振动驻波。由于驻波的振幅可以达到单一行波的两倍,加剧了波源和反射板之间液体的疏密变化程度。某时刻,纵驻波的任一波节两边的质点都涌向这个节点,使该节点附近成为质点密集区,而相邻的波节处为质点稀疏区;半个周期后,这个节点附近的质点又向两边散开变为稀疏区,相邻波节处变为密集区。在这些驻波中,稀疏作用使液体折射率减小,而压缩作用使液体折射率增大。

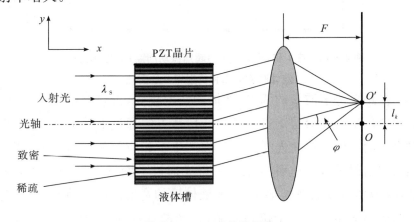

图 4-5-13　PZT 晶片振荡

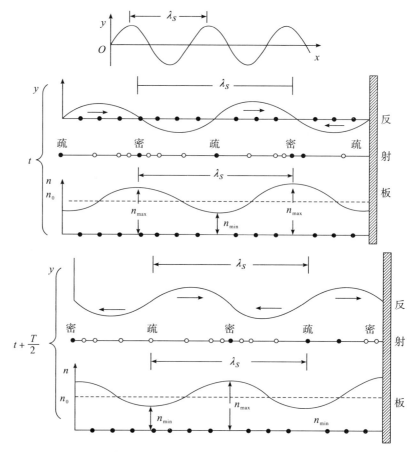

图 4-5-14 在 t 和 $t+2/T$(T 为超声振动周期)两时刻振幅 y、液体疏密分布和折射率 n 的变化

在距离等于波长的两点,液体的密度相同,折射率也相同,若波长为单色平行光沿着垂直于超声波传播方向通过上述液体时,因折射率的周期性变化使光波的波阵面产生了相应的相位差,经透镜聚焦出现衍射条纹。这种现象与平行光通过平面透射光栅的情形相似,因为超声波的波长很短,只要液体槽的宽度能够维持平面波,此时的液体槽相当于一个位相光栅,其光栅常数为超声波波长 λ_S,这种衍射也称为声光衍射。存在声波场的介质称为声光栅;当采用超声波时,则称为超声光栅。

实际上,超声光栅是移动的,由超声波的频率决定,但光的频率远远大于超声波的频率,故对光而言此光栅可认为是静止的。

当满足声光拉曼-奈斯衍射条件 $2\pi\lambda L/\lambda_S^2 \ll 1$（$L$ 是液体槽的宽度）时,该衍射类似平面光栅衍射,由光栅方程可得:

$$\lambda_S \sin\varphi_k = k\lambda \quad (k = 0, \pm 1, \pm 2, \cdots) \tag{1}$$

式(1)中,φ_m 为 m 级衍射光的衍射角,λ 为光波波长。

当 φ_m 角很小时,$\sin\varphi_m$ 与 $\tan\varphi_m = \dfrac{l_k}{F}$ 是等价无穷小量,所以有

$$\sin\varphi_m = \frac{l_k}{F}$$

上式中,l_k 为衍射光谱上零级至 k 级的距离,F 为透镜的焦距,可以认为各级衍射线是等间距分布的。则超声波波长为

$$\lambda_s = \frac{k\lambda}{\sin\varphi_k} = \frac{k\lambda F}{l_k} \tag{2}$$

液槽中传播的超声波的频率 f_s 可由超声光栅仪上的频率计读出,则超声波在液体中传播的速度为

$$V = \lambda_s f_s = \frac{k\lambda F}{l_k} f_s \tag{3}$$

考虑到 $\Delta l = \dfrac{l_k}{k}$ 就是同一单色光衍射条纹间距,因此有:

$$V = \lambda_s f_s = \frac{\lambda F}{\Delta l} f_s \tag{4}$$

因此利用超声光栅衍射可以测量液体中的声速。

实验时,利用汞灯(或钠灯)及分光计的平行光管产生平行光,让该光束垂直通过放在分光计小平台上装有压电陶瓷晶片的液槽,在玻璃槽另一侧,用分光计望远镜(与平行光管同轴)观察形成的衍射条纹,并把望远镜的阿贝目镜换为测微目镜,使衍射线清晰成像于测微目镜分划板上,即可对衍射线间距进行测量。观察到的衍射谱线一般可以看到±3级,测量时记录各级衍射线的位置坐标 d_i,并可利用逐差法求出同一单色光衍射条纹间距 Δl,进而求得声速。

【实验仪器】

分光计、超声光栅仪、装有锆钛酸铅陶瓷片的玻璃液槽、汞灯、平面镜、测微目镜、适量纯净水及其他待测液体。

利用压电体的逆压电效应发生机械振动是产生超声波的常用

方法。压电体在交变电场的作用下发生周期性的压缩和伸长,当外加交变电场的频率与压电体的固有频率相同时振幅最大。这种振动在媒质中传播就得到超声波。本实验使用的压电体是锆钛酸铅陶瓷片(简称 PZT)。电源是一个电子管自激振荡器。PZT 片与可变电容器并联构成 LC 振荡回路的电容部分,电感 L 是一个螺旋线圈,由于电子管的反馈作用,能够产生和维持等幅振荡。调整面板上的电容器可以改变振荡频率。振荡器的频率用数字频率计测量。

【实验内容】

(1)调整分光计,使分光计望远镜适合于观察平行光,平行光管发出平行光,并使望远镜、平行光管光轴平行于分光计度盘。然后,调整适宜的夹缝宽度,使在望远镜中观察到的狭缝像正好与叉丝竖线重合,此时锁定望远镜止动螺钉,保证实验过程中望远镜与平行光管共轴。

(2)把纯净水或其他待测液体倒入玻璃液槽内(液面高度以液体槽侧面的液体高度刻线为准),用导线连接压电陶瓷晶片与超声光栅仪,再把液槽平衡地放在分光计的载物台上,并用锁紧螺钉锁紧。给压电陶瓷 PZT 上加振荡电压,调频率,使由超声光栅仪输出的高频驱动信号与压电陶瓷 PZT 产生共振(选用的 PZT 共振频率在 10~11 MHz,有的仪器可调范围为 9.5~12 MHz),同时调整分光计载物台使入射光束垂直于声场传播方向,并可微调液槽的上盖使液槽的反射面与 PZT 晶片平行,在液槽内产生驻波,使液槽内液体的疏密度变化最强,这时可从目镜中观察到稳定而清晰的左右各三级以上的衍射谱线。

(3)取下望远镜的目镜,换上测微目镜。调焦目镜,看清目镜分划板十字刻线;调整测微目镜与望远镜物镜之间的距离,最后在测微目镜中观察到清晰的衍射谱线。

(4)用测微目镜测量汞紫光 435.8 nm、汞绿光 546.1 nm、汞黄光 578.0 nm 各级衍射谱线的位置(左右各三级)。衍射条纹位置坐标 d_i 的测量:用测微目镜沿一个方向逐级测量其位置坐标读数(例如,从 $-3,\cdots,0,\cdots,+3$),再利用逐差法求出条纹间距 Δd_m 的平均值。

记录超声频率,进而可利用式(4)求出液体中的声速(分光计望远镜物镜的焦距 $f=170.09$ mm)。

(5)记录液体的温度(粗略认为液体温度与室温相同),并比较实验结果与理论值的相对偏差。

【注意事项】

(1)实验过程中要防止震动,也不要碰触连接超声池和高频电源的两条导线。因导线分布电容的变化会对输出电频率有微小影响。只有压电陶瓷片表面与对面的玻璃槽壁表面平行时才会形成较好的表面驻波,因而实验时应将超声池的上盖盖平。

(2)为保证仪器正常使用,实验时间不宜过长。其一,声波在液体中传播与液体温度有关,时间过长,温度可能在小范围内变动,影响测量精度;其二,信号源长时间处于工作状态,会对其性能有一定影响,尤其在高频条件下有可能会使电路过热而损坏。建议信号源限时功能设定为 60 min。一般共振频率在 10 MHz 左右,超声光栅仪给出 10～12 MHz 可调范围。在稳定共振时,数字频率计显示的频率值应是稳定的。要特别注意不要使频率长时间调在 12 MHz 以上,以免振荡线路过热。

(3)提取液槽应拿其两端面,不要触摸两侧表面通光部位,以免污染。如果有污染,可用酒精清洗,用镜头纸擦净。

(4)测量完毕应将超声池内待测液体倒出,不能长时间浸泡在液槽内。

(5)声波在液体中的传播与液体温度有关,要记录待测液体温度,并进行温度修正。超声波在 25 ℃水中传播速度为 1 497 m/s,如果水温在 75 ℃以下,温度每降低 1 ℃,声速降低 2.5 m/s。

【思考题】

(1)如何解释衍射的中央条纹与各级衍射线的距离随超声光栅仪振荡频率的高低而增大和减小的现象?

(2)从发生衍射的原理看,超声光栅与普通光栅有何不同?

实验 5　全息照相

全息照相是伽伯(D. Gabor)于 1948 年研究成功的(他因此获得 1971 年诺贝尔物理学奖),由于当时还没有相干性好的光源,所以全息照相在此后的 10 年间没有什么大的发展。1960 年激光的问世促进了全息技术的发展,成为科学技术上一个崭新的领域。全息照相的基本原理是以波的干涉和衍射为基础,全息图能记录物体发出的光波的全部信息,并能完全再现被摄物体的全部信息。

全息照相完全不同于普通的照相原理,再现的全息图像具有许多优异的特点。目前,全息照相在干涉计量、无损检测、信息存贮与处理、遥感技术、生物工程和国防科研中获得了极其广泛的应用。

分实验 1：激光全息照相

【实验目的】

(1)了解光学全息照相的基本原理和主要特征。
(2)学习全息照相的拍摄和再现方法。
(3)了解全息图的基本性质、观察并总结全息照相的特点。

【实验原理】

1. 全息照相与全息照相技术

由光的波动理论可知,光波是一种电磁波,任何实际物体所发出的光波,可以看成是由许多不同频率的单色光波的叠加,即可表示为

$$x = \sum_{i=1}^{n} A_i \cos\left(\omega_i t + \varphi_i - \frac{2\pi r_i}{\lambda_i}\right) \tag{1}$$

式(1)中, A_i 为振幅, ω_i 为圆频率, λ_i 为波长, φ_i 为波源的初位相。

因此,任何一定频率的光波都包含振幅 A 和位相 $\left(\omega t + \varphi - \dfrac{2\pi r}{\lambda}\right)$ 两大信息。普通照相记录的只是物体光波的振幅,而不能记录光波的位相。因此普通照相技术是二维光强分布的平面像。全息照相

是用光的干涉的方法，以干涉条纹的形式记录物体光波的全部信息，用衍射的方法再现物体光波的两步成像法，从而得到物体十分逼真的三维立体像。

全息照相的基本原理是以波的干涉为基础的。所以，除光波外，对其他的波动过程如声波、超声波、X射线等也都适用。

2. 全息照相记录过程的原理——光的干涉

根据光的干涉理论可知，干涉图样的形状取决于参与干涉的两束光之间的位相关系，干涉条纹明暗对比程度取决于光波的强度，而干涉条纹的疏密程度取决于参与干涉的两束光的夹角情况。由于利用光的干涉进行全息记录，就要求光源满足相干条件。普通的光源一般不满足相干条件，故不能产生干涉现象，激光是相干性较好的光源，易产生干涉现象。拍摄全息照片的光路如图4-5-15所示。自He-Ne激光器发出的激光束经分光镜后分成两束光：一束光经M_1反射再被透镜L_1扩束后均匀地照射在被摄物体的整个表面上，并使拍摄物表面漫反射的光波（称为物光）能反射到感光板P上；另一束光（称为参考光）经反射镜M_2和扩束镜L_2后，直接投射到感光板P上。当物光和参考光在感光板上相遇时，叠加形成的干涉条纹被P记录。

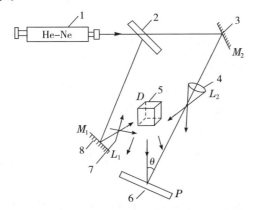

1.激光器；2.分束镜；3、8.反射镜；4、7.扩束镜；5.被摄物；6.感光胶片

图4-5-15　全息照相光路图

3. 全息照相再现过程的原理——光的衍射

我们知道，人之所以能看到物体，是因为从物体发出或反射的

光波被人的眼睛所接收。所以,如果要想从全息照相的"照片"上看原来物体的像,直接观察"照片"是看不到的,而只能看到复杂的干涉条纹。如果要想看到原来物体的像,则必须使"照片"能再现原来物体发出的光波,这个过程就被称为全息照片的再现过程。这一过程所利用的是光栅衍射原理。

再现过程的观察光路如图 4-5-16 所示。一束从特定方向或与原来参考光方向相同的激光束照射全息照片。"照片"上每一组干涉条纹相当于一个复杂的光栅,它使再现光发生衍射。我们沿衍射方向透过"照片"朝原来被摄物的方向观察时,就可以看到一个完全逼真的三维立体图像。为讨论方便起见,取全息照片的某一小区域为例,同时把再现光看成是一束平行光,且垂直照射于"照片"上,如图 4-5-17 所示。按光栅衍射原理,再现光将发生衍射,其 +1 级衍射光是发散光,与物体在原来位置时发出的光波完全一样,将形成一个虚像;-1 级衍射光是会聚光,将形成一个共轭实像,称为赝像。

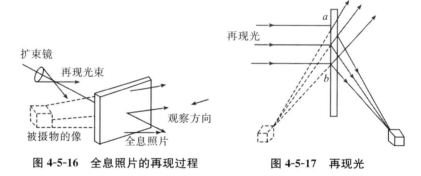

图 4-5-16　全息照片的再现过程　　图 4-5-17　再现光

4. 全息照相的主要特点和应用

(1)全息照相再现的是被摄物体的三维立体图像,因此当我们移动眼睛从不同角度去观察时,就好像是从不同角度去看原物体一样。

(2)全息照相具有可分割的特性。全息底片一旦破碎(或被部分掩盖,或沾污一部分),任一碎片仍能再现出被摄物的完整形象。

(3)全息照片所再现的被摄物体的像的亮度可调。因为再现光波是入射光的一部分,故入射光越强,再现物的像就越亮。

(4)全息照片的多重记录性。同一张全息感光板上可进行多次曝光。在每次曝光前稍微改变物体在空间的位置，或改变全息感光板的方位，就可在同一感光板上多次记录，再现时，只要适当转动全息照片可获得各自独立互不干扰的图像。

由于全息照相技术具有上述独特的特点，所以在各个领域中已得到较广泛的应用。如利用全息照相的体现特性，可作三维显示、立体广告、立体电影、立体电视等，利用全息照相的可分割性和多重记录特性，可作信息存贮、全息干涉计量、振动频谱分析、无损检测和测量位移、应力、应变等。

5. 拍摄系统的技术要求

为了成功地拍摄全息照片，拍摄时必须具备以下条件。

(1) 全息实验台的稳定性要求特别高。如果在曝光过程中，因受到某种干扰（如震动、光学元件安装不牢造成的自振、空气的流动等），物光和参考光的光程差改变波长数量级，就会使干涉图像模糊不清。为此需要一个刚性和隔震性能良好的工作台。系统中所有的光学元件和支架都要用磁性座牢固地吸在台面钢板上，保证在拍摄中各元件无相对移动。拍摄过程中手不要接触全息台，避免室内空气流动，如谈话、风扇、音响等，更不要在室内走动、开关门等，以保证干涉条纹无漂移。

(2) 要有好的相干光源。实验室中常用的 He-Ne 激光器相干性较好，常用来拍摄较小的漫反射物体，并可获得较好的全息图。显然，激光器的功率大些更好，可使曝光时间缩短，减小干扰。此外氩离子激光器、红宝石激光器等也可用作全息照相的光源。

(3) 对光路的要求。

从拍摄光路可见，自分束镜开始，激光束被一分为二，即分成物光和参考光，最后在全息干版上相遇。实验时，两者光程应大致相等。物光和参考光的光强比要合适。一般以 1∶4 到 1∶10 为宜（是指射到全息干版上的光强比，由于物光经过物体漫反射到全息干版上，光强损失较大，所以选经分束板分成的两束光中较强的一束作为物光）；两者投射到感光板上的夹角应在 30°～45°。因为夹角越大，干涉条纹间距越小，条纹越密，对感光材料分辨率的要求也越高。

(4)高分辨率的记录介质。

根据光的干涉理论可知,全息干涉条纹的间距 d 取决于物光和参考光的夹角 θ,其关系为

$$\bar{d} = \frac{\lambda}{2\sin\frac{\theta}{2}} \tag{2}$$

式(2)中 $\bar{d}$ 为平均间距,一般用其倒数 η 表示

$$\eta = \frac{1}{d} = \frac{2\sin\frac{\theta}{2}}{\lambda} \tag{3}$$

η 为感光材料的分辨率或全息干版条纹空间频率。

假设 $\theta=30°$,$\lambda=6328$Å(He-Ne 激光),则约为每毫米 1000 条。随着 θ 的增大,条纹间距将进一步减小。而普通照相感光片的分辨率约为每毫米 100 条,因此全息照相应采用每毫米 1000 条以上的高分辨率的特制干版。高分辨率的全息干版其感光灵敏度不高,所以曝光时间比普通照相长得多,一般需几秒、几十秒、甚至几十分钟。具体时间由激光光强、被摄物大小和反射性能决定的。实验中用于 He-Ne 激光的全息Ⅰ型干版对红光最敏感,所以实验可在暗绿灯下进行。

【实验仪器】

全息实验台(包括各种镜片支架、载物台、底片夹和固定这些部件所用的磁钢),He-Ne 激光器,全息干版,暗室冲洗器材等。

【实验内容】

实验之前,先熟悉实验室布局和暗室设备。然后反复练习全息干版的装夹方法。练习曝光定时器和各种光学元件支架的调整和使用方法。

1. 全息照片的拍摄

(1)漫反射全息照片的拍摄。

①光路的调整。按图 4-5-15 光路放置各元件,并作如下调整:1)使各元件等高;2)遮住物光,调节参考光光路,使参考光均匀照亮

底片夹上白色屏;遮住参考光,调节物光光路,使入射光均匀照亮被摄物体,而其漫反射光能反射到白色屏上,调节两束光的夹角约为30°;3)使物光和参考光的光程大致相等,选择合适的分束镜。使最后射到全息干版上的物光与参考光的光强比在1∶4左右。

②曝光、拍摄。

根据实验室提供的参考曝光时间;预置曝光定时器。关闭所有光源、在全暗条件下轻轻地把底片装在胶片夹上,稍等2～3 min,待系统稳定后;打开激光器电源进行自动定时曝光,然后关闭激光器电源,取下底片用黑纸包好。(**注意**:曝光时不要讲话、走动,更不得碰实验台。)

③全息照片的冲洗。

在照相暗室中,按暗室操作技术规定进行显影、停显、定影、水洗及冷风干燥等工作。

显影:可在暗绿灯下操作。用 D-19 显影液显影(不得超过 3 min),显影过程中不断摇晃底片,待底片呈灰雾状时取出水洗(显影液温度为 20 ℃左右)。

停影:显影后的底片用清水冲洗后,放在5%的醋酸溶液中停影 30 s 左右。

定影:在 F-5 定影液中定影 3 min,定影完毕后取出用清水冲洗晾干(定影液温度 20 ℃左右)。在白炽灯下观看时,若有干涉条纹,说明拍摄冲洗成功。

如果曝光过度或显影过度,可将底片放在漂白液中漂洗 30～60 s,然后水洗晾干补救。

(2)透射全息片的拍摄。

①按图 4-5-18 排光路,光路调整同漫反射全息片的拍摄。

②预置曝光时间为 30 s。关闭所有光源,待工作台稳定后进行曝光。

③显影、停影、定影与漫反射全息片的拍摄相同。

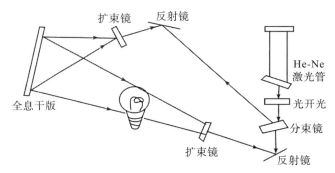

图 4-5-18　透射全息片拍摄光路

(3) 制作全息光栅。

当物光和参考光均为平行光时,它们干涉的结果是一组平行的干涉条纹——光栅。由于是用全息照相的方法制作的,故称为全息光栅。其制作简便,尺寸较大,杂散光干扰较小,故应用较广。

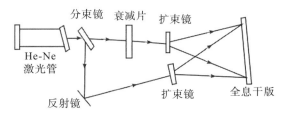

图 4-5-19　制作全息光栅光路

① 光路安排如图 4-5-19。

② 光路调整。使投射到感光板上的两束光的夹角 θ 为 $5°\sim10°$,光强比约 $1:1$,光程近似相等(两光程差 $\Delta L < 0.5 \text{ cm}$)。

③ 选择好曝光时间(30~90 s 或由实验室给出的数据)进行曝光。

④ 显影、停影、定影与漫反射全息片的拍摄相同。

2. 全息照片再现像的观察

按图 4-5-16 光路观察再现的虚像。观察时,注意比较再现虚像的大小、位置与原物的情况,体会全息照相的体视性。再用带孔的纸片覆盖在"照片"上观察再现虚像,并改变小孔覆盖部位,体会全息照相的可分割性。用钠光灯、汞灯作为再现光源,观察并记录再现像的变化。详细记录观察结果。

【注意事项】

(1) 为了保证全息照片的质量,应使各光学元件保持清洁。如果光学元件表面被污染或有灰尘应按实验室规定的方法处理,切忌用手、手帕或纸片等擦拭。

(2)绝对不能用眼睛直视未扩束的激光束,以免造成视网膜永久损伤。

(3)遵守暗室操作规程。

【思考题】

(1)普通照相与全息照相有什么不同？为什么说全息片记录了光波的全部信息？

(2)拍摄一张高质量的全息片应具备哪些基本条件？全息照相的光路应满足哪些条件？

(3)全息照相与普通照相有哪些不同？全息图的主要特点是什么？

分实验 2：白光全息照相

【实验目的】

(1)了解光学全息照相的基本原理和主要特征。
(2)学习全息照相的拍摄和再现方法。
(3)了解白光全息图的基本性质、观察并总结全息照相的特点。

【实验原理】

用于白光再现的全息图常称反射全息图。因为它的光路非常简单、容易制作,并且可用白光进行再现,所以特别具有吸引力。

反射全息图实际上是一个三维全息图。如图 4-5-20(a)所示,在两束相干光重叠的区域,都将发生干涉现象,形成的条纹平行于两束光的夹角的角平分线。即在三维空间内产生干涉条纹。如果将具有很厚感光层的全息干版置于干涉区域(其厚度比干涉区域内干涉条纹的间距还大很多),就能在感光层中形成银粒的密度分布,它对应于三维的干涉条纹。这种记录了三维干涉条纹的全息干版,即称为三维全息照片。

在反射全息图制作中,参考光和物光分别从全息干版的正反两面照射,因而在干版感光层中形成平行于感光面的一层一层的干涉面,如图 4-5-20(b)所示。

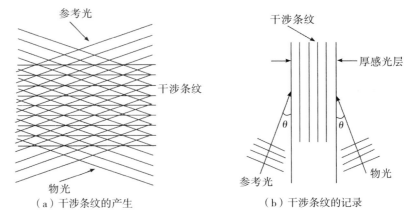

图 4-5-20　三维空间内的干涉条纹

照相底片经显影后,在干涉极大处银密度较高,形成了高密度的银粒层,也是一个类似镜面的小反射平面,称为布拉格平面。设相邻两布拉格面之间的距离为 d,则由图 4-5-20(b)的几何关系可得

$$d = \lambda/2\sin\theta \tag{1}$$

其中 λ 为参考光和物光的波长。

再现时,如图 4-5-21 所示,用一平面波来照射。在含有布拉格平面的厚感光层中,由于布拉格平面反射形成再现光。由图 4-5-21 的几何关系可得

$$2d\sin\varphi = \lambda \tag{2}$$

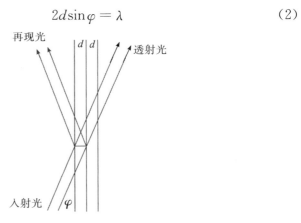

图 4-5-21　布拉格反射

式(2)中,φ 又称为布拉格角,λ 为入射光波长。式(2)常称为布

拉格条件。

比较式(1)和式(2)可知,如果记录和再现时波长相同。最佳再现角 φ 必须等于拍摄时所用的角度 θ。对于一个给定的角,只有一种波长的反射率是最大的。这种反射具有波长选择性。所以,用这种方法可以从含有几种波长的一个光源中选择一种波长,从而得到一个单色的再现像,这就是白光再现全息图的艺术。

由式(1)可知,当 $\theta=90°$ 时,布拉格平面间距 d 最小,应等于 $\lambda/2$。由于可见光的波长约为 $0.5~\mu m$,而感光层的厚度应该比间距 d 大得多,因此在厚度为 $10\sim 20~\mu m$ 的感光层中,就可以记录多达 $30\sim 60$ 个布拉格平面。这个数目足以记录一张反射全息图并以白光再现。如果用更厚一点的感光层来增加布拉格平面的数量,则可进一步改善再现像的质量。

1. 反射全息图的记录

如图 4-5-22 所示,扩束后的激光束从具有厚感光乳剂层的全息干版的背面照在全息干版上作为参考光。透过干版的光束照射到被拍摄物体上,经物体漫反射回来的光作为物光,而从全息干版的前面射到干版上。物光、参考光夹角为 $180°$,由于常用感光乳剂材料的透过率为 $30\%\sim 50\%$,因而适合于拍摄表面漫反射强的物体,否则很难满足参考光与物光的分束比要求。O,H 之间的距离通常被控制在 $1~cm$ 以内,且尽量使物面大致平行于全息干版 H。

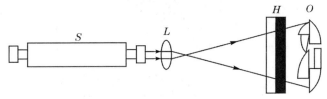

S:He-Ne 激光器;L:扩束镜($40\times$);
H:全息干版(涂黑部分代表感光乳剂层);O:被拍摄物体

图 4-5-22 拍摄反射全息图的光路

2. 反射全息图的再现

再现时,乳剂面朝上(对着白光)可看到再现实像;乳剂面朝下(背着光),则可以看到再现虚像。

【实验仪器】

全息实验台(包括激光器及其电源、各种镜头支架、十字毛玻璃屏、载物台、底片夹等部件和固定这些部件所用的磁性底座)、电子快门及定时器、激光功率计、全息照相感光胶片(全息干版)、暗室冲洗胶片的器材等。

【实验内容】

1. 配制药水

配制药水(异丙醇水溶液,浓度 40%、60%、80%、100%各一份),然后分别置于 4 只不锈钢盛器中。

2. 裁切干版

在黑暗、无光线直射的环境中,裁切尺寸大小为 60 mm×45 mm 的干版,并遮光包装。

3. 光路调整和拍摄(按图 4-5-23 布置光路进行拍摄)

要求使光路中各光学元件的光学中心共轴。具体方法为:

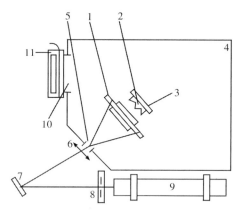

1. 照相干版;2. 拍摄物;3. 体全息拍摄架;4. 暗室;5. 进光小孔;6. 扩束镜;7. 小反射镜;8. 电子快门;9. 激光器;10. 拍摄窗口;11. 暗盒

图 4-5-23 拍摄白光再现全息照片的光路

(1) 先将十字毛玻璃屏插入台上磁性底座,调节十字毛玻璃屏,使屏上十字交叉点与暗室前的进光小孔等高。

(2) 调激光束使与台面平行:反复调节激光管夹架,用十字毛玻璃屏测量激光束前后二点,要求与十字交叉点等高。

(3)放入小反射镜7并调整之,使光束通过进光小孔的中心进入暗室,并用十字毛玻璃屏检查,光点应与十字中心等高。(**注意**:调节步骤2~3过程可能要反复多次进行)激光器出口附近放上电子快门(见图4-5-23),打开电子快门定时器上的"常开"开关使电子快门通光。此时定时器面板上"绿灯"亮,调整电子快门并使激光束处于电子快门的进出光孔中央,关闭"常开"开关。按下"定时"按钮,试验快门对激光束的关断能力。

(4)安放扩束镜(见图4-5-23),使扩束镜正面紧贴暗室进光小孔,再用毛玻璃屏检查暗室内的光斑,应是一个完整的圆斑。(**注意**:为了使扩束镜紧贴暗箱小孔,可以用转向接头连接;若需要加大光斑,可以将两只扩束镜串联使用。)

(5)在暗室的拍摄窗口上安装上暗盒,以防光线进入。

(6)放"体全息拍摄架"于图4-5-23所示位置3,在拍摄架的位置2上(如图4-5-24所示)用橡皮泥贴上有凹凸立体图样的拍摄物品(如:机械手表的机芯或钱币等)。打开电子快门,让激光束射入暗室,调整拍摄架,使拍摄样品正对激光光束。

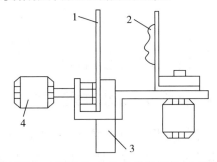

1.照相干版;2.拍摄物;3.体全息拍摄架;4.固定螺钉
图4-5-24 白光再现全息照片拍摄装置

(7)关闭电子快门,在位置1的槽内放入全息照相干版(**注意**:药膜面(涂有感光乳剂的表面)应朝向样品。分辨膜面的方法是用手摸干版的边缘部分,感觉不光滑的一面是药膜面,将螺钉轻轻固紧(见图4-5-24)。

(8)关上暗室盖板,稍待稳定,打开快门,曝光一段时间;可根据物光和参考光的总强度确定曝光时间,一般为几秒到几十秒(实验室提供参考时间)。

(9)打开暗室盖板,取出干版。

4. 白光再现全息照片的显影、定影处理

(1)将拍好的全息干版按 40%→100%次序依次放入配好的异丙醇溶液中脱水显影,浸泡时间(供参考)为 40%溶液——15 s、60%溶液——60 s、80%溶液——10 s、100%溶液中浸至出现彩色影像。**注意:**浸入 100%溶液中时须经常注意是否有彩色衍射花纹出现。

(2)当彩色影像出现后,即取出,用吹风机热风吹干,并在白炽灯下随时观察。当吹干到某一程度,即会观察到白光再现的立体图像,此时即可停止吹风。

(3)保存处理:将干净的薄玻璃板紧贴住全息照片药膜面,四周用环氧胶或硅胶封闭,以防干版药膜受潮而使图像消失。

5. 全息再现

再现的虚像是由全息图的反射光形成的。处理好的全息照片在白光照射下,按一定角度观察,即可看到所拍摄的立体图像。乳剂面朝下,用白光从上面照射,则在干版下方可看到再现虚像。

【思考题】

为什么反射全息图可以用白光来再现?

实验 6　波尔共振实验

在机械制造和建筑工程等科技领域中,受迫振动所导致的共振现象引起工程技术人员极大注意,既有破坏作用,也有许多实用价值。如众多电声器件是运用共振原理设计制作的。此外,在微观科学研究中"共振"也是一种重要研究手段,例如利用核磁共振和顺磁共振研究物质结构等。表征受迫振动性质是受迫振动的振幅-频率特性和相位-频率特性(简称幅频和相频特性)。

本实验中采用波尔共振仪定量测定机械受迫振动的幅频特性和相频特性,并利用频闪方法来测定动态的物理量——相位差。数据处理与误差分析方面内容也较丰富。

【实验目的】

(1) 研究波尔共振仪中弹性摆轮受迫振动的幅频特性和相频特性。
(2) 学习用频闪法测定受迫振动时摆轮与外力矩的相位差。

【实验原理】

物体在周期外力的持续作用下发生的振动称为受迫振动,这种周期性的外力称为强迫力。如果外力是按简谐振动规律变化,那么稳定状态时的受迫振动也是简谐振动,此时,振幅保持恒定,振幅的大小与强迫力的频率和原振动系统无阻尼时的固有振动频率以及阻尼系数有关。在受迫振动状态下,系统除了受到强迫力的作用外,同时还受到回复力和阻尼力的作用。所以在稳定状态时物体的位移、速度变化与强迫力变化不是同相位的,存在一个相位差。当强迫力频率与系统的固有频率相同时产生共振,此时振幅最大,相位差为 90°。

实验采用摆轮在弹性力矩作用下自由摆动,在电磁阻尼力矩作用下作受迫振动来研究受迫振动特性,可直观地显示机械振动中的一些物理现象。

当摆轮受到周期性强迫外力矩 $M = M_0 \cos\omega t$ 的作用,并在有空气阻尼和电磁阻尼的媒质中运动时(阻尼力矩为 $-b\dfrac{d\theta}{dt}$)其运动方程为

$$J \frac{d^2\theta}{dt^2} = -k\theta - b\frac{d\theta}{dt} + M_0 \cos\omega t \tag{1}$$

式(1)中,J 为摆轮的转动惯量,$-k\theta$ 为弹性力矩,M_0 为强迫力矩的幅值,ω 为强迫力的圆频率。令 $\omega_0^2 = \dfrac{k}{J}$,$2\beta = \dfrac{b}{J}$,$m = \dfrac{M_0}{J}$,则式(1)化为

$$\frac{d^2\theta}{dt^2} + \omega_0^2 \theta + 2\beta \frac{d\theta}{dt} = m\cos\omega t \tag{2}$$

当 $m\cos\omega t = 0$ 时,式(2)即为阻尼振动方程。

当 $\beta = 0$,即在无阻尼情况时式(2)变为简谐振动方程,ω_0 即为系

统的固有频率。方程(2)的通解为

$$\theta = \theta_1 e^{-\beta t}\cos(\omega_f t + \alpha) + \theta_2 \cos(\omega t + \varphi_0) \tag{3}$$

由式(3)可见,受迫振动可分成两部分:

第一部分,$\theta_1 e^{-\beta t}\cos(\omega_f t + \alpha)$ 表示阻尼振动,经过一定时间后衰减消失。

第二部分,说明强迫力矩对摆轮做功,向振动体传送能量,最后达到一个稳定的振动状态。

$$\text{振幅 } \theta_2 = \frac{m}{\sqrt{(\omega_0^2 - \omega^2)^2 + 4\beta^2\omega^2}} \tag{4}$$

它与强迫力矩之间的相位差 φ 为

$$\varphi = \arctan\frac{2\beta\omega}{\omega_0^2 - \omega^2} = \frac{\beta T_0^2 T}{\pi(T^2 - T_0^2)} \tag{5}$$

由式(4)和式(5)可看出,振幅 θ_2 与相位差 φ 的数值取决于强迫力矩 m、频率 ω、系统的固有频率 ω_0 和阻尼系数 β 四个因素,而与振动起始状态无关。

由 $\frac{\partial}{\partial \omega}[(\omega_0^2 - \omega^2)^2 + 4\beta^2\omega^2] = 0$ 极值条件可得出,当强迫力的圆频率 $\omega = \sqrt{\omega_0^2 - 2\beta^2}$ 时,产生共振,θ 有极大值。若共振时的圆频率和振幅分别用 ω_r、θ_r 表示,则

$$\omega_r = \sqrt{\omega_0^2 - 2\beta^2}, \quad \theta_r = \frac{m}{2\beta\sqrt{\omega_0^2 - 2\beta^2}} \tag{6}$$

式(6)表明,阻尼系数 β 越小,共振时圆频率越接近于系统固有频率,振幅 θ_r 也越大。图 4-5-25 和图 4-5-26 表示出在不同受迫振动的幅频特性和相频特性。

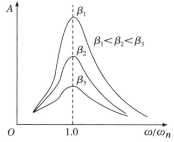

图 4-5-25 不同受迫振动的幅频特性

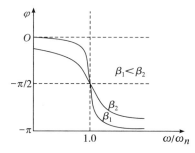

图 4-5-26 不同受迫振动的相频特性

【实验仪器】

ZKY-BG 型波尔共振仪。ZKY-BG 型波尔共振仪由振动仪与电器控制箱两部分组成。振动仪部分如图 4-5-27 所示：由铜质圆形摆轮 A 安装在机架上，弹簧 B 的一端与摆轮 A 的轴相联，另一端可固定在机架支柱上，在弹簧弹性力的作用下，摆轮可绕轴自由往复摆动。在摆轮的外围有一卷槽型缺口，其中一个长形凹槽 D 长出许多。在机架上对准长型缺口处有一个光电门 H，它与电气控制箱相连接，用来测量摆轮的振幅（角度值）和摆轮的振动周期。在机架下方有一对带有铁芯的线圈 K，摆轮 A 恰巧嵌在铁芯的空隙，利用电磁感应原理，当线圈中通过直流电流后，摆轮受到一个电磁阻尼力的作用。改变电流的数值即可使阻尼大小相应变化。为使摆轮 A 作受迫振动。在电动机轴上装有偏心轮，通过连杆机构 E 带动摆轮 A，在电动机轴上装有带刻线的有机玻璃转盘 F，它随电机一起转动。由它可以从角度读数盘 G 读出相位差。调节控制箱上的电机

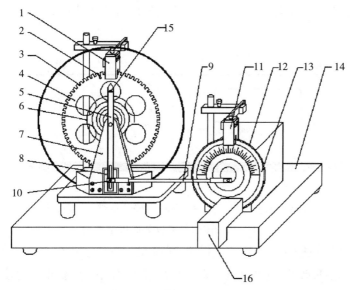

1.光电门；2.长凹槽；3.短凹槽；4.铜质摆轮；5.摇杆；6.蜗卷弹簧 B；7.支承架；8.阻尼线圈 K；9.连杆 E；10.摇杆调节螺丝；11.光电门 I；12.角度盘 G；13.有机玻璃转盘 E；14.底座；15.弹簧夹持螺钉 L；16.闪光灯

图 4-5-27 波尔振动仪

转速调节旋钮,可以精确改变加于电机上的电压,使电机的转速在实验范围(30~45 r/min)内连续可调,由于电路中采用特殊稳速装置、电动机采用惯性很小的带有测速发电机的特种电机,所以转速极为稳定。电机的有机玻璃转盘 F 上装有两个挡光片。在角度读数盘 G 中央上方 90°处也有光电门(强迫力矩信号),并与控制箱相连,以测量强迫力矩的周期。

受迫振动时摆轮与外力矩的相位差利用小型闪光灯来测量。闪光灯受摆轮信号光电门控制,每当摆轮上长型凹槽 C 通过平衡位置时,光电门 H 接受光,引起闪光。闪光灯放置位置如图 4-5-27 所示搁置在底座上,切勿拿在手中直接照射刻度盘。在稳定情况时,由闪光灯照射下可以看到有机玻璃指针 F 好像一直"停在"某一刻度处,这一现象称为频闪现象,所以此数值可方便地直接读出,误差不大于 2°。

摆轮振幅是利用光电门 H 测出摆轮读数 A 处圈上凹型缺口个数,并在液晶显示器上直接显示出此值,精度为 2°。

波尔共振仪电气控制箱的前面板如图 4-5-28 所示。

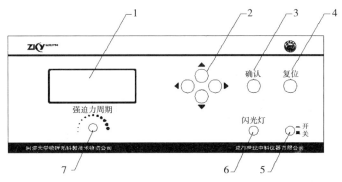

1.液晶显示屏幕;2.方向控制键;3.确认按键;4.复位按键
图 4-5-28 波尔共振仪前面板示意图

电机转速调节旋钮,系带有刻度的十圈电位器,调节此旋钮时可以精确改变电机转速,即改变强迫力矩的周期。刻度仅供实验时作参考,以便大致确定强迫力矩周期值在多圈电位器上的相应位置。

可以通过软件控制阻尼线圈内直流电流的大小,达到改变摆轮系统的阻尼系数的目的。选择开关可分 4 挡,"阻尼 0"挡阻尼电流为零,"阻尼 1"挡电流约为 280 mA,"阻尼 2"挡电流约为 300 mA,"阻尼 3"挡电流最大,约为 320 mA,阻尼电流由恒流源提供,实验时根据不同情况进行选择(可先选择在"2"处,若共振时振幅太小则可改用"1",切不可放在"0"处),振幅不大于 150。

闪光灯开关用来控制闪光与否,当按住闪光按钮、摆轮长缺口通过平衡位置时便产生闪光,由于频闪现象,可从相位差读盘上看到刻度线似乎静止不动的读数(实际有机玻璃 F 上的刻度线一直在匀速转动),从而读出相位差数值,为使闪光灯管不易损坏,采用按钮开关,仅在测量相位差时才按下按钮。

电机是否转动使用软件控制,在测定阻尼系数和摆轮固有频率 ω_0 与振幅关系时,必须将电机关断。

【实验内容】

1. 自由振荡

自由振荡测定摆轮的振幅和固有振动周期 T_0 及固有角频率 ω_0 的关系。将电机电源切断,角度盘指针 F 放在"0"处,用手将摆轮拨动到较大处(140°~150°),然后放手,此摆轮作衰减振动,读出每次振幅值相应的摆动周期即可。此法可重复几次即可作出 θ_n 与 T_0 的对应表。

2. 测定阻尼系数 β

从液显窗口读出摆轮作阻尼振动时的振幅数值 $(\theta_1, \theta_2, \cdots, \theta_n)$,利用公式

$$\ln \frac{\theta_0 e^{-\beta t}}{\theta_0 e^{-\beta(t+nT)}} = n\beta T = \ln \frac{\theta_0}{\theta_n} \tag{8}$$

求出 β 值,式(8)中 n 为阻尼振动的周期次数,θ_n 为第 n 次振动时的振幅,T 为阻尼振动周期的平均值。此值可以测出 10 个摆轮振动周期值,然而取其平均值。进行本实验内容时,电机电源必须切断,指针 F 放在 0°位置,θ_0 通常选取 130~150。

3. 测定受迫振动的幅频特性和相频特性曲线

保持阻尼挡位不变,选择强迫振荡进行实验,改变电动机的转速,即改变强迫外力矩频率 ω。当受迫振动稳定后,读取摆轮的振幅

值,并利用闪光灯测定受迫振动位移与强迫力间的相位差。

强迫力矩的频率可从摆轮振动周期算出,也可以将周期选为"×10"直接测定强迫力矩的 10 个周期后算出,在达到稳定状态时,两者数值应相同。前者为 4 位有效数字,后者为 5 位有效数字。

在共振点附近由于曲线变化较大,因此测量数据相对密集些,此时电机转速极小变化会引起 $\Delta\varphi$ 很大改变。电机转速旋钮上的读数是一参考数值,建议在不同 ω 时都记下此值,以便实验中快速寻找要重新测量时参考。

【数据处理与要求】

(1)本实验中误差主要来自阻尼系数 β 的测定和无阻尼振动时系统的固有振动频率 ω_0 的确定。且后者对实验结果影响较大。为此可测出振幅与固有频率 ω_0 的相应数值。在 $\varphi = \arctan\dfrac{\beta T_0^2 T}{\pi(T^2 - T_0^2)}$ 公式中 T_0 采用对应于某个振幅的数值代入,这样可使系统误差明显减小。

(2)计算系统的固有角频率 ω_0。

(3)计算阻尼系数 β 值。利用公式(8)对所测数据按逐差法处理,求出 β 值。

(4)在毫米方格纸上作出幅频特性 $\left(\theta - \dfrac{\omega}{\omega_0}\right)$ 和相频特性 $\left(\varphi - \dfrac{\omega}{\omega_0}\right)$ 曲线(φ 为负值),并标出共振峰的数值。

【注意事项】

(1)波尔共振仪各部分均是精密装配,不能随意乱动。控制箱功能与面板上旋钮、按键均务必在弄清其功能后按规则操作。

(2)阻尼选择开关位置一经选定,在整个实验过程中就不能任意改变。

【思考题】

(1)受迫振动的振幅和相位差与哪些因素有关?

(2)实验中采用什么方法来改变阻尼力矩的大小？它利用了什么原理？

(3)实验中是怎样利用频闪原理来测定相位差φ的？

(4)从实验结果中可得出哪些结论？

(5)实验中如何判断达到共振？共振频率是多少？

实验7　太阳能电池特性测量实验

太阳能电池是一种由于光生伏特效应而将太阳光能直接转化为电能的器件，是一个半导体光电二极管，当太阳光照到光电二极管上时，光电二极管就会把太阳的光能变成电能，产生电流。当许多个电池串联或并联起来就可以成为有比较大的输出功率的太阳能电池方阵了。太阳能电池是一种大有前途的新型电源，具有永久性、清洁性和灵活性三大优点。太阳能电池寿命长，只要太阳存在，太阳能电池就可以一次投资而长期使用；与火力发电、核能发电相比，太阳能电池不会引起环境污染。

太阳能电池根据所用材料的不同，可分为硅太阳能电池、多元化合物薄膜太阳能电池、聚合物多层修饰电极型太阳能电池、纳米晶太阳能电池四大类，其中硅太阳能电池是目前发展最成熟的，在应用中居主导地位。

我们开设此太阳能电池的特性研究实验，通过实验了解太阳能电池的电学性质和光学性质，并对两种性质进行测量。该实验作为一个综合设计性的物理实验，联系科技开发实际，有一定的新颖性和实用价值。

【实验目的】

(1)了解太阳能电池的工作原理和使用方法。

(2)掌握开路电压和短路电流及与相对光强的函数关系的测试方法。

(3)掌握太阳能电池特性及其测试方法。

【实验内容】

(1)开路电压和短路电流的测试。
(2)开路电压和短路电流及与相对光强的函数关系的测试。
(3)伏安特性的测试及最大输出功率的测试。
(4)负载特性的测试。

【实验仪器】

光电技术创新综合实验平台,太阳能电池模块,连接导线若干。

【实验原理】

太阳能电池能够吸收光的能量,并将所吸收的光子的能量转化为电能。在没有光照时,可将太阳能电池视为一个二极管,其正向偏压 U 与通过的电流 I 的关系为:

$$I = I_0(e^{\frac{qU}{nKT}} - 1) \qquad (1)$$

其中,I_0 是二极管的反向饱和电流,n 是理想二极管参数,理论值为 1。K 是波尔兹曼常量,q 为电子的电荷量,T 为热力学温度。

由半导体理论知,二极管主要是由如图 4-5-29 所示的能隙为 $E_C - E_V$ 的半导体所构成。E_C 为半导体导电带,E_V 为半导体价电带。当入射光子能量大于能隙时,光子被半导体所吸收,并产生电子-空穴对。电子-空穴对受到二极管内电场的影响而产生光生电动势,这一现象称为光伏效应。

图 4-5-29 光电流示意图

太阳能电池的基本技术参数除短路电流 I_{SC} 和开路电压 U_{OC} 外,还有最大输出功率 P_{max} 和填充因子 FF。最大输出功率 P_{max} 也就是 IU 的最大值。填充因子 FF 定义为:

$$FF = P_{max}/I_{SC}U_{OC} \qquad (2)$$

FF 是代表太阳能电池性能优劣的一个重要参数。FF 值越大，说明太阳能电池对光的利用率越高。

【注意事项】

(1)实验过程中严禁用导体接触实验仪器裸露元器件及其引脚。

(2)实验操作中不要带电插拔导线，应该在熟悉原理后，按照电路图连接，检查无误后，方可打开电源进行实验。

(3)若照度计、电流表或电压表显示为"1_"时说明超出量程，选择合适的量程再测量。

(4)严禁将任何电源对地短路。

【实验内容】

1. 开路电压测试

(1)移动太阳能电池板，将其置于灯(模拟太阳光源)正下方。

(2)用 2# 连接导线直接将太阳能电池板与电压表连接(红—正，黑—负)，连接如图 4-5-30 所示。

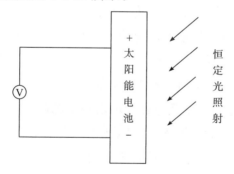

图 4-5-30　开路电压

(3)列表记录电压值于数据记录表，重复测量 5 次。

(4)拆除实验连线，还原实验仪器。

2. 短路电流测试

(1)移动太阳能电池板，将其置于灯(模拟太阳光源)正下方。

(2)用 2# 连接导线直接将太阳能电池板与电流表连接(红—正，黑—负)，连接如图 4-5-31 所示。

(3)列表记录电流值于数据记录表，重复测量 5 次。

(4)拆除实验连线,还原实验仪器。

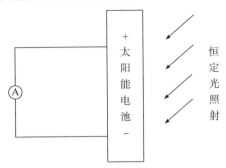

图 4-5-31　短路电路测试

3. 开路电压和短路电流及与相对光强的函数关系的测试

(1)移动太阳能电池板,将其置于灯(模拟太阳光源)正下方。

(2)用 2♯ 连接导线直接将太阳能电池板与电压表及电流表连接(红—正,黑—负),连接如图 4-5-30 及图 4-5-31 所示,分别用于测量开路电压和短路电流。

(3)移动太阳能电池板(或灯),测量不同位置的开路电压、短路电流,同时将太阳能电池板移走,然后将照度表探头放置在太阳能电池板初始位置,测量其光照度并记录。

(4)列表记录电压值及电流值,大致以 5 cm 为间距,由近至远移动太阳能电池板,测量 10 次。

(5)拆除实验连线,还原实验仪器。

4. 伏安特性的测试及与最大输出功率的测试

(1)移动太阳能电池板,将其置于灯(模拟太阳光源)正下方。

(2)用 2♯ 连接导线直接将太阳能电池板与电压表及电流表连接(红—正,黑—负),连接如图 4-5-32 所示。

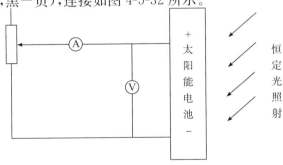

图 4-5-32　伏安特性测试

(3)调节负载电阻,列表记录对应的电压值及电流值。

(4)完成步骤 3 后,移走太阳能电池板,然后将照度表探头放置在太阳能电池板初始位置,测量其光照度并记录。

(5)重复步骤 3、4,进行多次测量。

(6)拆除实验连线,还原实验仪器。

5. 负载特性的测试

(1)移动太阳能电池板,将其置于灯(模拟太阳光源)正下方。

(2)连接电路同图 4-5-32。

(3)调节负载电阻,列表记录对应的电压值及负载大小。

(4)拆除实验连线,还原实验仪器。

【数据记录及处理】

(1)记录数据列表如下,计算开路电压及短路电流的平均值。

开路电压及短路电流测试

次数	1	2	3	4	5	平均值
开路电压(V)						
短路电流(mA)						

(2)开路电压和短路电流及与相对光强的函数关系的数据记录列表如下,画出开路电压－照度曲线及短路电流－照度曲线。

开路电压和短路电流及与相对光强的函数关系的测试

位置(cm)	10	15	20	25	30	……	90	95	100
照度(Lx)									
开路电压(V)									
短路电流(mA)									

(3)记录伏安特性的测试数据列表如下,画出 $I-U$ 曲线图,求短路电流 I_{SC} 和开路电压 U_{OC},求太阳能电池的最大输出功率及最大输出功率时负载电阻,求填充因子 $FF=P_{max}/I_{SC}U_{OC}$。

伏安特性的测试测试

照度(Lx)										
电压(V)										
电流(mA)										

(4) 负载特性的测试数据列表并记录如下,测量电池在不同负载电阻下,U 对 R 变化关系,画出 $U-R$ 曲线图。

负载特性特性测试

负载(Ω)									
电压(V)									

【思考题】

(1) 实际应用中,想想怎么提高太阳能电池的输出功率。

(2) 思考在太阳光照条件下,太阳能电池的转换效率与灯照条件下有什么不同。

实验 8 热敏电阻温度特性的测量

热敏电阻通常是用半导体材料制成的,它的电阻随温度变化而急剧变化。热敏电阻分为负温度系数(NTC)热敏电阻和正温度系数(PTC)热敏电阻两种。与金属或合金电阻较小的正温度系数相比,NTC 半导体热敏电阻具有较大的负温度系数,一般由锰、镍、钴等金属氧化物,按所需的比例混合烧结而成。具有对热敏感、电阻率大、体积可以很小、热惯性小等特点,是测温、控温的重要器件。

【实验目的】

(1) 用温度计和直流电桥测定热敏电阻器与温度的关系。

(2) 要求掌握 NTC 热敏电阻器的阻值与温度关系特性、并学会通过数据处理来求得经验公式的方法。

【实验原理】

NTC 热敏电阻通常由 Mg、Mn、Ni、Cr、Co、Fe、Cu 等金属氧化物中的 2~3 种均匀混合压制后,在 600~1 500 ℃温度下烧结而成,由这类金属氧化物半导体制成的热敏电阻,具有很大的负温度系数。在一定的温度范围内,NTC 热敏电阻的阻值与温度关系满足下列经验公式:

$$R = R_0 e^{B\left(\frac{1}{T} - \frac{1}{T_0}\right)} \tag{1}$$

式(1)中,R 为该热敏电阻在热力学温度 T 时的电阻值,R_0 为热敏电阻处于热力学温度 T_0 时的阻值。B 是材料常数,它不仅与材料性质有关,而且与温度有关,在一个不太大的温度范围内可以作为常数。

由式(1)可求得 NTC 热敏电阻在热力学温度 T_0 时的电阻温度系数 α 为

$$\alpha = \frac{1}{R_0}\left(\frac{dR}{dT}\right)_{T=T_0} = -\frac{B}{T_0^2} \tag{2}$$

由式(2)可知,NTC 热敏电阻的电阻温度系数是与热力学温度的平方有关的量,在不同温度下,α 值不相同。

对式(1)两边取对数,得

$$\ln R = B\left(\frac{1}{T} - \frac{1}{T_0}\right) + \ln R_0 \tag{3}$$

由上式可知,在一定温度范围内,$\ln R$ 与 $\frac{1}{T} - \frac{1}{T_0}$ 呈线性关系,可以用作图法或最小二乘法求得斜率 B 的值。并由式(2)求得某一温度时 NTC 热敏电阻的电阻温度系数 α。

使用热敏电阻必须注意:

(1)热敏电阻只能在规定的温度范围内工作,否则会损坏元件,导致性能不稳定。

(2)应尽量避免热敏电阻自身发热,因此在测量时流过热敏电阻的电流必须很小。

【实验仪器】

FD-WTC-Ⅱ恒温控制仪、温度计、热敏电阻、小试管、电阻箱三只、干电池二节、检流计等。

实验装置和线路如图 4-5-33 所示,热敏电阻放置在可变温度的恒温器中,用温度计测量温度。将电阻箱(其中 R_A 和 R_B 取 1 000 Ω)、干电池、检流计用连接线连接成电桥,测出热敏电阻的阻值。

【实验内容】

(1)把 NTC 热敏电阻和玻璃温度计一起插在盛有变压器油的

玻璃小试管内,试管置于盛有水的可控恒温槽中,当 NTC 热敏电阻、玻璃温度计和水温达到平衡时,用玻璃温度计测出 NTC 热敏电阻的温度 θ,用图 4-5-33 所示的电路测量 NTC 热敏电阻的阻值 R_0。(**注意**:热敏电阻的电流应小于 $300\ \mu A$,避免热敏电阻自己发热对实验测量的影响。)

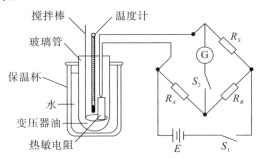

图 4-5-33 实验装置简图

(2)先测出室温时(将 NTC 热敏电阻和温度计等插入室温水中)温度 θ 和 NTC 热敏电阻阻值 R_0。然后逐步增加恒温槽温度,每当温度达到稳定时,测量相应的一组 θ 与 R_0 的值。要求温度从室温到 70 ℃范围内测出 8～10 组数据。用公式 $T=273.15+\theta$,将摄氏温度 θ 换算成热力学温度 T。

(3)用作图法或最小二乘法求出温度在室温到 70 ℃范围内的材料常数 B。

【思考题】

(1)在实验测量时流过 NTC 热敏电阻的电流应小于 300,为什么?如何保证此实验条件的实现?

(2)若玻璃温度计的温度示值与实际温度有所差异,对实验结果有什么影响?应如何保证所测的温度值准确?

实验 9　集成电路温度传感器的特性测量及应用

随着科学技术的发展,各种新型的集成电路温度传感器件不断涌现,并大批量生产和扩大应用。这类集成电路测温器件有以下几个优点:(1)温度变化引起输出量的变化呈良好的线性关系;(2)不像热电偶那样需要参考点;(3)抗干扰能力强;(4)互换性好,使用简单方便。因此,这类传感器已在科学研究、工业和家用电器等方面被广泛用于温度的精确测量和控制。

【实验目的】

(1)测量电流型集成电路温度传感器的输出电流与温度的关系,熟悉该传感器的基本特性,

(2)采用非平衡电桥法,组装一台 0~50 ℃数字式温度计。

【实验原理】

AD590 集成电路温度传感器是由多个参数相同的三极管和电阻组成。该器件的两引出端当加有一定直流工作电压时(一般工作电压可在 4.5 V 至 20 V 范围内),它的输出电流与温度满足如下关系:

$$I = B\theta + A \tag{1}$$

式(1)中,I 为其输出电流,单位 μA,θ 为摄氏温度,B 为斜率(一般 AD590 的 $B=1\ \mu A/℃$,即如果该温度传感器的温度升高或降低 1℃,那传感器的输出电流增加或减少 1 μA),A 为摄氏零度时的电流值,该值恰好与冰点的热力学温度 273K 相对应。市售一般 AD590,其 A 值从 273~278 μA 略有差异。利用 AD590 集成电路温度传感器的上述特性,可以制成各种用途的温度计。采用非平衡电桥线路,可以制作一台数字式摄氏温度计,即 AD90 器件在 0 ℃时,数字电压显示值为"0",而当 AD590 器件处于 θ ℃时,数字电压表显示值为"θ"。

【实验仪器】

1. AD590 电流型集成温度传感器

AD590 为两端式集成电路温度传感器,它的管脚引出有两个,如图 4-5-34 所示:序号 1 接电源正端 U_+(红色引线)。序号 2 接电源负端 U_-(黑色引线)。至于序号 3 连接外壳,它可以接地,有时也可以不用。AD590 工作电压 4~30 V,通常工作电压 10~15 V,但不能小

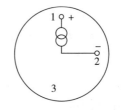

图 4-5-34 AD590 管脚图

于 4 V,小于 4 V 出现非线性。

2. PZ114 型直流数字电压表

其量程有:0～200 mV(灵敏度10 μA);0～2 V(灵敏度 10 μA);0～20 V(灵敏度 1 mV)等,该仪器优点是,可根据输入信号大小自动转换量程,因而用在本实验中调节电桥平衡相当方便。其他器材有 ZX21 型电阻箱,真空保温瓶(内有塑料内胆保护),搅拌器,0～50 ℃水银温度计等。

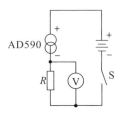 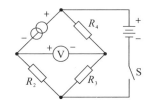

图 4-5-35 AD590 特性测量图   图 4-5-36 数字式摄氏温度计接线图

【实验内容】

(1)按图 4-5-35 接线(AD590 的正负极不能接错)。测量 AD590 集成电路温度传感器的电流 I 与温度 θ 的关系,取样电阻 R 的阻值为1 000 Ω。把实验数据用最小二乘法进行直线拟合,求斜率 B 截距 A 和相关系数 r。实验时应注意 AD590 温度传感器为二端铜线引出,为防止极间短路,两铜线不可直接放在水中,应用一端封闭的薄玻璃管保护套保护,其中注入少量变压器油,使之有良好热传递。(实验中如何保证 AD590 集成温度传感器与水银温度计处于相同温度?)

(2)制作量程为 0～50 ℃范围的数字温度计。把 AD590、三只电阻箱、直流稳压电源及数字电压表按图 4-5-36 接好。将 AD590 放入冰点槽,R_2 和 R_3 各取 1 000 Ω,调节 R_4 使数字电压表示值为零。然后把 AD590 放入其他温度如室温的水中,用标准水银温度计进行读数对比,求出百分差。(冰点槽中怎样的冰水混合物才能真正达到 0 ℃温度?)

(3)令图 4-5-36 中电源电压发生变化,如从 8 V 变为 10 V,观测一下,AD590 传感器输出电流有无变化? 分析其原因。

【思考题】

(1) 电流型集成电路温度传感器有哪些特性？它与半导体热敏电阻、热电偶相比有哪些优点？

(2) 如果 AD590 集成电路温度传感器的灵敏度不是严格的 $1.000\,\mu A/℃$，而是略有差异，请考虑如何利用改变 R_2 的值，使数字式温度计测量误差减少。

实验 10　音频信号光纤通信原理

由于光的全反射现象，光可以在弯曲的光纤中长距离传输，并且传导损耗比电在导线中传导的损耗低得多，因此光纤在通讯领域、传感技术及其他信号传输技术中发挥着极为重要的作用。与之相关的电光转换和光电转换技术、耦合技术、光传输技术等都是光纤信号传输技术及器件构成的重要成分。不同材料的光纤对不同波长的光信号传输损耗不相同，所传输信号的频带宽度也各有差异，构成的器件也具有不同的特性。本实验通过音频信号传输了解光纤传输系统的基本原理和结构，对初步认识光纤信号传输具有重要的意义。

【实验目的】

(1) 了解音频信号光纤传输系统的基本结构及选配各主要部件的原则。

(2) 熟悉半导体电光、光电器件的基本性能及其主要特性的测试方法。

(3) 学习分析音频信号集成运放电路的基本方法。

(4) 练习音频信号光纤传输系统的调试技术。

【实验原理】

1. 系统的组成

图 4-5-37 所示为一个音频信号直接光强调制光纤传输系统的结构原理图，它主要包括：①由半导体发光二极管 LED 及其调制、驱

动电路组成的光信号发送器；②传输光纤；③光电二极管(SPD)、I/V 变换电路和功放电路组成的光信号接收器。组成该系统时光源 LED 的发光中心波长必须在传输光纤呈现低损耗的 0.85 μm、1.3 μm 或 1.6 μm 附近，本实验采用中心波长为 0.85 μm 的 GaAs 半导体发光二极管作光源，峰值响应波长为 0.8～0.9 μm 的硅光电二极管(SPD)作光电检测元件。

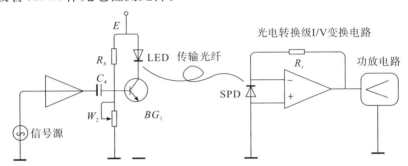

图 4-5-37　音频信号光纤传输实验系统原理图

为了避免或减少谐波失真，要求整个传输系统的频带宽度能够覆盖被传信号的频谱范围。对于语音信号，其频谱在 300～3 400 Hz 的范围内。由于光导纤维对光信号具有很宽的频带，故在音频范围内，整个系统的频带宽度主要决定于发送端调制放大电路和接收端功放电路的幅频特性。

2. 半导体发光二极管结构、工作原理、特性及驱动、调制电路

目前能较好满足光纤通讯要求的光源器件主要有半导体发光二极管(LED)和半导体激光器(LD)，本实验采用 LED 作光源器件。

半导体发光二极管(LED)是一个如图 4-5-38 所示的 N-P-P 三层结构的半导体器件，中间层称有源层，其带隙宽度较窄，两侧分别由 GaAs 的 N 型和 P 型半导体材料组成 N 层与 P 层，与有源层相比，它们都具有较宽的带隙。当给这种结构加上正向偏压时，就能使 N 层向有源层注入导电电子，这些导电电子一旦进入有源层后，因受到右边 P-P 异质结的阻挡作用不能再进入右侧的 P 层，它们只能被限制在有源层内与空穴复合。导电电子在有源层与空穴复合的过程中，其中有不少电子要释放出满足以下能量关系的光子：

$$h\upsilon = E_1 - E_2 = E_g \tag{1}$$

其中 h 是普朗克常数，v 是光波的频率；E_1 是有源层内导电电子的能量，E_2 是导电电子与空穴复合后处于价键束缚状态时的能量。两者的差值 E_g 与结构中各层材料及组分的选取等多种因素有关，制作 LED 时只要这些材料的选取和组分的控制适当，就可使得 LED 的发光中心波长与传输光纤的低损耗波长一致。

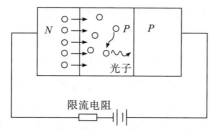

图 4-5-38　半导体发光二极管的结构及工作原理

本实验采用半导体发光二极管的正向伏安特性如图 4-5-39 所示，与普通的二极管相比，在正向电压大于 1 V 以后，才开始导通。在正常使用的情况下，正向压降为 1.5 V 左右。半导体发光二极管输出的光功率与其驱动电流的关系称 LED 的电光特性。为了使传输系统的发送端能够产生一低非线性失真，而峰—峰值又最大的光信号，使用 LED 时应先给它一个适当的偏置电流，其值等于这一特性曲线线性部分中点所对应的电流值，而调制电流的峰—峰值应尽可能大地处于这一电光特性的线性范围内。

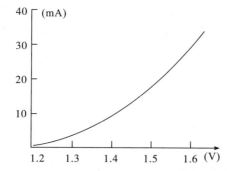

图 4-5-39　HFRB-1421 型 LED 的正向伏安特性

音频信号光纤传输系统发送端 LED 的驱动和调制电路如图 4-5-37 所示，以 BG_1 为主构成的电路是 LED 的驱动电路，调节这一电路中的 W 可使 LED 的偏置电流在 0～30 mA 的范围内变化。被传音频信号经音频放大电路放大后经电容器 C4 耦合到 BG1 基极，对 LED 的工作电流进行调制,从而使 LED 发送出光强随音频信号变化的光信号,并经过光导纤维把这一信号传至接收端。

3. 半导体光电二极管的结构、工作原理和特性

半导体光电二极管与普通的半导体二极管一样,基本结构是 p-n 结型半导体,但光电二极管在外形结构上有其自身的特点。这主要表现在光电二极管的光壳上有一个能让光射入其光敏区的窗口。当有光子能量大于 p-n 结半导体材料的带隙宽度 E_g 的光波照射到光电二极管的管芯时,光电二极管中产生光生载流子,在强电场作用下,光生自由电子空穴对将以很高的速度分别向 n 区和 p 区运动,并很快越过这些区域到达电极沿外电路闭合形成光电流,光电流的方向是从二极管的负极流向它的正极。为了提高光电二极管的高频响应性能,给它加上一个反向偏压。

光电二极管的伏安特性可用下式表示:

$$I = I_0[1 - \exp(qV/kT)] + I_L \tag{2}$$

式中,I_0 是无光照的反向饱和电流,V 是二极管的端电压(正向电压为正,反向电压为负),q 为电子电荷,k 为玻耳兹曼常数,T 是结温,单位为 K,I_L 是无偏压状态下光照时的短路电流,它与光照时的光功率成正比。式(2)中的 I_0 和 I_L 均是反向电流,即从光电二极管负极流向正极的电流。根据式(2),光电二极管反向工作状态的伏安特性曲线如图 4-5-40 所示,光电二极管的工作点由负载线与第三象限的伏安特性曲线交点确定。由图 4-5-40 所示可以看出:

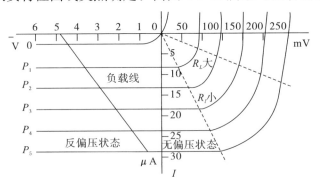

图 4-5-40 光电二极管的伏安特性曲线及工作点的确定

(1)光电二极管即使在无偏压的工作状态下,也有反向电流流过,这与普通二极管只具有单向导电性相比有着本质的差别,认识和熟悉光电二极管的这一特点对于在光电转换技术中正确使用光电器件具有十分重要的意义。

(2) 反向偏压工作状态下,在外加电压 E 和负载电阻 R_L 的很大范围内,光电流与入照的光功率均具有很好的线性关系;无偏压状态下,短路电流与入照光功率的关系称为光电二极管的光电特性,这一特性在 $I_L - P$ 坐标系中的斜率

$$R = \frac{\Delta I_L}{\Delta P} (\mu A / \mu W) \tag{3}$$

定义为光电二极管的响应度,这是一个宏观上表征光电二极管光电转换效率的一个重要参数。

(3) 反向偏压状态下的光电二极管,由于在很大的动态范围内其光电流与偏压和负载电阻几乎无关,故在入照光功率一定时可视为一个恒流源;而在无偏压工作状态下光电二极管的光电流随负载电阻变化很大,此时它不具有恒流源性质,只起光电池作用。

光电二极管的响应度 R 值与入照光波的波长有关。本实验中采用的硅光电二极管,其光谱响应波长为 $0.4 \sim 1.1~\mu m$,峰值响应波长为 $0.8 \sim 0.9~\mu m$。在峰值响应波长下,响应度 R 的典型值为 $0.25 \sim 0.5~\mu A/\mu W$。

【实验仪器】

音频信号光纤传输技术实验仪、信号发生器、双踪示波器、数字万用表。

音频信号光纤传输技术实验仪主要由光信号发送器、光纤信道和光信号接收器三大部分组成。

1. 光信号发送器

它由调制信号输入端口、调制信号放大电路、半导体发光二极管(LED)驱动电路及光功率计等几部分组成,其前面板的布局如图 4-5-41 所示。图中电位器 W_2 用来调节 LED 的偏置电流,LED 是在光纤信道的绕纤盘上,通过单芯电缆插头插入图中的"LED 插孔",便可把它接入驱动电路。图中左边的 50 mA 的电流表用以指

示 LED 的偏置电流,右边的光功率计用来测量光纤信道的出纤光功率。光功率计的调零应在光电探头 SPD 插入图 4-5-41 所示的"SPD 插孔",并用不透明的遮光板把 SPD 的入照窗口挡住的情况下进行调节。

光功率指示器与光讯号接收器共用一个光电探头,其读数用电光特性已知、发光中心波长为 0.86 μm 的半导体发光二极管作标准光源进行了定标。

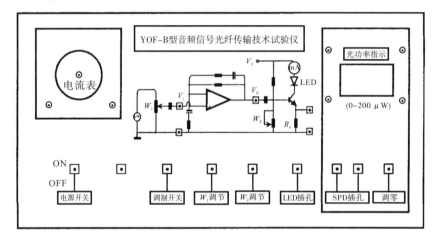

图 4-5-41　发送器前面板布局图

2. 光纤信道

由光源器件 LED 及传输光纤组成。传输光纤是芯径为 62.5 μm,包层直径 125 μm 二次紧套的通讯用多模光纤,光源器件 LED 是光通讯用的进口器件,发光中心波长与传输光纤的一个低能耗的波长 0.86 μm 接近。

3. 光信号接收器

由硅光电二极管(SPD)、SPD 反向伏安特性测试电路(带数字毫伏表和直流电压表)和功放电路等几部分组成,其前面面板的布局如图 4-5-42 所示,图中电位器 W_1 用来调节 SPD 的反压。该图左边的直流电压表用以指示 SPD 的反压;右边的直流毫伏表用来指示 I-V 变换电路的输出电压,在光功率计的设计实验中,也可用来显示光功率。

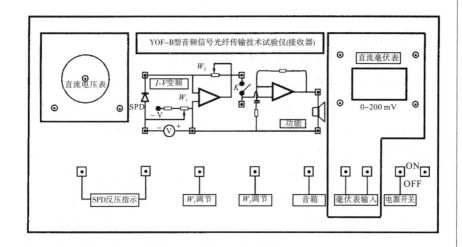

图 4-5-42　接收器前面板布局图

【实验内容】

1. LED—传输光纤组件电光特性的测定

测量前首先将两端带电流插头的电缆线一头插入光纤绕纤盘上的电流插孔,另一端插入发送器前面板上的"LED 插孔",并将光电探头插入光纤绕纤盘上引出传输光纤输出端的同轴插孔中,SPD 的两条出线接至光功率计的相应插孔内。完成以上连接后,打开发送器电源开关便可进行测试。

调节 W_2(对应着发送器前面板上的"偏流调节"旋钮)使毫安表指示为 10～30 mA 范围内任一值,并观察光功率指示器的读数,在保持 LED 偏流不变的情况下,将光电探头绕同轴插孔轴线方向适当转动,直到光功率计的读数为足够大的数值时为止,在以后的实验过程注意保持光电探头的这一位置不变。

然后旋动"W_2 调节"旋钮从零开始(此时光功率计的读数应为零,若不为零则记下读数,并在以后的各次测量中以此为零扣除),使发送器前面板上的毫安表的示值(即 LED 的驱动电流 I_D)在 0～30 mA 范围内变化,从零开始,每隔 4 mA 读取一次光功率指示器的示值 P_0,直到 $I_D=30$ mA 为止。记录测量数据。根据以上测量数据,以 P_0 为纵坐标,I_D 为横坐标,描绘 LED－传输光纤组件的电光特性曲线,并确定出其线性度较好的线段;或采用最小二乘法求出相关系数和斜率,确定线性工作区。

2. 光电二极管反向伏安特性曲线的测定

测定光电二极管反向伏安特性的电路如图 4-5-37 所示。其中 LED 是半导体发光二极管,在这里它作光源使用,其光功率由光导纤维输出。再由一个电流—电压变换电路,它的作用是把流过光电二极管的光电流 I_0 转换成输出端电压 V_0,它与光电流成正比。整个测试电路的工作原理如下:由于 I-V 电路的反相输入端具有很大的输入阻抗,光电二极管受光照时产生的光电流几乎全部流过 R_f,并在其上产生电压降 $V_{cb} = R_f I_0$。另外,又因 I-V 电路具有很高的开环电压增益,反相输入端具有与同相输入端相同的地电位,故 I-V 电路的输出电压

$$V_0 = I_0 R_f \tag{4}$$

已知 R_f 后,就可根据式(4)由 V_0 计算出相应的光电流 I_0。

在图 4-5-37 中,为了使被测光电二极管能工作在不同的反向偏压状态下,设置了由 W_1 组成的分压电路。具体测量时首先把 SPD 的插头接至接收器前面板左侧 SPD 相应的插孔中,然后根据 LED 的电光特征曲线在 LED 工作电流从 0～30 mA 的变化范围内查出输出光功率均分的 5 个工作点对应的驱动电流值,为以后论述方便起见,对应这 5 个电流值分别标以 I_1、I_2、I_3、I_4、I_5。

测量 LED 工作电流为 0、I_1～I_5 时所对应的 6 种光照情况下光电二极管的反向伏安特性曲线。对于每条曲线,测量时,调节 W_1 使被测二极管的反向电压逐渐增加,从 0 V 开始,每增加 1 V 用接收器前面板的数字毫伏表测量一次 IC1 输出电压 V_0 值,根据这一电压值由式(4)即可算出相应的光电流 I_0。

测量光电二极管反向伏安特性的步骤如下:

(1)完成实验内容中一项测试后,把光电二极管带橡胶插头的两条引线(红色橡胶插头对应的引脚为负极,黑色为正极)从光功率指示器的两个输入插孔拔出改接到接收器前面板原理电路图左侧标有"SPD"记号的相应颜色的插孔内;把数字毫伏表接到接收器前面板上 I/V 变换电路输出端和地端所对应的两个插孔内。

(2)测量 LED 的工作电流为 0、$I_1 \sim I_5$ 时所对应的 6 种光照情况下光电二极管的反向伏安特性曲线。

测量时,阻值 R_f 一般为 10 kΩ,然后调节接收器前面板的"W_1 调节"旋钮使 SPD 的反压从 0～10 V 的范围内变化,从 0 V 开始(包括零伏在内)每增加 1 V 用数字毫伏表读取一次 I-V 变换电路的输出电压 V_0 值并记录。根据式(5)算出 SPD 相应的光电流 I_0。

根据实验数据,在直角坐标系中描绘出被测 SPD 在以上 6 种光照情况下的反向伏安特性线及 SPD 的光电特性曲线(即零偏压下 SPD 光电流 I_0 随入照光功率 P_0 的变化曲线)。并由 SPD 的光电特性曲线,按式(4)计算被测光电二极管的响应度 R,式中 ΔP_0 表示两个测量点对应的入照光功率的差值,ΔI_L 是对应的光电流的差值。

3. 最佳的语音信号的传输

由于 LED 的伏安特性及电光特性曲线均存在着非线性区域,所以在图 4-5-40 所示的 LED 驱动和调制电路中,对于 LED 工作电流的不同偏置状态,能够获得的无非线性畸变的最大光信号(即 LED—传输光纤组件输出光功率的交变部分)的幅值(或峰—峰值)也具有不同值。在设计音频信号光纤传输系统时,应把 LED 的偏置电流选定在其电—光特性曲线线性范围最宽的线段中点对应的电流值。实验整个音频信号光纤传输系统的音响效果。实验时把示波器和数字毫伏表接至接收器 I-V 变换电路的输出端,适当调节发送器的 LED 偏置电流和调制输入信号幅度,保证传输系统无非线性失真情况下,使光信号幅度达到最大时的听觉效果。

【数据处理与要求】

(1)LED—传输光纤组件电光特性的测定,数据表格自拟。

在坐标纸上以 P_0 为纵坐标,I_D 为横坐标,描绘 LED—传输光纤组件的电光特性曲线。

(2)硅光电二极管反向伏安特性和响应度的测定,数据表格自拟。

①在坐标纸上作光电二极管的反向伏安特性曲线 V-I_0。

②在坐标纸上作零偏压($V=0$)下 P_0-I_0 曲线,并计算光电二极管的响应度 R。

【思考题】

在 LED 已确定的情形下,为了实现光讯号的远距离传输,应如何设定它的偏置电流和调制幅度?

第 5 章
设计性实验

教育部《理工科大学物理实验课程教学基本要求》中明确指出,物理实验课的任务是"培养学生的基本科学实验技能,提高学生的科学实验基本素质,使学生初步掌握实验科学的思想和方法。培养学生的科学思维和创新意识,使学生掌握实验研究的基本方法,提高学生的分析能力和创新能力。"因此,在学生进行一定数量的基础实验训练后,对学生进行具有科学实验全过程训练性质的设计、研究性实验教学是十分必要的。

5.1 设计性实验基本知识

基础性实验对实验方法、实验设备有较严格的限制,甚至连实验步骤都事先规定好。而教学中的设计性实验是一种介于基础教学实验与实际科学实验之间的、具有对科学实验全过程进行初步训练特点的教学实验;是以基本知识、基本方法、基本技能的灵活运用和提高学生学习主动性,激发创新精神为目的的一种教学实验。因此,在遵从科学实验一般程序的总原则下,设计性实验的内容是经过编者精心挑选的,即具有综合性、典型性和探索性;同时,还考虑到实验者有可能在给定的教学时间内独立地完成(即具有可行性)。

物理实验教学中,设计性实验可分为三种类型:

1. 测量型实验

对特定的物理量,如密度、重力加速度、电动势、电阻、折射率、波长等进行测量。

2. 研究型实验

对物质或元器件的若干物理量进行测量,研究它们之间的相互关系。

3. 制作型实验

设计并组合装置，以实现对给定物理量测量的功能。

设计性实验的核心是设计、制订实验方案，并在实验中检验、修改方案，使其更加完善。在此基础上进行实际测量和数据处理，给出实验结果并检查任务完成情况，最后写出设计性实验的报告或论文。

5.2 设计实验的一般程序

设计性实验的一般程序，如图 5-2-1 所示。

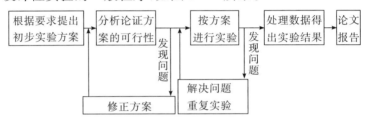

图 5-2-1 设计实验程序

(1) 提出初步方案。

在明确实验的目的和要求后，应广开思路，根据物理学原理及有关的实验基础知识，建立合理的物理实验模型，考虑各种可能的测量方法以及与之相对应的数据处理方法；考虑用什么样的实验体和观测仪器，以及仪器的种类、量程和精度。进而安排实验步骤，提出注意事项。然后从可能想到的各种方案中进行比较选择，依据简便易行、符合目的的要求及经济安全的原则选出较理想的一种方案作为初步实验方案。

(2) 分析论证实验方案。

分析论证是要考察所提方案是否可以实现，是否能达到实验要求，例如能否看到要观察的物理现象，是否可以达到所要求的精度；提出的实验体和测量装置是否合适；利用误差传递公式检验所选实验条件是否有利于减小误差；所选仪器搭配是否合理。

(3) 按方案进行实验。

对已经筛选确定的方案按照实验步骤进行实际测量，从而判断方案在实际测量中是否可行。

(4)修改方案。

修改实验方案是针对分析论证和对方案试行实验的过程中发现的问题,采取相应的对策。例如调整实验条件,改换仪器,甚至改变测量方法等。

实验方案的确定必须有相当的实验知识和经验,在确定方案中往往对以上几点做通盘的考虑,实际过程中不一定分得过细。

(5)论文报告。

对整个实验过程进行总结,写出包含任务、理论依据、实验方法、实验结果、分析讨论、参考文献等内容的完整论文报告。

5.3 设计性实验的方法与过程

设计性实验一般由实验室或教材给出课题及基本要求,也可由学生自己提出感兴趣的课题且由实验室审批。学生在选定课题、明确任务要求及收集必要资料的基础上,首先要制定一份实验设计方案,一般来说应包括:物理模型的建立;实验方法和测量方法的选择;测量仪器和测量条件的选择;数据处理方法的选择以及综合分析比较和不确定度估算等。从而形成达到设计要求的最佳方案。

1. 物理模型的建立

建立恰当的物理模型是实验成功的关键。

建立物理模型就是根据实验要求和实验对象的物理性质,研究与实验对象相关的物理过程的原理以及过程中各物理量之间的关系,并且推证出数学表达式。例如要测量某一地区的重力加速度,可建立一个自由落体运动的物理模型 $g=2h/t^2$;或者建立一个单摆的物理模型 $T=2\pi\sqrt{L/g}$。但在建立物理模型时要注意适用条件,比如单摆模型,只有系小球的细线的质量比小球质量小很多,小球的直径比细线的长度小很多,小球在重力作用下做小角度摆动等,周期 T 才满足上述公式。

此外,对于一个具体的物理量,可能有若干物理过程与之相对应,所以可以建立起多种物理模型。这就需要我们对所能建立起的物理模型进行比较,从中选择一个最佳的物理模型,使其既突出物理概念,又使实验简易可行;既能使测量误差小,又能充分利用现有的条件。比如建立的两个测量重力加速度 h 的物理模型:采用自由落体模型,只能测一个单程的时间与位移,当下落行程 h 为 2 m 时,所需时间约为 0.6 s,这就对计时仪器的精度提出了很高的要求;而用单摆模型,可测 n 个周期的累积摆动时间,对于摆长 $L=1$ m 的单摆,周期 T 约为 2 s,若累计测 50 个周期,则时间间隔达 100 s 左右,显然采用后一方案,既简单,又准确。从这个意义上讲,选单摆模型比自由落体要好。

物理模型选定了,相应的实验原理公式也就确定了。

2. 实验方法的选择

物理模型确定以后,就要选择适当的实验方法。

一个实验中可能要测量多个物理量,而每个物理量又都可能有多种测量方法。比如,在自由落体运动中测时间 t 可以有光电计时、火花打点计时和频闪照相等多种方法;在测量温度时,可以使用水银温度计、热电偶、热敏电阻等多种器具;测量电压,可以用万用表、数字电压表、电位差计、示波器等。我们必须根据被测对象的性质和特点,把各种可能的实验方法罗列出来,分析各种方法的适用条件,比较各种方法的局限性及可能达到的实验精度,并考虑各种方法实施的可能性、优缺点,综合后做出选择。

一般情况下,为减小误差应尽可能采取等精度多次重复测量;对于等间隔、线性变化的实验数据的处理可采用"最小二乘法"。

3. 测量仪器的选择与配套

(1)不确定度均分原理。

在间接测量中,每个直接测量量的不确定度都会对最终结果的不确定度产生影响。若测量结果的合成不确定度为 $u(y)$,则 $u(y)$ 中的每一项 $\left[\dfrac{\partial y}{\partial x}u(x_i)\right]^2$ 都要大致相等。

(2)测量仪器的选择。

物理模型和实验方法确定以后,就要选择配套的测量仪器。方法是通过待测的间接测量量与各直接测量量的函数关系导出不确定度传递公式,按照"不确定度均分"原理将对间接测量量的不确定度要求分配给各直接测量量,再由此选择精度等级和量程合适的仪器。例如,上述单摆实验中,由函数关系式 $g=4\pi^2 L/T^2$ 可导出相对不确定度传递公式为

$$u_r^2(g) = U_r^2(L) + 4u_r^2(T)$$

若要求 $u_r(g) \leqslant 0.5\%$,即 $u_r^2(g) \leqslant 0.25 \times 10^{-4}$。按照"不确定度均分"原理,则有 $u_r^2(L) \leqslant 0.125 \times 10^{-4}$,$4u_r^2(T) \leqslant 0.125 \times 10^{-4}$,即 $u_r(L) \leqslant 0.35\%$,$u_r(T) \leqslant 0.18\%$。由此,可以提出对测长仪器和计时仪器的要求。考虑到测量方便,选摆长 $L \approx 1\,\text{m}$,则周期 $T \approx 2\,\text{s}$,由此估算出测长仪器允许的最大不确定度(示值误差)为 3.5 mm,计时仪器允许的最大不确定度为 0.0036 s。选择分度值为 1 mm 的米尺测长完全可以达到要求;考虑到用电子秒表计时值最小显示为 0.01 s,又由于操作者技术引起的误差在 0.2 s 左右,所以需采用累积计时法,如先测量 100 个周期的时间,再转换成一个周期的时间,就能满足上述设计要求。可见测量误差不仅与测量仪器有关,也与测量方法有关,必须选择恰当的仪器与方法。

当然,"不确定度均分"只是一个原则上的分配方法,对某些具体情况还应具体处理。比如,由于条件限制,某一物理量测量的不确定度稍大,继续降低不确定度又比较困难,这时可以允许该量的不确定度大一些,而将其他物理量的测量不确定度降得更低,以保证合成不确定度达到设计要求。

另外,由有效数字运算法则可知,所选测量仪器的测量精度(测量值有效数字位数)应大致相同。为了合理使用仪器,在选择仪器时应根据实际情况,兼顾仪器的精度等级和量程,使仪器的量程略大于测量值即可。否则用高精度仪器测量不会起作用,造成不必要的浪费。例如,若待测电流为 60 mA,现有 0.5 级量程为 300 mA 和 1.0 级量程为 75 mA 的两块电流表。用 0.5 级的表测量时,其仪器示值误差限为

$$\Delta_{INS} = A_m \times k\% = 300 \times 0.5\% = 1.5\,\text{mA}$$

误差限值的相对值为 $u_r = \dfrac{\Delta_{INS}}{I} = \dfrac{1.5}{60} \times 100\% = 2.5\%$

用1.0级的表测量时,其结果为

$$\Delta_{INS} = A_m \times k\% = 75 \times 1.0\% = 0.75 \text{ mA}$$

$$u_r = \frac{\Delta_{INS}}{I} = \frac{0.75}{60} \times 10\% \approx 1.3\%$$

比较其结果可见,由于待测量的量值与仪器的量程不匹配,用0.5级的表测得的结果反而不如1.0级的表好。

4. 测量条件与最佳参数的确定

在实验方法及仪器选定的情况下,选择有利的测量条件,可以最大限度地减小系统误差。

如用单摆测重力加速度时,选用的实验装置必须满足:球要小,使小球可看成质点;线要轻,可忽略摆线质量;摆角要小于5℃,以满足公式 $T = 2\pi \sqrt{L/g}$ 的要求。

又如一般电表读数的最佳条件是选取电表满刻度的2/3附近的区域。另外,环境条件如温度、湿度、气压、射线、电磁场、震动等,对仪器的正常工作都会有一定的影响,也会引起系统误差,所以选定合适的测量环境也是不可忽视的。

5. 实施方案的拟定

制订详细的实验实施方案是一项非常重要的工作。好的实施方案,可以使实验有条理地完成。若没有一个好的实施方案,即使拥有了理想的物理模型和实验仪器,也得不到理想的实验结果。

实验实施方案的拟定应包括以下几个方面:

(1)按照所选定的物理模型及实验方法,写出实验原理公式,画出相应的实验原理图(电路或光路图)。

(2)拟定详细的实验步骤。包括装置的安装,仪器的调整,光路的调节,实验操作次序,数据记录的方法等。对于一些预先可估计到的问题要在实验方案的适当位置记录清楚,如力学实验中的过载,电学实验中的超量限,不可逆过程等,并预先考虑一旦实验中出现事故应如何处置。总之,实验步骤是操作者在实验中的动作程序,是实验者顺利完成实验的指导,因此要事先周密计划,以保证实验的顺利进行。

(3)列数据表格。数据表格是实验者在做实验时将所测试的数据记录在案的一项重要依据。要分析实验中需测量哪些量,每个量测几次等,列出一个明确的数据表格,并且注明计量单位。不可随处乱记数据,以免造成混乱或数据丢失。

(4) 列出所用器具详细清单。包括仪器名称、规格、使用条件等,以备组配实验装置时查对。同时做好记录环境条件,如日期、天气、气压、温度,以及仪器参数的准备。列出结尾工作的备忘录,如恢复仪器至初始状态、切断电源、水源,整理仪器,清洁卫生等。

6. 实验准备报告

以上内容完成后应写出实验准备报告,内容包括实验目的、物理模型的建立和各种方案的比较分析、所确定的方案及采用此方案的理由、样品的选择、实验仪器的选择(包括名称、规格、精度等级、件数等)、实验参数的确定、具体的实验步骤,数据表格以及参考资料等。对制作型实验还应该包括装置的校准方法。

7. 实验操作

实验准备报告通过检查,获得批准后,就可以进行正式实验。

设计性实验一般分两次完成。第一次完成粗测,以便发现实验中存在的问题,修改和完善实验设计方案;第二次按照修改后的方案进行。

8. 数据处理及撰写报告

测出实验数据后,还需进行数据处理,得出结果,并写出完整的实验报告。

实验报告是实验的书面总结,是记录自己工作过程及成果的依据,也是提供给评阅者评价自己实验结果的依据,所以应真实、认真地用自己的语言清楚表达所做内容,依据的物理思想及反映的物理规律、实验数据处理结果及分析,阐明自己对实验的见解与收获。与以前所做常规实验相比,设计性实验的实验报告应进一步接近科学论文的形式及水准,一般应包括以下五个部分:

(1) 引言。简明扼要的说明实验的目的要求、内容及对实验结果的评价。

(2) 实验方法描述。介绍实验基本原理,简明扼要地进行公式推导,简述基本方法、实验装置、测试条件等。

(3)数据及处理。列出数据表格,进行计算及不确定度处理,给出最后结果。

(4)实验总结。评价实验结果;分析实验过程中观察到的异常现象及其可能有的分析误差来源及消除措施;也可分析假设物理模型中某条件不被满足(如单摆摆角大于5°、取不同摆长、累积测不同个周期的时间等)时,会对实验结果产生多大的影响;详细介绍实验中遇到的困难及解决的办法;也可以对实验方案及其改进意见进行讨论评述;还可以谈实验的心得体会等。这部分最能反映学生的实验能力和素养。

(5)参考资料。列出实验过程中主要参考资料的名称、出处、作者、出版社及出版时间等。

5.4 设计性实验选题

实验1 利用干涉法测定液体的折射率

【实验目的】

(1)进一步了解牛顿环干涉原理。
(2)学会用牛顿环干涉法测量液体折射率的方法。

【实验仪器】

牛顿环,钠光灯,读数显微镜,待测液体(蒸馏水、酒精)。

【实验要求】

(1)写出牛顿环干涉法测量液体折射率的原理、实验计算公式等。
(2)分别测量蒸馏水、酒精的折射率,各测量6次,取平均值,并计算不确定度。

【实验提示】

如图 5-4-1 所示,第 k 级条纹的光程差为

$$\Delta_k = 2nh + \frac{\lambda}{2} \qquad (1)$$

由几何关系,得

$$h = \frac{D^2}{8R} \qquad (2)$$

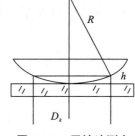

图 5-4-1　干涉法测定液体的折射率

当光程差为半波长的奇数倍时产生暗纹,即

$$2nh + \frac{\lambda}{2} = (2k+1)\frac{\lambda}{2}, (k=0,1,2,\cdots) \qquad (3)$$

由式(2)、(3),可得第 k 级暗纹的直径为

$$D_k = 2\sqrt{\frac{kR\lambda}{n}} \qquad (4)$$

实验 2　用劈尖干涉法测量细丝的直径

【实验目的】

(1)观察等厚直条纹。
(2)学会用等厚干涉法测量细丝直径或薄片厚度的方法。

【实验仪器】

劈尖装置,钠光灯,读数显微镜,细丝(或薄片)。

【实验要求】

(1)写出用劈尖干涉法测量细丝直径的原理、实验计算公式。
(2)测量所给细丝的直径,测量 6 次,取平均值,并计算不确定度。

【实验提示】

如图 5-4-2 所示,在空气劈尖的上下两表面反射的两束光发生干涉,其光程差为:

$$\Delta_k = 2h + \frac{\lambda}{2} \qquad (1)$$

产生的干涉条纹是一组平行于两平晶交接线的等间隔直条纹，且定域在空气劈尖的上面处。

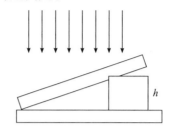

图 5-4-2　劈尖干涉法测量细丝的直径

当光程差为半波长的奇数倍时产生暗纹，即：

$$2h + \frac{\lambda}{2} = (2k+1)\frac{\lambda}{2}(k=0,1,2,\cdots) \tag{2}$$

与 k 级暗纹对应的薄膜厚度为：

$$h = k\frac{\lambda}{2} \tag{3}$$

实验 3　望远镜与显微镜的组装

【实验目的】

(1) 通过自行设计实验方案，进一步掌握显微镜和望远镜的构造及放大原理。

(2) 学会一种测定显微镜和望远镜放大率的方法。

【实验仪器】

凸透镜(数只)，平面镜，透镜架，底座，光源，毫米尺，1/10 毫米尺。

【实验要求】

(1) 设计实验方案，并自组显微镜和望远镜。

(2) 测出显微镜和望远镜的放大率。

【实验提示】

实验方案须包括以下 3 方面的内容。

(1)用自准直法测出所选用的透镜焦距。

(2)如何设计光路,应画出实验光路简图(注明透镜的焦距及透镜之间的距离)。

【数据处理要求】

(1)求出显微镜和望远镜放大倍数的平均值(要求每次调整目标位置)及不确定度。

(2)以 $M_X = \dfrac{s_0 \cdot \Delta}{f_b f_c}$ 及 $M_W = \dfrac{f_0'}{f_c'}$ 为真值,求出显微镜和望远镜放大率的相对误差。

实验 4　可溶性不规则固体密度的测量

【实验目的】

(1)灵活掌握密度的测定方法。

(2)拓宽物质密度的测定方法。

【实验仪器】

分析天平,烧杯,比重瓶,抽气筒,水银气压计,食盐等。

【实验要求】

(1)设计实验方案,经理论论证和实验测量的确可行。

(2)测定食盐的密度,实验结果误差较小。

【实验提示】

(1)测定物质的密度一般要测出该物质的质量和体积,然后根据密度公式就可以算出物质的密度,在普通物理实验教材中有这方面的专门介绍,在这里我们要求测量可溶性物质(如食盐)的密度。(是可溶性物质,又是不规则固体,导致其体积难测,常规方法不行。)

(2)设计实验时,如果需要别的仪器可以向实验室提出。

实验 5　简谐振动的研究

【实验目的】

(1)学习进行设计实验的基本方法,培养实验设计能力。
(2)研究简谐振动的特性:$T-m$ 的关系。
(3)测定弹簧的有效质量和倔强系数。

【实验仪器】

弹簧,停表(或数字毫秒计及光电门),砝码,砝码盘。

【实验要求】

(1)设计一个实现并能证明简谐振动规律的方案。
(2)设计测量弹簧的有效质量和倔强系数的方法。

【实验提示】

使焦利氏秤的一根弹簧做上下振动,周期 $T=2\pi\sqrt{\dfrac{m+m_0}{K}}$,其中,$m$ 为悬挂负载的质量,m_0 为弹簧的有效质量。由此测定 m_0 和 K。

实验 6　自由落体运动的研究

【实验目的】

(1)学习用自由落下的物体验证自由落体运动的规律。
(2)用自由落体测定当地的重力加速度。
(3)培养学生设计简单实验的能力。

【实验仪器】

自由落体装置,数字毫秒计,光电门(2 个),铁球。

【实验要求】

(1)设计出验证自由落体运动规律的实验方案。

(2) 用图解法和最小二乘法处理数据。

(3) 计算出当地的重力加速度。

【实验提示】

(1) 首先应调节实验装置的支架,使立柱为铅直,使落球能通过两光电门的中点。

(2) 本实验中吸住铁球用的是滴管上的乳头,等几秒后铁球会自由下落。

(3) 根据自由落体运动规律,可测出若干不同距离对应的时间值,用最小二乘法作直线拟合。

(4) 两光电门间距离的测量在此实验中很重要,应仔细测量。

(5) 测时间时,数字毫秒计用 0.1 ms 挡。

实验 7 惯性秤振动的研究

【实验目的】

(1) 掌握用惯性秤测定物体质量的原理和方法。

(2) 学习惯性秤的定标和使用。

(3) 重力对惯性秤振动周期的影响。

【实验仪器】

惯性秤,周期测定仪,标准质量块,待测质量块。

【实验要求】

(1) 惯性秤定标,作定标线,求出相关参数的值。

(2) 求出待测物体的质量。

(3) 考查重力对惯性秤的影响,得出结论。

【实验提示】

(1) 由惯性秤的振动周期公式可知,惯性秤水平振动周期 T 的

平方和附加质量 m 呈线性关系,可作 T^2-m 直线图,即为该惯性秤的定标线。

(2)测量前要将平台调成水平,检查周期测定仪是否正常。

(3)考查重力对惯性秤的影响时,可分别测量惯性秤垂直放置、倾斜放置时的周期与水平放置时的周期,并进行比较。

(4)测量时应注意惯性秤的线性测量范围。

实验 8 天平振动的研究

【实验目的】

(1)了解分析天平的构造原理,使用方法。

(2)天平的感度和振动周期,考查天平的转动惯量,重心位置等参数。

(3)学习设计简单实验的能力。

【实验仪器】

分析天平,秒表,米尺。

【实验要求】

(1)测量天平的感度和振动周期。

(2)了解天平的转动惯量,重心位置。

【实验提示】

(1)取无阻尼分析天平,阻尼式天平可摘去阻尼盒。

(2)测量周期之前,先用纱布沾少许酒精清洗刀口及刀承。

(3)测量时尽量保持振幅相同,由于周期总的变化不大,要特别细心测量,并测量摆动多个周期的时间。

(4)感度是灵敏度的倒数,测量时可以用"mg/格"作单位,计算时再改用"g/cm"作单位。

(5)分析天平是精密仪器,操作时要遵守操作规程。

实验 9　液体比热容的测定

【实验目的】

(1) 掌握测定液体比热容的方法。
(2) 学会设计简单的热学实验。

【实验仪器】

电流量热器(两个)，电压表，电流表，导线(若干)，水，甘油等。

【实验要求】

(1) 设计测量方案，推导出实验计算公式。
(2) 测定甘油的比热容量。

【实验提示】

(1) 单位质量的热容称为该物质的比热容。关于固体比热容的测定，在普通物理实验教材中有这方面的专门介绍，在这里要求测定液体的比热容。

(2) 考虑两个量热器的电阻不相等，推导出液体比热容的计算公式。

(3) 本实验可用比较法测量，用水作比较对象。

(4) 测量时使两种液体的升温大致相同，散热条件基本相同。

(5) 量热器中的液体要适中，不能太多，也不能太少。

实验 10　用光的衍射法测量杨氏模量

【实验目的】

(1) 培养学生用所学的理论知识解决实际问题的能力。
(2) 用光的衍射法测量金属丝的杨氏模量。

【实验仪器】

杨氏模量仪,激光器,测量显微镜,米尺和千分尺等。

【实验要求】

(1)简述实验原理及实验方案。
(2)写出测量公式。
(3)得出测量结果,并做分析讨论。

【实验提示】

用拉伸法测量金属丝杨氏模量的关键是如何准确测量金属丝在拉力作用下的微小伸长量。本实验是在砝码盘的下端连接一个活动刀口,与底座的固定刀口构成一狭缝,利用光的衍射原理,通过测量衍射条纹间距离的变化,从而测定金属丝的伸长量。

实验 11　线性电阻伏安法测量

【实验目的】

(1)掌握电路中的电流、电压控制方法。
(2)依据实验要求,选择合适的仪器。
(3)进一步掌握和学习实验方案的设计。

【实验仪器】

直流稳压电源,滑线变阻器,电阻箱,不同等级多量程的电压表和电流表,阻值不同的碳膜电阻。

【实验要求】

(1)采用伏安法测量线性电阻,要求测量相对误差。
(2)测算出待测电阻的电流(或电压)的使用范围。
(3)选择以减小系统误差为目的的合适测量电路。
(4)合理地选择电表和量程。

【实验提示】

伏安法是一种简便可行的测量电阻的方法,它的优点是不仅可以测量线性电阻,对非线性电阻同样可以测量。但是此测量方法存在系统误差,所以,测量前一般要根据待测阻值的大小,从而选择电流表的接法(内、外接),使线路接入误差减小到可以忽略的程度。

实验 12　空气磁导率的测定

【实验目的】

(1)掌握测量磁导率的方法。
(2)学习设计实验的能力。

【实验仪器】

万能电桥,空芯螺线管 5 只(自绕),游标卡尺。

【实验要求】

(1)设计测量空气磁导率的方法。
(2)测出空气磁导率并求出不确定度。

【实验提示】

利用 $L=\mu_0 nI$ 这一关系式找出自感系数随电流变化的规律。

实验 13　非线性电阻伏安特性的研究

【实验目的】

(1)了解非线性元件的伏安特性,拓宽对电阻伏安特性的认识。
(2)设计简单电路的能力。

【实验仪器】

晶体二极管,小灯泡,滑线变阻器,电阻箱,单刀开关。

【实验要求】

(1) 已知灯泡额定功率 $P=0.55\,\text{W}$,额定电压 $U=2.2\,\text{V}$,电源输出电压为 3 V。

(2) 要求设计出测量灯泡伏安特性的最佳方案(包括线路图及设计思想,写出电路中使用元件的规格)。

(3) 写出电流测量的范围及测量间隔(不少于 15 组数据)。

(4) 写出实验步骤。

(5) 研究发光二极管(或另一只不同规格的灯泡)的非线性特性(在同一张坐标纸工作出两条曲线)。

(6) 对所作的曲线进行分析并得出结论。

【实验提示】

(1) 考虑保护电阻阻值如何选择。

(2) 考虑选择分压电路还是制流电路。

实验 14 电位差计的应用

【实验目的】

(1) 掌握补偿法原理。

(2) 应用电位差计解决一些实际问题。

(3) 练习设计简单电路的能力。

【实验仪器】

箱式电位差计,标准电池,检流计,标准电阻,稳压电源,干电池,单刀开关。

【实验要求】

(1) 写出补偿法原理。

(2) 用箱式电位差计测干电池的电动势。

(3) 用箱式电位差计测 5 V 直流电压（设计线路图并写出实验步骤）。

(4) 用箱式电位差计校正电流表（设计线路图并写出校正方法）。

【实验提示】

(1) 箱式电位差计可较准确地测量电压，而标准电阻的阻值精确度较高。

(2) 采用串联电阻分压的方法。

(3) UJ-1 型箱式电位差计使用说明：

面板上部有 4 对接线柱，应将各器件分别接入各接线柱。

"未知"——接入待测电压或待测电动势的电源。

"电池"——接入工作电源（稳压电源），电压为 3 V。

"电计"——接入检流计。

"标准电池"——接入标准电池。

实验 15　电流表内阻的测定

【实验目的】

(1) 利用所学知识解决实际问题。

(2) 培养设计实验的能力。

【实验仪器】

电流表，电阻箱，单刀开关，稳压电源。

【实验要求】

(1) 根据所给出的仪器，利用平衡电桥的知识设计出测定电流表内阻的方法（写出原理，作出线路图，写出实验步骤，测出内阻值）。

(2) 通过电阻箱的电流值不能大于额定值。

实验 16　电源特性的研究

【实验目的】

(1)学习几种测量电源电动势和内阻的方法。
(2)了解电源的特性。

【实验仪器】

电阻箱,电压表,电流表,电位差计,滑线变阻器,干电池,稳压电源,开关。

【实验要求】

(1)写出利用电压表和电流表设计测量电源电动势和内阻的方法。
(2)写出利用电位差计设计测量电源电动势和内阻的方法。
(3)计算各种方法的不确定度。
(4)研究输出电流随输出电压变化的规律(作出曲线)。

实验 17　酒精的折射率与其浓度关系的研究

【实验目的】

(1)掌握用全反射法测定液体的折射率。
(2)了解阿贝折射计的测量原理,熟悉使用方法。
(3)研究酒精的折射率与其浓度的关系。

【实验仪器】

光源,玻璃瓶及滴管,酒精,蒸馏水等。

【实验要求】

(1)配制不同浓度的酒精溶液(10%,20%,30%,40%,50%,60%,70%等)。

(2)用图解法和最小二乘法得出酒精的折射率与其浓度的关系,并进行分析。

【实验提示】

(1)测量前应做好棱镜面的清洁工作,以免在工作面上残留其他物质而影响测量精度。

(2)必须对阿贝折射计进行读数校正,最简便的方法是用蒸馏水来校正。

实验 18　用凸透镜测狭缝宽度

【实验目的】

(1)学习根据成像法测量物体长度的方法。
(2)学习用凸透镜测量狭缝的宽度。

【实验仪器】

光具座,光源,凸透镜,狭缝。

【实验要求】

(1)作出光路图,写出测量公式。
(2)测量相对不确定度小于 3%。
(3)正确表示测量结果。

【实验提示】

可根据测量透镜焦距的原理、方法进行设计。

实验 19　光栅特性的研究

【实验目的】

(1)学习如何选择实验方法测定光栅特性参数。
(2)观察光栅光谱,测定光栅的主要特性参数。

【实验仪器】

分光计,光源(钠灯或汞灯、激光),几种全息透镜光栅。

【实验要求】

(1)将分光计调整到标准工作状态。

(2)选择光栅的 4 个主要特性参数(光栅常数、角色散率、分辨率本领、衍射效率)。

(3)测定所给各光源中各单色光的波长。

(4)确认在光栅衍射下所能观察到的各光谱线的最高衍射级数,测量各光谱线的角宽度,并与理论计算值相比较。

(5)观察分辨本领与光栅刻痕数目的关系。

【实验提示】

(1)一束平行光垂直入射到光栅平面上,将产生衍射。根据夫琅禾费衍射理论,衍射亮条纹的位置由光栅方程 $d\sin\theta = k\lambda (0,1,2,\cdots)$ 决定,式中,d 为光栅常数,θ 为衍射角,k 为衍射光谱的级数,λ 为入射光的波长。

(2)角色散率 $D = \dfrac{d\theta}{d\lambda}$,定义为单位波长间隔内两单色光谱之间的角间距。可以通过测量两相邻光谱得到 $D = \dfrac{\theta_2 - \theta_1}{\lambda_2 - \lambda_1}$,或者由光栅方程得到 $D = \dfrac{d\theta}{d\lambda} = \dfrac{k}{d\cos\theta}$。

(3)分辨率 $R = \dfrac{\bar{\lambda}}{\Delta\lambda}$,定义为两条恰好可被分开的谱线的波长差与平均波长的比值。对于宽度一定的光栅,其理论极限值为 $R_m = kN = k\dfrac{L}{d}$,式中,N 为衍射光栅的刻痕数目,L 为入射光范围内的光栅的总宽度。

(4)衍射效率 $\eta = \dfrac{I_1}{I_0} \times 100\%$,式中,$I_0$ 为零级光谱的强度,I_1 为第一级光谱的强度。

实验 20　万用表的设计与组装

【实验目的】

分析研究万用表电路,设计并组装一个万用表。

【实验仪器】

毫安表头,开关、导线若干,电阻箱若干,电表若干,直流电源。

【实验要求】

(1)作电路设计图,写出设计原理以及公式推导过程。
(2)能分挡测量电压、电流、电阻,挡位至少有 3 挡。
(3)组装完成后,对万用表进行校准,并确定改装之后的准确度等级。

【实验提示】

参照电表改装与校准实验,利用分流、分压原理进行设计。

实验 21　整流、滤波和直流电源设计

【实验目的】

(1)掌握整流、滤波电路的工作原理及各元件在电路中的作用。
(2)学习直流稳压电源的安装、调试和测试方法。
(3)熟悉和掌握线性集成稳压电路的工作原理和使用方法。

【实验仪器】

示波器,信号发生器,二极管,电容,电感,交流电,万用表,开关、导线若干,电阻箱若干。

【实验要求】

(1)作电路设计图,写出设计原理以及公式推导过程。

(2)能分输出直流电,可调稳流或稳压。
(3)组装完成后,其进行调试。

【实验提示】

利用二极管、电容、电感的特性来设计电路。

实验 22　温度表的设计与制作

【实验目的】

练习使用电表改装成温度表。

【实验仪器】

热敏电阻,电桥,微安表头,开关、导线若干,电阻箱若干,电表若干,电源,水,温度计,电热杯等。

【实验要求】

将微安表改成用热敏电阻测量温度的温度表。

【实验提示】

利用热敏电阻跟温度之间的变化关系。

实验 23　工件表面平整度的检测

【实验目的】

(1)了解光的干涉原理。
(2)基于干涉原理,设计工件表面平整度的检测方法。

【实验仪器】

读数显微镜,钠灯,工件,劈尖装置等。

【实验要求】

设计一种方法,测量细丝直径和检测工件表面平整度。

【实验提示】

利用光的干涉原理。

实验 24　迈克耳逊干涉仪测空气折射率

【实验目的】

(1) 掌握一种测量空气折射率的方法。
(2) 进一步了解光的干涉现象及其形成条件。
(3) 学习调节光路的方法。

【实验仪器】

迈克耳逊干涉仪,多束光纤激光源,数字空气折射率测量仪,气压表,温度计。

【实验要求】

(1) 作出光路图,并写出实验原理以及相应公式。
(2) 测量并计算空气折射率。

【实验提示】

利用干涉原理以及空气折射率与光程之间的关系。

实验 25　全息光栅的制作与检验

【实验目的】

(1) 了解制作全息光栅的原理。
(2) 学习制作全息光栅的技术。

【实验仪器】

全息光学平台,激光器,全息干版,各种镜头、支架,分光计,汞灯,冲洗设备等。

【实验要求】

(1)设计制作全息光栅的光路,写出制作方法、原理和计算公式。

(2)制作一个全息光栅,并检验。

【实验提示】

利用全息干版原理。

附 录

附录 A　中华人民共和国法定计量单位　················

附录 B　常用物理数据　··································

附录 C　常用电气测量指示仪表和附件的符号　········

参考文献

[1] 赵青生,马书炳. 大学物理实验[M]. 合肥:安徽大学出版社,2001.

[2] 郭青松,李文清等. 普通物理实验教程[M]. 北京:高等教育出版社,2015.

[3] 吕斯骅,段家忯,张朝晖等. 新编基础物理实验[M]. 北京:高等教育出版社,2013.

[4] 魏怀鹏,张志东,展永等. 大学物理实验(修订本)[M]. 北京:高等教育出版社,2015.

[5] 刘竹琴,杨能勋等. 大学物理实验教程[M]. 北京:北京理工大学出版社,2012.

[6] 张映辉等. 大学物理实验[M]. 北京:机械工业出版社,2017.

[7] 孙秀平等. 大学物理实验教程[M]. 北京:北京理工大学出版社,2015.

[8] 符时民,陈维石,封丽. 基础物理实验(第三册)[M]. 沈阳:东北大学出版社,2007.

[9] 葛洪良. 大学物理实验[M]. 杭州:浙江大学出版社,2003.

[10] 赵海军. 工科物理实验[M]. 武汉:武汉大学出版社,2012.

[11] 方利广. 大学物理实验[M]. 上海:同济大学出版社,2009.

[12] 陈晓莉,王培吉. 普通物理实验(下册)[M]. 重庆:西南师范大学出版社,2012.

[13] 习岗,杨初平. 大学物理实验[M]. 北京:中国农业出版社,2003.

[14] 阎旭东.大学物理实验[M].北京:科学出版社,2003.

[15] 陈群宇.大学物理实验(基础和综合分册)[M].北京:电子工业出版社,2003,3.

[16] 杨述武,赵立竹,沈国土等.普通物理实验[M].北京:高等教育出版社,2007.